简　介

　　本书是主要根据高等农林院校农学、农村区域发展、植物科学与技术等农学类非设施专业教学需求而编写的本科教材，并在第一版教材使用多年的基础上做了全新修订。全书共十一章，包括绪论，农艺设施类型、结构及性能，农艺设施材料，设施农艺机械与设备，设施环境及其调控，农艺设施的规划设计与建造，设施育苗技术，无土栽培技术，现代设施农艺技术，作物设施栽培技术，设施作物病虫害及其防治。

　　本书注重基本理论、基本概念和设施农业新技术的传授，理实相兼，图文并茂，通俗易懂，可作为全国高等农林院校非设施专业相关课程的教材，也可作为设施专业本科生和设施农业工作者的重要参考书。

扫码获取本书数字资源

全国高等院校"新农科"建设系列规划教材

·植物生产类·

设施农艺学

SHESHI NONGYIXUE　　　　　　　（第2版）

主　　编	谢小玉（西南大学）
副 主 编	陈双臣（河南科技大学）
	海江波（西北农林科技大学）
	李清明（山东农业大学）
参编人员	（按姓氏拼音排序）
	段美春（西南大学）
	黄　志（四川农业大学）
	江雪飞（海南大学）
	马仲炼（昭通学院）
	唐道彬（西南大学）
	王文希（长江大学）
	邢丹英（长江大学）
主　　审	邹志荣（西北农林科技大学）

西南师范大学出版社

国家一级出版社　全国百佳图书出版单位

图书在版编目(CIP)数据

设施农艺学 / 谢小玉主编. — 2 版. — 重庆 : 西南师范大学出版社,2021.6

　ISBN 978-7-5697-0128-9

　Ⅰ . ①设… Ⅱ . ①谢… Ⅲ . ① 保护地栽培－高等学校－教材 Ⅳ . ①S316

中国版本图书馆 CIP 数据核字(2020)第 094749 号

设施农艺学(第2版)

主　　编　谢小玉

副主编　陈双臣　海红波　李清明

责 任 编 辑:杨光明

责 任 校 对:胡君梅

装 帧 设 计:汤　立

照　　　排:瞿　勤

出版、发行:西南师范大学出版社

印　　　刷:重庆市国丰印务有限责任公司

幅面尺寸:185mm×260mm

印　　　张:18.75

字　　　数:460 千字

版　　　次:2021 年 6 月　第 2 版

印　　　次:2021 年 6 月　第 1 次

书　　　号:ISBN 978-7-5697-0128-9

定　　　价:56.00 元

第二版前言

近年来,许多非设施专业(如农学、农村区域发展、植物科学与技术等专业)都把设施农艺学作为专业选修课,而且选修的学生越来越多。2010年由西南师范大学出版社出版的《设施农艺学》教材在当时比较适合非设施专业的教学需要。但设施农业科学发展日新月异,基于此,以作者近年来从事设施农业教学和研究的经验为基础并吸纳国内外相关学科的最新研究成果修订了本教材。

本次修订对第一版的内容做了较大的调整和补充:新增加了"第七章 设施育苗技术";第二章增加了"日光温室的类型";第三章增加了"设施骨架材料及设施墙体和后屋面材料";第十章增加了"粮食作物设施栽培技术","设施栽培新技术"被"现代设施农艺技术及其应用"所替代,"农艺设施的投资规划与设计建造"取而代之的是"农艺设施的规划设计与建造"。修订后的教材能够反映设施农业科学发展的最新成果,内容更为完善和新颖,更能突出专业特点。同时,**将每章后的习题答案、教学课件、图片、音视频作为数字资源,可扫描二维码在线阅读使用。**

全书共十一章,编写分工如下:第一章(谢小玉、段美春),第二章(王文希、邢丹英),第三章(海江波),第四章(海江波),第五章(李清明),第六章(黄志),第七章(马仲炼、江雪飞),第八章(江雪飞),第九章(谢小玉、段美春),第十章(陈双臣、唐道彬),第十一章(陈双臣)。书中引用的参考文献分章列出,以便读者查阅学习。

全书由西北农林科技大学博士生导师邹志荣教授主审。在修订和出版过程中得到了西南师范大学出版社的关心和支持。在编写过程中参阅了近年来国内外相关单位和科研人员在设施农业方面的最新研究成果与相关资料。在此,编写组全体成员对所有关心和支持本书出版的单位和个人、所有参考文献的作者以及第一版的所有作者表示衷心的感谢。

本书注重基本理论、基本概念和设施农业新技术的传授,理实相兼,图文并茂,易学易懂,可作为全国高等农林院校非设施专业设施农业相关课程的教材,也可作为设施专业本科生和设施农业工作者的重要参考书。

鉴于设施农业科学发展日新月异,编者的水平有限,书中不妥之处,敬请读者指正赐教。

编者

2021年6月

第一版前言

新的农业科技革命正在深刻地改变着当今世界农业的面貌。设施农业的发展,尤其生物技术、信息技术和新材料不断取得重大突破并广泛应用于农业中,使农业效益大幅度提高。其中以设施栽培为主体的设施农艺,由于其科技含量和经济效益高,在农业产业结构调整和人们生活质量提高中成为优势项目而得到高速发展。

设施农艺学是随着现代农业、都市农业的建设和发展而内容日趋综合、日益丰富的一门课程,是一门由现代农艺学、环境工程科学、农业经济科学和现代信息技术科学多学科交叉渗透的新兴的边缘学科。它是反映国际国内设施农业研究领域的最新成果,体现材料科学、生命科学、现代信息管理科学的最新研究进展,介绍生物技术、工程技术、自动化控制技术在设施农业中的应用的一门学科。

近年来,随着现代农业的发展,设施农业科学发展迅速,许多非设施专业(如农学、农村区域发展等)都把设施农业作为专业选修课,而且选修的学生越来越多,但是没有一本合适的教材。该教材根据非设施专业和设施科学发展日新月异的特点,把最新的科技成果贯穿于教材中,使教材的内容能够反映设施科学发展的最新成果,体系更为完善和新颖,突出专业特点。

本教材共分十章。第一章 绪论(谢小玉);第二章 设施类型、结构及性能(谢小玉、唐道彬);第三章 设施覆盖材料(海江波);第四章 设施农业机械化(海江波);第五章 设施环境及其调控(李清明);第六章 农艺设施的投资规划与设计建造(贺忠群);第七章 无土栽培(江雪飞);第八章 设施栽培新技术(穆大伟);第九章 园艺植物设施栽培技术(陈双臣);第十章 设施病虫害(陈双臣)。参编者根据自己的专长承担相关的编写任务,在编写的过程中参阅了近年来国内外相关单位和科研人员在设施农业方面的最新研究成果与相关资料,在此表示衷心感谢。最后由西北农林科技大学博士生导师邹志荣教授审定全书。

鉴于设施农业科学发展日新月异,编者的水平有限,经验不足,错误在所难免,恳请读者赐教,以便于以后修订、完善。

编者

2009 年 4 月

CONTENTS 目 录

第一章

绪论

学习目标:理解设施农艺的含义、特征、作用以及设施农艺学与相关学科发展的关系;了解国内外设施农艺发展概况及趋势;认识本课程的特点、研究内容;掌握本课程的学习方法。

重点难点:本课程的学习方法。

▶▶▶▶ 第一节

设施农艺及其地位

中国的农业正逐步由传统农业向现代化农业转变。设施农艺是现代化农业的具体体现,是高产、优质、高效农业的必然要求。进入20世纪90年代以来,设施农艺发展迅速,给农业生产带来了无限生机和广阔的发展前景。

一、设施农艺及其特征

(一)设施农艺的基本含义

农艺即作物生产和畜禽、水产等饲养的科学工艺和技艺;农艺学是指探求农业生产的良种良法有机结合、相辅相成、互相促进的科学与技术。

设施农艺又称可控农业、设施农业,是指利用人工建造的设施和工程技术手段改变局部自然条件,为种植业、养殖业生产提供最佳环境(光照、温度、湿度、气体等)条件,实现农业生产的科学化、高效化,获得高产、优质、高效、可持续的农、畜、水产品的现代化农业生产方式。设施农艺涵盖了建筑、材料、机械、环境、自动控制、信息技术、品种、栽培管理、市场经营等多个学科和系统,科技含量高,成为当今世界各国大力发展的高新技术产业。

设施农艺包括设施养殖和设施栽培两大类。设施养殖主要是养殖畜、禽、水产和特种动物,设施包括各类温室、遮阴棚舍、现代化饲养畜禽舍设施和配套设备。

设施栽培是在不适宜作物生长发育的环境条件下,通过建造设施,人为地创造作物生长发育的环境条件,实现高产、高效的现代化作物生产方式。设施栽培包括作物设施育苗、早熟栽培、延后栽培、越冬栽培、炎夏栽培、促成栽培、假植栽培、无土栽培等。本教材主要介绍设施栽培。

(二)设施农艺的特征

设施农艺是一种高效集约型农业,要求应用现代化的栽培管理和经营管理技术,才能实现高投入高产出的目标,具有如下主要特征。

(1)设施生产类型和生产方式多样化

设施生产类型包含简易设施、塑料薄膜拱棚、温室和植物工厂等多种类型。通过对温度、湿度、光照、CO_2浓度和营养成分等环境因子的调控,创造适合作物生长的条件。通过春提早栽培、秋延后栽培、越冬栽培、长季节栽培等多种方式有效地延长作物的生育期,实现农产品周年生产、均衡供应。

(2)设施农艺属于高投入、技术和劳动密集型的集约型产业

设施生产的投入与露地栽培的投入相比较高。修建设施需要覆盖材料、骨架材料及劳动力的投入;设施栽培中冬季保温、加温,夏季防止热蓄积等环境调控以及产期调节、适宜品种的选择、相应的栽培技术和茬口搭配等均需要精细集约的管理技术和大量劳动力。

(3)设施农艺是资源节约型农业,易实现优质高产

设施农艺地域限制小,且通常采取立体式栽培,节省耕地;以滴灌、渗灌等高效灌溉为主,减少水、肥用量;加温温室可周年生产,节能温室每年可增加 5 个月左右的有效生长期,塑料大棚可增加 2~3 个月的生长期,太阳能利用率、土地利用率成倍提高;设施农业自动化、机械化程度高,劳动力投入少,产品的产量高。在荷兰,温室黄瓜产量可达 76 kg/m²,是露地的 20 倍;温室菊花单产达 300 枝/m²,是露地的 8~10 倍。同时,在设施内一般能实行半封闭式或封闭式的环境调控,易于利用天敌等进行生物防治病虫,实行无(少)药栽培,生产优质产品。

(4)设施生产已成为一些地区的主导产业

随着产业结构的调整和农民增收的需求,各地把发展设施栽培作为当地的主导产业之一,在许多省、自治区、直辖市,蔬菜产加销、贸工农一体化的产业化经营体系已形成。2014 年,山东省寿光市已建成了万亩黄瓜、万亩韭菜、万亩辣椒、万亩芹菜、万亩茄子等十几个连片的大棚蔬菜生产基地。设施蔬菜成为当地农业的支柱性产业和农民增收的主要途径,有研究指出,农户纯收入的32.6%来自设施蔬菜生产。

(5)设施农艺需要市场的推动

良好的市场体系是设施农艺发展的前提。设施农艺是具有一定规模的专业化生产,产品只有进入市场流通,才能不断发展,取得规模效益。如山东寿光的设施农业之所以规模不断扩大,就是因为建立了规范有序的市场体系。

二、设施农艺的作用

设施农艺在农业生产中具有十分重要的作用,可概括为:

(1)有利于提高农业生产资源利用率

发展设施农艺,一方面可以通过单产增加和立体化栽培等方式提高耕地的产出效率,另一方面也可通过应用测土配方施肥、水肥一体化、精量施肥、精准灌溉等技术,降低栽培过程中的水资源消耗和化肥、农药施用量,提高农业投入品的利用效率,实现能源的减量化和资源的高效利用,节能、节地、节水、节肥、节药效果显著,促进了农业发展方式从资源依赖型向创新驱动型和生态环保型转变。如海南、陕西、新疆等地的设施种植项目,通过引入精准灌溉、精量施肥等管理系统,比传统栽培模式节水 40%~69%、节肥20%~70%。

(2)有利于提升鲜活农产品的全年均衡供应

设施生产的蔬菜瓜果基本可以实现"全年无休",有力提升了当地"菜篮子"和"果盘子"产品的均衡供应,改变了我国北方过去萝卜、白菜、土豆半年菜的局面。如青海省,设施农业大规模发展后,蔬菜种类已由最初的粗菜发展到现在的辣椒、西兰花、豆苗菜、苦菊等二十多个品种,水果则增加了草莓、葡萄、人参果、油桃、西瓜、木瓜、蓝莓等十几个品种,使鲜活农产品全年均衡供应。

(3)有利于促进农村一二三产业融合发展,带动农民就业增收

设施农艺是一种"全季节"生产供应的农业,农业劳动力可以在全年得到相对均衡、充分的利用,对解决农村劳动力就业具有重要作用。2014 年,我国设施农艺创造了近7000 万个就业岗位,促进了农产品的均衡稳定供给和农民收入的提高。同时,设施农艺项目通常能够开展休闲观光、采摘体验和定制化生产等多样化服务。以设施农艺生产为主体、一二三产业融合发展的新型业态提升了农业附加值,扩大农户分享农产品加工和销售的增值收益。

此外,发展设施农艺还具有保障农产品质量和食品安全,促进农业产业结构的调整和农产品出口贸易的发展,提高农民的素质和农业现代化水平的作用。

▶▶▶▶ ────────
第二节
──────── ···

国内外设施农艺发展概况及发展趋势

设施农艺是现代农业发展的象征,是世界各国用以提供新鲜农产品的重要技术措施,是以物质和技术要素替代土地资源要素的节约型农业,也是当今世界最具活力的产业之一。设施农艺正以传统农业前所未有的生产效率创造着良好的经济效益。

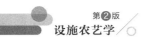

一、国外设施农艺发展概况及发展趋势

(一)国外设施农艺发展概况

早在15~16世纪,世界一些国家就开始建造简易的温室栽培时令蔬菜或水果。20世纪70年代以来,西方发达国家的设施农艺发展迅速,目前已形成设施制造、环境调节、生产资材为一体的多功能体系,并向机械化、自动化、智能化和网络化方向发展。目前,世界上设施农业比较发达的国家主要有荷兰、以色列、日本、美国、西班牙、法国和加拿大等。这些国家由于政府重视设施农艺的发展,在资金和政策上都给予了大力支持,因此设施农艺起步早、发展快、综合技术水平高。

1.荷兰设施农艺发展概况

荷兰是世界人口密度最大的国家之一,设施农艺主要用于生产花卉和蔬菜,生产的产品除了满足国内需求外还用于出口。荷兰的花卉和蔬菜的出口量均居世界第一,因此荷兰享有欧洲"菜园子"的美誉。

荷兰是世界上拥有最多最先进玻璃温室的国家,全国玻璃温室面积达 $1.1×10^4$ hm²,占世界玻璃温室总面积的25%以上,而且装备先进,生产的机械化和自动化程度很高,能全面有效地调控设施内光、温、水、气、肥等环境因素,劳动生产效率高,生产成本低。

荷兰大约有64%的温室采用基质(岩棉)栽培。无土栽培不仅克服了连作障碍,而且便于计算机管理,精确控制根际的温度、电导率(EC)值、pH值、离子配比等,提高产品整齐度,从而使产品的商品品质大幅度提高。

荷兰发展设施农艺的经验主要有以下几方面:

①良好的发展环境。为鼓励农户发展设施农艺,政府加大了财政补贴和信贷扶持、加强水利工程建设和环境保护、加大对农业高新技术和信息网络技术方面的投入、重视农业知识产权保护。

②集约化、规模化、专业化的生产方式。荷兰耕地不足,大多数农业企业都采用集约化、规模化和专业化的生产方式。如,维斯特兰德朗市的番茄种植公司专业生产番茄,与其他5家专营企业垄断了荷兰90%的番茄市场。

③规范有序的市场经营模式。荷兰拥有健全的农产品市场营销体系,基本形成了产销一体化的营销模式。荷兰主要有花卉拍卖市场、蔬菜拍卖市场和温室农机具拍卖市场等与设施生产有关的市场。荷兰同时也是世界花卉贸易中心,从荷兰拍卖市场出口的鲜切花占世界贸易出口额的70%。

④农业合作组织发挥了重要作用。为了共同的经营利益,减少市场风险,在荷兰,种植相似或者相同作物的农户自发形成一种经济合作组织,即农业专业合作社。荷兰的农业合作社种类繁多,不仅是生产者和交易者的桥梁,而且是双方利益的"保证人",实现了服务、推广、检测、信贷、市场和信息系统的全覆盖服务。

2.以色列设施农艺发展概况

以色列国土面积狭小,总面积 $2.1×10^6$ hm²,约2/3的土地为沙漠地带,可耕地仅占国土总面积的20%,约一半的可耕地必须使用灌溉供水。由于自然条件的限制,以色列研发出了适用于沙漠地带的太阳能温室。沙漠温室是以色列创造的奇迹,温室的设备材料、滴灌技术、种植技术及品种的开发和培育均属世界一流,通风、CO_2含量与营养液等条件能根据植物生长要求达到最佳组合,实现了环境调控智能化、栽培管理体系标准化,并选育了一批具有自主知识产权的温室专用品种,设施生产产出率高、商品率高、效益好,每公顷温室一季可收获300万支玫瑰或500 t番茄。

目前,以色列大约有5000 hm^2温室,主要发展高质量的花卉、果蔬和畜牧业生产,产品在满足国内需要的同时大量出口国外。以色列农产品已占据了40%的欧洲瓜果、蔬菜市场,生产的时令农产品销往欧洲,享有"欧洲厨房"之称,成为仅次于荷兰的欧洲第二大花卉供应国、世界第三大鲜花出口国。

3.日本设施农艺发展概况

日本是设施农艺大国,先进的温室配套设施和综合环境调控技术处于世界先进行列。日本的栽培设施主要是塑料大棚,占设施总面积的95%,其次玻璃温室占4%,硬质塑料温室占1%。日本PVC农膜的生产技术十分优秀,在透光、保温、长寿、耐老化等方面都处于世界领先水平,有些产品可使用7~10年。

日本十分注重节能技术的研究。双层保温幕、地热、太阳能、工厂余热等节能技术在温室中都得到了较早的开发利用。同时,日本注重设施栽培专用小型机械设备的开发和研制,设施生产向省工、省力、环境舒适方向发展,以吸引青年人从事农业工作。日本的设施栽培的作物主要是蔬菜、水果和花卉,如番茄、小白菜、网纹甜瓜、草莓、葡萄等。

4.美国设施农艺发展概况

美国农业生产的指导思想是适地栽培。但近几年来,随着人们生活质量的提高,对蔬菜、花卉等产品的品质和新鲜度提出了更高的要求,因此设施栽培有了较快的发展。

美国温室面积约有1.9×10^4 hm^2,花卉种植达1.3×10^4 hm^2。美国温室规模虽然不大,但设备先进,生产水平一流,多数为玻璃温室,少数为双层充气膜温室,近年来又发展聚碳酸酯板(PC板)温室;另外美国对设施栽培尖端技术的研究非常重视,比如在太空中的设施生产已有成套的、全部机械手操作的全自动栽培技术。

5.其他国家设施农艺发展概况

法国、西班牙等国家,由于气候条件较好,夏季气温不太高,冬季气温也不太低,因此主要发展塑料温室。另外,韩国、哥伦比亚以及一些非洲国家也都在迅速发展设施农艺。

(二)国外设施农艺的发展特点

近年来,世界各国的设施农艺发展很快,发达国家设施农艺生产在实现自动化的基础上正向着智能化、无人化的方向发展。世界设施农艺产业的发展呈现以下10个方面的特点。

(1)设施设备标准化、温室大型化

发达国家的栽培设施设备都有自己的标准,生产型温室日趋大型化。美国单栋温室面积均在20 hm^2以上,荷兰、比利时的温室规模一般为2 hm^2左右,日本的温室发展方向是单栋面积0.5 hm^2以上。温室建筑面积增大,有利于节省建筑材料、降低成本、提高采光率和栽培效益。同时,空间扩大后,可进行立体栽培,便于机械化作业。

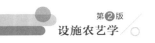

（2）环境控制智能化、作业机械化

发达国家的设施内部环境因素的调控由过去单因子调控向多因子动态智能调控方向发展，温室作物栽培已普遍实现了播种、育苗、定植、管理、收获、包装、运输等作业的机械化、自动化。例如，荷兰一公司温室栽培的 8000 m² 盆花从播种、育苗到定植、管理等作业只用了 3 个工人，年产 30 万盆花，产值达 180 万美元，依靠的就是环境控制智能化、作业机械化。

（3）覆盖材料多样化

在温室覆盖材料方面，北欧国家多用玻璃，法国等南欧国家多用塑料薄膜，美国多用聚乙烯膜双层覆盖，日本多用聚氯乙烯膜。覆盖材料的保温、透光、遮阳、光谱选择性能渐趋完善。另外，世界各国还研制了各种类型的多功能膜、硬质塑料板材、遮阳网等供用户根据需要选用。

（4）设施生产低能耗

在设施的设计建造方面注重节能技术的应用，除注重温室结构的采光与保温外，风能、太阳能、工业余热、LED 光源等都在设施农业上有较广泛的应用。针对大型温室夏季室温过高的问题，开发研究通风换气率高的温室，以减少降温的能耗。美国、法国等研究通过新型材料转换器，利用辐射原理对温室和作物加温，以提高热效率和加温效果。

（5）封闭式内循环生产方式

发达国家通过封闭式内循环种植、养殖系统实现工厂化种植和养殖用水的净化处理及重复利用，达到按标准排放，无环境污染。

（6）种苗产业发达、栽培技术体系标准化

国外注重选育优良设施专用品种，并由种苗公司按照标准化、工厂化育苗程序集中育苗，供农户移栽，种苗产业发达。同时，国外设施农艺发达国家的栽培技术、植物保护、采后加工技术及农业机械化技术都实现了规范化和标准化。

（7）无土栽培得到进一步推广

无土栽培具有节水、节能、省工、省肥、减轻土壤污染、防止连作障碍、减轻土壤传播病虫害等多方面优点。目前，世界上已有 100 多个国家将无土栽培技术用于温室生产，在发达国家的设施农艺中，无土栽培面积占温室面积的比例不断增大，如荷兰超过 70%，加拿大超过 50%。

（8）高新技术推广应用

发达国家的营养液调配技术、环境监测调控技术、二氧化碳施肥技术、蜂授粉技术、基质生物消毒技术、机械化作业技术、新能源技术以及喷灌和滴灌节水技术等都得以推广应用。其中，荷兰的生物防治率已达到 95% 以上，以色列温室滴灌用水的水分利用率达 95%。

（9）获得高产安全农产品

在先进的标准化设施内采用高效的栽培技术，可以减少农药杀虫剂的使用，收获高产安全的农产品。如荷兰温室番茄平均产量 40~50 kg/m²；黄瓜平均产量 60 kg/m²，最高产达 100 kg/m²。

（10）较完整产销链

国外设施农艺得以高速发展的很重要的原因在于具有较完整的产销链。

二、我国设施农艺发展概况及发展趋势

（一）我国设施农艺发展概况

1.我国设施农艺发展简史

我国是设施农艺历史悠久的国家，在2000多年前已使用瓦片覆盖栽培多种蔬菜。到了唐代，温室种菜又有了发展，唐朝诗人王建的诗"酒幔高楼一百家，宫前杨柳寺前花。内园分得温汤水，二月中旬已进瓜"表明唐朝就已经利用温泉的热水在温室内进行早熟瓜类栽培。

20世纪50年代我国应用近地面覆盖、风障、冷床、温床、土温室等栽培蔬菜，北京利用加温温室进行蔬菜生产；50年代末60年代初，我国以阳畦、日光温室、塑料中小棚为主体的设施蔬菜栽培取得迅速发展；70年代在东北、华北、西北的广大地区推广塑料大棚，在辽宁海城开始日光温室韭菜生产；70年代中后期，我国开始自行设计和建造自动化程度较高的现代化连栋玻璃温室；80年代建立了以塑料大棚为主、辅以地膜覆盖、日光温室、遮阳网等保护地蔬菜栽培体系，中国设施农艺开始迅猛发展；90年代，我国温室果树和花卉生产也快速发展起来。目前，我国设施农艺面积快速增加，类型日趋多样，种植的作物种类也逐步增多，管理水平也逐渐提高。同时，借鉴国外经验技术，大规模引进了国外大型连栋温室及配套栽培技术，但是设施农艺以反季节的设施园艺作物生产为主，运行中存在冬季耗能高、夏季降温困难等问题。

2.我国设施农艺发展规模及分布

在"十五"期间，"工厂化农业关键技术研究与示范"被列为国家重点科技攻关项目。在"十一五"期间，我国成为设施农艺生产大国，设施农艺面积和产量均位居世界第一。2010年底设施农艺总面积达到 $3.5×10^6$ hm^2，其中日光温室占60%以上，每亩日光温室纯收入2.5万~7万元，是大田作物的30~70倍，是露天蔬菜的10~15倍；人均设施园艺面积仅次于以色列，居世界第二位。

2014年，设施农艺面积达 $2.08×10^6$ hm^2（不包括中小棚，仅指设施建筑面积），其中塑料大棚为 $1.32×10^6$ hm^2，占设施面积的64%，主要分布于华南、华东等地区。日光温室面积为 $6.96×10^5$ hm^2，占设施面积的33%，主要分布于东北、华北等地区，其中高效节能日光温室是我国在设施农艺上的伟大创举，实现了北纬40°以南地区冬季不加温生产果菜。连栋温室面积达 $4.05×10^3$ hm^2，中大型温室面积约 200 hm^2（我国自行设计建造的约 50 hm^2，从荷兰、日本、美国、以色列等国引进的约 150 hm^2）。建设在南方的大型温室以生产花卉、观光为主，北方则以栽培蔬菜为主，少部分温室用于栽培苗木。

我国设施农艺产业主要集中在环渤海湾及黄淮地区，约占全国总面积的60%；其次是长江中下游地区，约占全国总面积的20%；第三是西北地区，约占全国总面积的7%。设施栽培面积较大的省份有山东、江苏、河北、河南、辽宁、陕西和新疆。

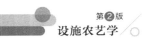

3.我国主要省份设施农艺发展概况

(1)山东

山东是全国设施蔬菜发展的中心,其设施农艺起步于20世纪70年代。目前,山东设施农艺进一步向机械化、现代化方向发展,向建造标准化、卷帘电动化、土地耕整机械化、灌溉节水化、服务产业化这"五化"迈进。设施农艺优化了种植业结构,带动了蔬菜、瓜果、花卉和食用菌等产业的兴起,吸纳从业人数逾350万人,已成为山东农村经济发展及农民增收的重要支柱。

(2)辽宁

辽宁是我国日光温室蔬菜生产的发源地。目前,日光温室蔬菜的面积和产量均居全国首位,设施农业生产水平处于全国前列,以日光温室蔬菜生产为主的设施园艺已经成为辽宁现代农艺的重要特征。目前,辽宁省设施农艺总面积达 $6.5 \times 10^5 hm^2$ 以上,除生产设施蔬菜外,设施果树栽培面积占比超过6%,解决了330多万名农村劳动力就业,年总产值超过400亿元,对促进全省农民致富发挥了不可替代的作用。

(3)江苏

江苏省的设施栽培面积在2010年位居全国第一。近年来,江苏省大力发展设施产业基地建设,重视设施新装备、新材料、新技术的开发和应用,不断优化设施结构类型,设施农业生产技术和装备水平大幅提高,建有面积1000亩以上的基地逾400个,1万亩以上的82个。各地区形成了各具特色的设施类型和栽培作物种类,其中苏北发展节能型日光温室生产茄果类蔬菜,江淮以钢架大棚为主生产特色蔬菜,苏南以发展现代农业生态观光为主,苏南城郊及丘陵山区以塑料大棚避雨果菜栽培为主,沿海及沿江地区采用连栋智能温室生产高档花卉。

(二)我国设施农艺取得的主要成绩

近十多年以来,我国设施农艺发展突飞猛进。在政府惠农政策的大力扶持下,全国各地为推进农业提质增效,大力发展设施农艺,在设施农艺方面取得了一系列成绩。

(1)设施农艺总体技术水平提高

目前,我国设施农业技术水平越来越接近世界先进水平。以设施栽培和设施养殖为主的设施农艺高新技术不断得到突破,无土栽培、生物防治和自动控制技术在全国得到普遍应用;温室节能、温室环保、温室智能化等设施农艺装备技术不断改善,为我国设施农艺发展提供了技术保障。设施类型向大型化、自动化和智能化发展。设施农艺技术被广泛应用于大田作物、蔬菜、林果、花卉栽培,水产养殖,畜禽饲养等诸多农业领域,栽培作物的种类不断扩大和丰富,产量不断提高。在吸纳农民就业,促进农民增收致富,促进农业综合生产能力的增强和农业产业结构的调整方面发挥了十分重要的作用。

(2)设施规模增长迅速,类型多样,结构、分区和布局更加合理

随着我国设施农艺技术逐渐成熟,设施农艺生产面积迅速扩大。2007—2014年间,我国的设施农艺面积年均增长9.1%。

目前,我国设施类型多样,总体布局趋于合理。北方大力推广节能型日光温室,使北纬40°以南的高寒地区在冬季不加温的情况下也能生产出喜温果菜;南方大力推广塑料拱棚及遮阳网,克服了夏季蔬菜育苗的难题,解决了蔬菜夏淡季的生产问题。

（3）设施栽培作物种类及茬口不断增多,产量和效益获得巨大提升

目前我国设施栽培的作物种类及茬口不断增多,设施栽培的作物主要有蔬菜、花卉、果树及其他作物,所占比例分别为93.0%、3.5%、2.5%和1.0%。其中设施栽培蔬菜有番茄、黄瓜、辣椒、茄子、西葫芦、苦瓜、菜豆、豇豆、荷兰豆等果菜,生菜、芹菜、油菜、甘蓝、菠菜、韭菜等叶菜,以及食用菌类、芽苗菜、特菜等。栽培的茬口有冬春茬、春茬、夏茬、秋茬等。种植方式主要采用传统地栽和无土栽培,所占比例分别为77.42%和22.58%。

设施栽培的果树主要有草莓、葡萄、桃、杏、樱桃、李、柑橘、无花果、早熟梨、枣等。

设施栽培的观赏植物主要有蝴蝶兰、红掌、仙客来、郁金香等球根、宿根花卉以及草花和其他室内观叶植物等。

据调查,设施农艺与相同作物露地栽培相比,设施栽培是露天种植产量的3.5倍。沈阳示范基地的温室番茄每年产量达$2.25×10^5$ kg/hm²,辽宁的日光温室平均年产番茄$1.2×10^5$ kg/hm²,年最高产量达到$3.75×10^5$ kg/hm²,接近或达到荷兰、日本等设施农艺发达国家水平,初步实现了高产出高效益。

（4）推广了一批先进技术

近年来,我国十分重视设施农艺先进技术的推广应用,如CO_2施肥技术、蜂授粉技术、臭氧消毒技术、塑料棚蔬菜安全高效栽培技术、日光温室周年生产及安全生产配套技术等,这些技术的应用产生了良好的经济、社会、生态效益。

（5）设施农艺装备体系初步构建

经过多年的努力,我国初步形成了以设施品种繁育设备、设施栽培管理设备、温室设施设备、设施农机具为主的较为完备的设施农艺装备体系。一大批由我国自行设计、制造,具有中国特色的现代温室设施相继建成,设施材料和设备制造生产的企业及温室建筑施工企业数量快速增长,设施产业生产规模不断扩大,形成了多种性能各异、用途广泛的配套设施设备体系,为设施农艺发展提供了高质量、高性能的物质装备。

（6）设施农艺不断创新发展

目前,我国不仅试验研究出适合我国气候条件与国情的农艺设施,而且不断创新发展。如,采用主动蓄热、超薄（无）墙体建造温室体现低碳节能和环境友好,实现理念创新;采用合理采光时段、异质复合蓄热保温体原理和可变屋面倾角主动采光理论设计温室,实现理论创新。利用日光温室安全高效栽培技术使冬春日照率≥50%,在温度−30℃或更低地区不加温即可生产喜温蔬菜;注重蔬菜周年生产和安全生产配套技术、温室建造和配套新型设施资材的研发和推广应用,使设施建造与生产技术逐步规范,实现技术创新。

（7）功能拓展,成为都市农业发展的重要载体和支撑力量

目前我国建成农业科技园区5000多家,其中73个国家级农业科技园区,1000多个省级农业科技园区,4000多个市级农业科技园区。在这些农业科技园区里,大量设施农艺生产技术得以推广应用,并且与大都市的第二、三产业密切结合,将现代化的设施农艺与观光旅游以及向青少年进行农业科普教育等内容结合起来,拓展了设施农艺的功能,带动了农产品加工、运输、销售和乡村旅游等相关产业的发展,创造了大量二、三产业就

业机会,增加了农民的收入。从事设施农业生产农户的年总收入接近城镇居民的平均收入水平。据统计,仅在北京地区就有十多处都市农业园区,成为大城市周边的新景观。

(8)设施农艺支撑服务体系初步形成

我国设施农艺生产专业化水平不断提高,社会化服务能力不断增强,初步建立了区域性技术创新平台,技术推广组织也在逐步发展,设施农艺标准体系建设取得一定成效,与设施农艺相关的国家、行业和地方标准超过200项。通过实施农村农技培训和加强设施农艺学科建设,初步构建了设施农艺人才保障机制。2010年底,农业部启动大规模培训全国农机安全监理人员工作,针对卷帘机、微耕机等设施装备安全使用等进行了培训,为设施农艺技术装备安全使用提供保障。

(三)我国设施农艺发展中存在的问题

中国是世界设施农艺大国,但是从设施农艺的技术水平、产品体系、要素支撑、配套服务、技术创新来看,我国与设施农艺发达国家相比还存在较大差距。

1.设施结构和装备方面

(1)设施结构简单,环境控制和抵御自然灾害能力不足

目前我国农艺设施主要以塑料薄膜拱棚和普通日光温室为主。占主导地位的塑料拱棚仅具有保温防雨等简单功能。大多数地区的日光温室结构简易,环境控制能力低,90%以上的温室仅有简易的遮雨保温功能,抵御自然灾害的能力较差。冷害、冻害、热害、台风、暴雨等自然灾害可造成对设施生产毁灭性破坏。2008年春节前的冰雪灾害使我国南方95%左右的设施作物遭受损失,损毁大棚4万多公顷;2009年北方雨雪灾害损毁温室大棚近6万公顷。

(2)设施装备差,机械化水平较低

目前我国设施农艺生产环节多为人工生产,与之相配套的农业机械非常少,机型不多且小型化的农机具极为缺乏;生产过程中的土壤耕作、播种、灌溉、施肥、温室环境监控等程序中,只有小四轮拖拉机、微耕机、喷雾机等机械设备。据调查,现阶段我国设施农艺的机械化水平不到30%,仅为全国主要农作物耕种收综合机械化水平的一半左右;我国温室年均工作时间在 5.4×10^4 h/hm² 以上,人均管理面积仅为日本的1/5、美国的1/300。

2.生产技术方面

(1)设施资源利用水平低,产量效益低

我国设施栽培投入资源多,肥料、能源和水资源等利用率低。大型温室环境的调控能力比较差,耗能高、单产低、年利用率不高。日光温室节能性能较好,但土地利用率仅为50%左右,农业单位面积水资源的利用率仅为以色列的1/5左右。肥料如氮素利用率为30%~35%,比先进国家低10%~20%,导致资源浪费,且引起面源污染,并导致设施栽培产量低、效益低。

(2)标准化生产配套栽培技术体系不完善

我国设施栽培专用品种的研究与利用相对滞后,特别是低能耗、抗逆强、高品质的设施专用品种的研发不够。设施主栽作物种类如番茄、甜椒等作物种子还依赖进口,完全自主知识产权的品种尚未占领主导市场。设施生产以个体农户为主,规模化、产业化水

平低,新品种、新技术、新成果应用率低,栽培作物的种类和品种完全根据生产者的喜好,病虫害防治、施肥浇水、通风换气、温湿度调节等作业都是模糊操作,缺乏从品种到设施栽培技术和病虫害防治等标准化生产配套技术体系。

（3）栽培品种单一、连作现象严重,化肥、农药过量使用,产品质量安全堪忧

由于棚室内温差大、高湿和弱光等导致病虫害大量发生,进而导致农药过量使用。为提高设施的利用率,提高单位面积的产值,在同一设施内多年连续种植经济效益较高的同一种作物,栽培品种单一、连作现象严重,并且盲目过量施用化肥、农药,导致设施内土壤次生盐渍化、酸化、连作障碍,土壤微生物种群改变,土壤结构破坏,农产品品质下降,有害物质超标;同时污染地下水和土壤,生态环境遭到破坏,形成恶性循环。

3.社会化服务方面

（1）组织化程度低,社会化服务差

目前我国设施农艺生产以家庭经营为主体,生产单元小,劳动生产率仅为发达国家的1/10~1/100。同时缺少专业服务机构,生产者在生产过程中遇到困难时难以得到农技专家的帮助,外界气象条件和内部环境发生突变时,难以得到及时提醒,因此造成损失。缺少专业服务机构,设施生产所需的新型专用种子、农药、肥料、建材、监控和调控设备、农机具、植保防疫器械、嫁接工具等生产资料无法及时更新,新技术得不到推广应用。

（2）市场信息不灵,信息流通不畅

我国设施农艺由于资金投入少,市场基础配套设施不足,导致信息不畅通,反馈较慢,影响了设施农艺的生产销售,降低了设施产业的收入。

此外,我国设施农艺基础研究薄弱,无土栽培、数字农业、信息技术、智慧农业等普及率低,应用效果差。

总之,我国设施农艺虽然规模大,但整体水平不高,科技含量与发达国家有较大差距。如,大多数地区的温室结构简易,环境控制能力低;覆盖材料抗老化性能差、寿命短;冬季运营成本高、亏损现象较多;栽培技术不配套、不规范,缺乏专用栽培品种;现有的农业技术推广体系不健全,技术服务人员知识更新不够,指导能力较差。

（四）促进我国设施农艺提质增效的措施

设施农艺是农业中的精华,要促进设施农艺转型升级、提质增效,要抓好以下几方面的工作。

（1）把促进设施农艺提质增效与推进农业重点工作结合起来

我国设施农艺今后的着力点应是促进设施农艺发展从数量扩张向提质增效转变。首先,要与农产品质量安全保障结合。利用物联网等信息技术,在设施农业中率先推进标准化生产,推进农药和化肥减量施用,建立健全农产品质量安全追溯体系。其次,要与休闲观光农业结合。在有条件的地方,逐步增加大型智能化温室的面积,在提高农产品产出能力的同时,拓展休闲、观光、体验、展示等功能。最后,要与完善农业经营体系结合,尽快形成适度规模经营模式和社会化服务体系。

（2）为设施农艺提质增效提供关键要素支持

装备方面,在引进国外大型智能化温室设施和技术的基础上,加强设施农艺共性关

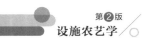
键技术和装备的研发,研发出能够调节温度、优化太阳光光波的高端覆盖材料。把适合我国设施农艺发展特点的小型化多功能的棚(室)内设备纳入农机购置补贴目录,鼓励农民使用先进设施和装备。农艺方面,加大品质好、产量高、适合设施栽培的优良品种的培育和推广力度,注重农机与农艺融合,推广病虫害绿色综合防控、抗连作障碍等新技术。人力方面,按照"科技人员直接到户、良种良法直接到田、技术要领直接到人"的要求,加大设施种植技术的培训。

(3)发挥服务型龙头企业的引领带动作用

目前我国设施农艺是以农户小规模分散经营占主导地位,缺乏加工型、流通型龙头企业的引领带动。这在相当程度上制约着设施农艺产业化经营水平的提高。为促进设施农艺转型升级、提质增效,在融资租赁、种苗引进、基地建设、质量控制、销售、品牌创建等方面迫切需要服务型龙头企业发挥引领带动作用。

(五)我国设施农艺发展方向

(1)生产方式工厂化

工厂化农业可大幅提高单位土地利用率、产出率和经济效益,自动化程度高,单位土地利用效率可达露地生产的40~100倍。我国可在引进荷兰、日本等发达国家工厂化农业技术的基础上,依托生物技术、现代信息技术、新材料技术和环境控制技术发展适合我国国情的工厂化设施农艺。

(2)环境控制智能化

设施农艺中,采用物联网系统,通过不同功能的传感器,可实时远程准确采集设施内环境因子以及作物生长参数,并通过智能控制系统将室内的温、光、水、肥、气等诸因素调控到最佳状态,实现温室集约化、智能化管理。以物联网技术为基础的现代温室智能监控系统是现代温室的主要发展方向。

(3)设施装备节能化

现代设施农艺在实际生产应用中能源消耗量大,生产成本高,因而高效合理利用太阳能和地源能等自然资源,降低温室能耗成为研究的热点。温室覆盖材料透光技术、地源热泵热能回收利用技术、LED节能光源技术等主要节能技术成为今后研究的重点。目前,已研制出针对植物需求的单色LED光源,如波峰450 nm的蓝光、波峰660 nm的红光及其组合光源,光能利用率可达80%~90%。

(4)农业生产精细化

利用滴灌、渗灌等灌溉设施和调亏灌溉等节水灌溉技术实施精准灌溉,可提高灌溉水的利用率。精准施肥技术避免了过量施用化肥及养分比例失调等问题,提高肥料利用率。新型喷头技术、气流辅助喷雾技术、靶标施药技术等精准施药技术减少农药使用量,减少环境污染。因此,开发适用于精准农业的灵敏度、精准度和实用性高的传感器成为发展趋势。

(5)经营管理规范化

我国设施农艺可通过专业部门负责,制定系统规范的技术咨询、经营管理服务等管理办法和标准体系,以家庭农场、专业合作社、农业企业等新型农业经营主体为服务重点,推广以绿色、节能、环保等为代表的新型技术,推动我国设施农艺稳步发展。

（6）农业技术集成化

随着相关装备和技术不断改良、完善,更多先进的技术将会被应用到设施农艺中。无线传感器网络技术、现代通信技术、智能控制技术、计算机视觉技术、空间技术等高科技被集成引入设施农艺,使设施农艺朝着自动化、智能化和网络化方向发展。

（7）生产产品种类多样化

多样化的消费需求推动设施农艺产品种类不断增多。一方面,设施类型更加完善,功能不断增加、强化,形成各地独具特色的设施农艺生产模式;另一方面,在种植或养殖品种上实现多样化,在种植蔬菜、水果、花卉等温室常规作物基础上,栽培高附加值的香料、药用植物、食用菌、观赏植物等。

（8）无土栽培技术普及化

无土栽培具有诸多优点,尤其在保障食品安全、保护生态环境上作用明显。目前,世界上已有100多个国家将无土栽培技术用于温室生产。未来我国应加强推广简便、实用、投资少、效益高的无土栽培技术。

（六）我国设施农艺研发方向

（1）节能型设施优化结构的研发

我国的栽培设施应研发适宜不同纬度、不同地区的温室结构,尤其应注重开发采光、保温性能和抗风雪灾害能力优良的节能大跨度日光温室,提高空间利用率、抗灾能力和土地利用率。

（2）自动化、信息化高效生产装备的研发

我国大多数日光温室设备比较简陋,生产设施和配套设备总体水平较低,导致设施环境可控水平低下,目前设施环境控制自动化水平仅为17.97%。研究建立计算机自动调控技术体系,开发具有节能、节水、节药、节肥功能,具有自主知识产权的工程技术装备,实现光、温、水、肥、气等因素的自动监控和作业机械的自动化控制;加快物联网、电子传感、遥感技术、智能化仪器设备等现代技术的应用研究和技术推广,提高工程技术和信息技术在设施农艺中的集成应用水平。

（3）现代设施资材的研发

加强新型覆盖材料、轻简省工资材、植株调整器具、嫁接育苗专用器材以及异质复合保温、内置保温覆盖材料和自动卷放机具等的研发。

（4）轻简增效技术的研发

目前,在老人、妇女成为我国农业劳动力主体的状态下,需研发轻简栽培技术、准确实用的设施控制测试仪器及设施环境控制软件。通过机械化、自动化、信息化等设备与技术,简化设施种植作业程序,节约劳动力,减轻劳动强度,实现设施作物生产节本增效。加快适用于棚室农事作业的小型机械研制和选型配套,实现农机农艺有机结合,促进设施农艺提质增效。

（5）土壤生态系统修复与可持续利用技术的研发

研究土壤安全消毒技术、有益微生物增殖技术、有机化养分缓释平衡技术、毒害物生物降解技术等；研究高温热水土壤消毒装置防治土壤病虫害，合理使用轮作、间套作技术减轻病虫害；研究利用农业废弃物等开发蔬菜有机质土壤栽培技术以及对非耕地的设施农艺开发利用技术，建立设施农艺低碳生产技术体系，将是我国设施农艺很重要的研发方向。

（6）设施农业标准化生产技术的研究

研究适宜温度、肥水、CO_2 施肥及栽培方式等关键技术，探明优质高产规律，为计算机模型的建立打好基础，逐步实现计算机控制的农业标准化生产。

此外，还需开展温室土壤节能环保型日光消毒技术，设施农作物主要病虫害农业生态防治新技术，通过保健栽培等环境友好型抗病诱导技术增强设施作物抗性；通过研究在低温、弱光、高温、强光等亚适宜环境下作物相应机理与代谢调控技术，建立一定范围亚适宜环境下规范化栽培技术；利用生物技术，开发出抗逆性强、抗病虫害、耐贮藏和高产的温室作物新品种；利用生物制剂、生物农药、生物肥料等专用生产资料，向精确农业方向发展，为社会提供更加丰富的无污染、安全、优质的绿色健康食品；加强采后加工处理技术及配套的设施和装备的研发，提高农产品附加值和国际竞争力。

第三节

本课程的特点、内容及学习方法

设施农艺学是以现代科技为依托，以先进设施为基础，以产业化经营为手段，在可控环境条件下，实现高产、高效与可持续发展的农业现代生产管理体系。它是集建筑学、农艺学、环境科学、信息技术、农业经济等多种学科，涉及建筑、材料、机械、环境、自动控制、品种选育、栽培管理等多种系统为一体的多学科交叉的边缘学科。

本课程要求在学习植物学、植物生理学、农业气象学、土壤学、农业化学、植物保护学、农业机械学、电子计算机等课程的基础上，使学生了解现代设施农艺的基础理论和管理体系；了解栽培设施设计施工的一般程序和步骤；掌握生产中各类常用设施的应用条件及管理技术。

本课程内容主要包括设施类型（简易保护设施、塑料薄膜拱棚、温室和植物工厂等）、设施装备系统（温室骨架结构、覆盖材料、加热设备、通风降温设备、补光设备、营养液配制装置和灌溉系统、二氧化碳施肥装置等）、技术支持系统（无土栽培技术、环境控制技术、蜂授粉技术和病虫害防治技术等）。

设施农艺学是一门应用性很强的学科，因此，在学习过程中，必须注重理论与实践的紧密联系，常态化地参与到生产科研实践中。同时，应注重培养自己综合分析问题和解决问题的能力。

当今设施农艺发展异常迅速,为了及时了解其发展动态,无论在学习本课程期间,还是在学完本课程之后,同学们都需要经常阅读国内外有关文献,积极参与实践,不断提高自己的知识和技术水平。

复习思考题

一、名词解释题

1. 设施农艺　2. 设施栽培

二、填空题

设施栽培的方式有①_____、②_____、③_____、④_____、⑤_____、⑥_____、⑦_____、⑧_____。

三、简答题

1. 简述设施农艺的特点。
2. 谈谈国外设施农艺发展特点。
3. 谈谈我国设施农艺发展概况及发展中存在的问题。
4. 谈谈我国设施农艺发展方向和研发方向。

四、论述题

1. 谈谈你家乡设施农艺发展概况及发展趋势。
2. 你认为该如何学好"设施农艺"学这门课程?

主要参考文献

1. 彭澎,梁龙,李海龙,等. 我国设施农业现状、问题与发展建议[J].北方园艺,2019(5):161-168.

2. 汪小旵,蔡国芳,杨昊霖.设施农业农机装备现状与发展趋势分析[J].农业工程技术,2019,39(1):46-49.

3. 刘文科. 我国设施蔬菜产业提质增效的方法与措施[J]. 农业工程技术,2019,39(10):28-32.

第二章
农艺设施类型、结构及性能

学习目标:了解简易保护设施和植物工厂的类型、结构、性能及植物工厂的主要设备;掌握育苗床、塑料薄膜拱棚和温室的种类、结构、性能;重点掌握电热温床的设置技术、地膜的应用技术,日光温室、现代化温室的种类、结构和性能。

重点难点:电热温床的设置;高效节能日光温室、现代化温室、植物工厂的结构、性能、配套设备及应用。

  农艺设施有许多类型,每种类型又有不同的结构。为了因地制宜搞好设施农艺生产,获得优质高产高效的产品,需对各种设施的类型、结构、性能非常清楚。目前我国农艺设施可分为简易保护设施、塑料薄膜拱棚、温室和植物工厂四个层次。

▸▸▸▸ 第一节 ◦◦◦

简易保护设施

  简易保护设施主要包括地面简易覆盖、近地面覆盖及夏季防雨降温设施三类。其中,地面简易覆盖包括秸秆覆盖、浮动覆盖、砂石覆盖、草粪覆盖和地膜覆盖等类型;近地面覆盖包括风障畦、阳畦和温床等类型;夏季防雨降温设施包括遮阳网、防虫网和防雨棚等。这些农艺设施取材容易,覆盖简单,价格低廉,效益显著,目前在很多地区应用。

一、地面简易覆盖

  地面简易覆盖就是将覆盖材料直接覆盖在地表面,对覆盖区域的温度、光照、水分等环境因子进行调控,创造适宜于覆盖对象生长发育的优质环境,达到促进目标区域作物生长的效果。

（一）秸秆覆盖

秸秆覆盖是在种植的畦面上或垄沟铺一层4~5 cm厚的农作物秸秆（多为稻草、麦秸、落叶和糠皮等）。秸秆覆盖可调节地温，夏季秸秆覆盖可减少太阳辐射能向地中传导，降低土温，秋冬季覆盖秸秆可减少土壤中的热量向外传导，保持较高土温，一般可使5 cm地温提高0.5~1.9 ℃；可改善农田水分状况，有效抑制土壤水分蒸发，提高水分利用率；可培肥地力，连续覆盖两年秸秆后，0~20 cm土层的有机质含量增加0.1%~0.15%；秸秆覆盖后可减少降雨时土壤溅到植株上，减少土传病害的侵染机会，从而减轻病害的发生。

1.秸秆覆盖时期

秸秆覆盖有生育期覆盖、休闲期覆盖和周年覆盖三种类型。

（1）生育期覆盖

指在作物生长期内进行秸秆覆盖。覆盖的时间和方法因作物而异。冬小麦可在播种后（出苗前）、冬前和返青前覆盖，以冬前覆盖为宜。追肥需在秸秆覆盖前进行。一般覆盖3 750~4 500 kg/hm²。覆盖时力求均匀，小麦成熟收获后将秸秆翻压还田。

春播作物的秸秆覆盖时间因作物不同而不同，玉米以拔节初期、大豆以分枝期为宜。覆盖秸秆前，进行中耕除草和追肥，然后用麦秸4 500 kg/hm²或粉碎的玉米秸5 250~6 000 kg/hm²均匀覆盖行间或株间。

夏季播种的芹菜、胡萝卜等作物适宜在播种后立即覆盖。

（2）休闲期覆盖

指在农田休闲期进行的秸秆覆盖，用于抑制休闲期的土壤水分蒸发。休闲期覆盖主要用于冬小麦或秋作物的前后茬空闲期的覆盖。操作方法是在前茬作物收获后及时翻耕，随即把秸秆覆盖在地面上。后茬作物播种前15 d结合整地施肥把秸秆翻压还田。

（3）周年覆盖

指农田全年内连续覆盖秸秆，以达到节水增产效果。春玉米于上年玉米收获秋耕后，用4 500 kg/hm²玉米秸秆覆盖，翌年春播前移开覆盖物，播后再覆盖好，直至玉米收获。

2.应用

秸秆覆盖在我国南方地区夏季蔬菜栽培中应用较多，北方地区主要在大田作物种植和小粒种子（如芹菜、韭菜、芫荽和胡萝卜等）播种时应用。近年来，秸秆覆盖在设施栽培蔬菜、苗木和果树中也有应用。

（二）浮动覆盖

浮动覆盖指不用骨架材料，将覆盖材料直接覆盖在作物表面，周围用绳索或土壤固定的一种栽培方法。常用的覆盖材料有无纺布、遮阳网和塑料薄膜等。

1.浮动覆盖的时间

浮动覆盖的时间主要根据环境的温度、光照、水分等特征与覆盖对象所需的条件来确定，主要在早春和晚秋。早春覆盖，可增加覆盖区域的温度；晚秋覆盖，可增温防霜。在夏季高温时段，对于一些新移植的苗木和树木，也使用浮动覆盖达到遮光降温。

2.浮动覆盖的效果

生产上浮动覆盖可防低温、霜冻和高温影响。在春秋应用时，覆盖后可使覆盖区域

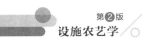
的温度提高1~3 ℃,使耐寒或半耐寒蔬菜露地栽培提早或延迟20~30 d,喜温蔬菜或果树提早或延迟10~15 d,还能使覆盖对象更好地越冬。在夏季高温时段,覆盖后可使覆盖区的日照强度降低25%以上,减轻高温对新移栽树木与苗木的伤害,使新移栽的树木和苗木更好地度过高温时段,提高存活率。

(三)砂石覆盖

砂石覆盖是我国西北地区年降雨量在200~400 mm的干旱、半干旱地区一种独特的覆盖方法,是指将粗砂与砾石的混合物在土壤表层覆盖5~15 cm厚进行瓜果蔬菜等生产的一种方式。砂石覆盖的田块渗水力强,能够有效地拦蓄地表径流、减少水土流失;砂砾覆盖形成粗糙地表面,切断了土壤与大气之间的毛管联系,阻止毛管水的上升,抑制蒸发、蓄水保墒、防止风蚀,协调土壤水、肥、气、热等状况,有效地提高了光热资源的转化和水分利用效率,为作物生长发育创造了较好的环境条件,提高了作物的产量和品质,还具有明显的生态防护效果。一般说来,砂田水分渗透率是土田的10倍,地面温度比土田高0.2 ℃左右,水分蒸发量减少20%左右。据测定,0~10 cm土田土壤含水量为7.92%,而砂田为15.72%。

目前,砂石覆盖主要用于喜温果菜及西甜瓜的栽培。砂石覆盖田块的昼夜温差大,种植的蔬菜瓜果糖分含量高。

(四)地膜覆盖

地膜覆盖是用厚度0.01~0.02 mm的塑料薄膜紧贴在地面上进行覆盖的一种栽培方式,是现代农业生产中既简单又有效的措施之一。

1.地膜覆盖的作用

①保温增温。地膜覆盖使白天的土壤蓄热增多,夜间失热少,可使北方和南方高寒地区地温提高1~2 ℃,增加作物生长期的积温,促苗早发,延长作物生长时间。

②抑制蒸腾。地膜覆盖切断了土壤水分同近地面表层空气的水分交换通道,可有效地抑制土壤水分的蒸发,促使水分在表层土壤中聚集,因而具有明显保墒提墒作用。据测定,地膜覆盖棉花播种后10 d,棉田0~40 cm土层含水量比露地棉田增加12%,30 d时0~50 cm土层失水量比露地减少34.6%。

③改进作物群体中下部的光照条件。据测定,由于地膜的反射作用,在晴天地面覆盖作物中下部的光照强度比露地高3倍,对促进中下部叶片的光合作用十分有利。在果园中还可促进果实着色,改善果实品质。

④改善土壤理化性状。地膜覆盖能有效防止土壤风蚀和雨水冲刷,减少耕作作业,因而与露地相比,土壤孔隙度增加,容重减少;土壤固相减少,液相气相增加,使土壤保持良好的疏松状态;增强微生物活动,有机物矿化加快,有效养分增加。据测定,地膜覆盖区速效氮量比露地增加28%~50%。

⑤减少耕层土壤盐分。在盐碱地覆盖地膜可抑制返盐,减少盐分对作物的危害。在山西高粱地试验0~5 cm、5~10 cm和10~20 cm土层中,覆盖区土壤含盐量比不覆膜区分别

下降77.4%、77.7%和83.4%。

⑥提高作物产量和水分利用效率。由于覆盖使农田生态条件改善,有利于出苗早、全、匀、壮,促进作物地上部和根系发育,因而具有良好的节水增产效果。各地生产实践证明,地膜覆盖的作物一般比露地增产20%~50%,水分利用效率提高30%~100%,高者可成倍增长。

⑦促进作物的生长发育。地膜覆盖后,一是为作物的种子萌发提供了温暖湿润以及疏松的土壤环境,种子萌发快,出苗早,一般低温期播种喜温性蔬菜可提早6~7 d出苗;二是蔬菜的茎叶生长加快,茎粗、叶面积和株幅等增加比较明显;三是产品器官形成期提前,提早收获,一般果菜类蔬菜的开花结果期可提早5~10 d,采收期提前7~15 d,同时产品质量也得到明显的提高。

2.地膜覆盖的方式

地膜覆盖的方式因当地自然条件、作物种类、生产季节及栽培习惯而异,可根据覆盖位置、栽培方式等进行划分。

(1)根据覆盖位置划分

①行间覆盖。即把地膜覆盖在作物行间。这种覆盖方式又分为隔行行间覆盖和每行行间覆盖两种。隔行行间覆盖是将作物行间按覆盖带与裸露带相间分布的方式安排;每行行间覆盖是在每个播种行的行间都覆盖一幅地膜。

②根区覆盖。即把地膜覆盖在作物根系分布的部位。此种覆盖方式又可分为单行根区覆盖、双行根区覆盖和多行根区覆盖。

(2)根据栽培方式划分

①平作覆盖。即直接将地膜覆盖在整好的土壤表面。膜两侧10~15 cm压埋在畦两侧的沟内。铺膜时只在畦两侧开出埋膜沟,不大量翻动土壤。可单畦覆盖,也可以连畦覆盖。平作覆盖便于灌溉,初期增温效果较好,但后期由于随灌水带入的泥土盖在薄膜上面而影响阳光射入畦面,增温效果降低。

②高垄覆盖。该方式是在整地施肥后,按45~60 cm宽、10 cm高起垄,每一垄或两垄覆盖一幅地膜。高垄增温效果比平畦高1~2 ℃。

③高畦覆盖。高畦覆盖是在整地施肥后,做成高10~12 cm、宽65~70 cm、灌水沟宽30 cm以上的高畦,然后每畦上覆盖地膜。

④沟畦覆盖。俗称天膜,也称"先盖天,后盖地"。即把栽培畦做成沟,在沟内栽苗,然后覆盖地膜,当幼苗长至接触地膜时,将地膜割成十字孔,将苗引出,使沟上地膜落到沟内地面上。采用沟畦覆盖既能提高地温,也能增加沟内的气温,这种方式兼具地膜和小拱棚的作用。可比普通地膜覆盖提早定植5~10 d,早熟1周左右,同时也便于向沟内直接追肥灌水。

3.地膜覆盖度及用量计算

(1)覆盖度

覆盖度是指在地膜覆盖栽培中,地膜覆盖面积占总面积的百分数。覆盖度可分为理论覆盖度和实际覆盖度,计算如下:

$$理论覆盖度=地膜宽度÷（平均行距×覆盖行数）×100\%$$

$$实际覆盖度=（地膜宽度–压边宽度）÷（平均行距×覆盖行数）×100\%$$

例如，地膜宽70 cm，覆盖2行作物，平均行距50 cm，则理论覆盖度为：

$$70÷（50×2）×100\%=70\%$$

若地膜压边宽度为20 cm（每边压10 cm），则实际覆盖度为：

$$（70–20）÷（50×2）×100\%=50\%$$

（2）地膜用量计算

计算出地膜理论覆盖度后，就可以对地膜用量进行估算。计算公式如下：

$$地膜用量=地膜密度×地膜厚度×覆盖面积×理论覆盖度$$

如某农户要种667 m² 地膜玉米，平均行距60 cm，地膜幅宽80 cm，每幅覆盖2行玉米，求用密度为0.91 g/cm³，厚度0.008 mm的地膜约多少kg?

先求出理论覆盖度 $\qquad$ $80÷（60×2）×100\%=66.7\%$

再求出地膜用量 $\qquad$ $0.91×0.008×667×66.7\%=3.24（kg）$

4.地膜覆盖的技术要求

地膜覆盖的整地、施肥、作畦、覆膜等要连续作业，不失时机以保持土壤水分，提高地温。

①整地。应精细整地，确保覆膜质量。

②作畦。畦面要平整细碎，以便使地膜紧贴畦面，不漏风，四周压土充分而牢固。

③施肥。作畦时要施足底肥，同时后期要适当追肥，以防后期作物缺肥早衰。

④灌溉。在膜下软管滴灌或微喷灌的条件下，畦面可稍宽、稍高。若采用沟灌，则灌水沟要稍宽。地膜覆盖虽然可以比露地减少浇水大约1/3，但每次灌水量要充足，不宜小水勤灌。

⑤覆膜时间。在降雨多的地区，采用先播种后覆膜的形式，在降雨量少的地区，多采用抢墒整地、作畦，先覆膜后播种的形式。

⑥后期破膜问题。一般情况下，地膜要一直覆盖到作物拉秧，但如果后期高温或土壤干旱而无灌溉条件，影响作物生育及产量时，应及时把地膜划破，以充分利用降雨，确保后期产量。

⑦清除残膜。残存于土中的旧膜，会污染环境，影响下茬作物的耕作和生长，因此，在作物收获后应及时清除残膜。

二、近地面覆盖

（一）风障畦

指在畦的北侧立一道挡风屏障的栽培畦。

1.结构

风障畦分为大风障畦和小风障畦。大风障畦主要由篱笆、披风和土背三部分组成：篱笆高1.5~2.5 m，一般用芦苇、高粱秸等向南75°左右夹设而成；披风高1.5 m，一般用稻草、苇席、废旧塑料薄膜等夹设在篱笆上制成；土背高20~40 cm，主要用于固定篱笆。

小风障畦一般只有篱笆和土背，不设披风。风障高 1 m 左右，防风范围小，在春季每排风障只能保护相当于风障高度 2~3 倍的栽培畦面积。

2.设置

风障的方位应与当地的季风方向相垂直，当风向和障面的交角小于 15 °时，其防风效果仅为垂直时的 50%。风障的长度一般要求不小于 10 m，防止风障两头风的回流影响。不同的季节，风障的间距不同。一般冬季栽培，间距以风障高度的 3 倍左右为宜，春季栽培以风障高度的 4~6 倍为宜。

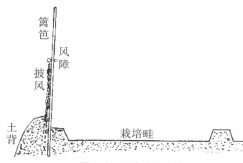

图 2-1　风障畦的结构

3.性能

风障具有明显的减弱风速、稳定畦面气流的作用，一般可减弱风速 10%~15%。同时，风障能提高气温和地温。风障的增温和保温效果受天气的影响很大，一般规律是：晴天的增温保温效果优于阴天，有风天优于无风天。另外，距离风障和地面越近，增温效果越好。

风障能够将照射到其表面的部分太阳光反射到风障畦内，增强栽培畦内的光照。一般晴天畦内的光照强度较露地增加 10%~30%，如果在风障的南侧贴一层反光幕，可较普通风障畦增加光照 1.3%~17.36%，并且提高温度 0.1~2.4 ℃。

(二)阳畦

1.结构

阳畦根据其结构特点可分为普通阳畦和改良阳畦两种。普通阳畦又称冷床，是在风障畦的基础上，将畦底加深、畦埂加高，并且用玻璃、塑料薄膜、草苫等覆盖，以太阳光为热量来源的小型保护设施。

普通阳畦主要由风障、畦框、透明覆盖物(玻璃、塑料薄膜)、保温覆盖物(草苫、蒲席等)等组成(图 2-2)。普通阳畦有抢阳畦和槽子畦两种(图 2-3)，抢阳畦采用倾斜风障，槽子畦采用直立风障。

风障同普通风障，畦框多用土培高后压实而成，或用砖等砌制而成。抢阳畦南框一般高 10~20 cm，北框高 40~60 cm，框宽 20~40 cm。槽子畦四框接近等高，框高而厚，一般框高 40~60 cm，框宽 30~40 cm。普通阳畦的畦面宽 1.5~2.0 m，长 6~10 m。

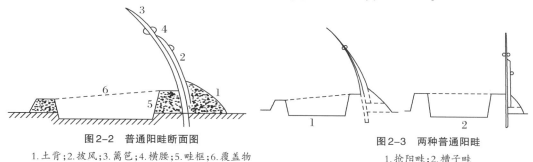

图 2-2　普通阳畦断面图

1.土背；2.披风；3.篱笆；4.横腰；5.畦框；6.覆盖物

图 2-3　两种普通阳畦

1.抢阳畦；2.槽子畦

改良阳畦也称小暖窖,分为塑料薄膜改良阳畦[图2-4(a)]和玻璃改良阳畦[图2-4(b)]两种。改良阳畦由土墙(后墙、山墙)、棚架(柱、檩、柁)、土棚顶、玻璃窗或塑料棚、保温覆盖物五部分组成(图2-4)。

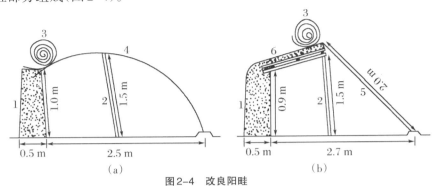

图2-4 改良阳畦

1.土墙;2.立柱;3.草苫;4.塑料大棚;5.玻璃屋面;6.后屋顶

后墙一般高0.9~1.0 m,厚40~50 cm,前柱高1.5 m,土棚顶宽1.0~1.5 m,玻璃窗长2 m,宽0.6~1.0 m,玻璃窗斜立于棚顶的前檐下,与地面成40°~45°角;栽培床南北宽约2.65 m,每3~4 m长为一间。每间设立柱,立柱上加柁,上铺两根檩(檐檩、二檩),檩上放秫秸,然后再放土,前屋面晚上用草苫保温覆盖。

2.性能

阳畦的温度随着外界气温和设施的保温能力的变化而变化。一般保温性能较好的阳畦,其内外温度差可达13.0~15.5 ℃。保温较差的阳畦可出现−4 ℃以下的低温,而春季温暖季节白天又可出现30 ℃以上的高温,因此利用阳畦进行生产既要防止低温霜冻,又要防止高温危害。

阳畦畦内存在局部温差,一般中心部位温度较高,四周温度较低;距北框近的地方温度较高,南框和东西两侧温度较低,抢阳畦距北墙1/3处温度最高。

改良阳畦的性能与普通阳畦基本相同。所不同的是改良阳畦有土墙、土棚顶及草帘覆盖,因此保温性能好,并且栽培管理方便。

3.设置

阳畦应设置在背风向阳处,育苗用阳畦要靠近栽培田。为方便管理以及增强阳畦的综合性能,阳畦较多时应集中成群建造。阳畦的前后间距不小于风障或墙高度的1倍,避免前排对后排造成遮阴。

4.应用

普通阳畦主要用于作物育苗、秋延后、春提早及假植栽培。在华北的一些温暖地区还可用于耐寒叶菜(如芹菜、韭菜)的越冬栽培。改良阳畦可用于春提早、秋延后果菜栽培,冬季可栽培叶菜,也可用于果树、蔬菜和花卉的育苗。

(三)温床

温床是一种在阳畦基础上发展而来的设施类型,同阳畦相比,温床除利用太阳能增温外,还可利用酿热、火热、水热(水暖)、地热(温泉)和电热等进行加温。温床除在床底铺设增温设备外,其他结构基本与阳畦相似。

我国各地利用的温床种类很多,目前主要是电热温床。

电热温床是指在畦土内或畦面铺设电热线,用电对土壤进行加温的育苗畦或栽培畦。电热线加温的原理是利用电流通过电阻大的导体时,将电能变成热能而使床土增温。一般 1 kW·h 的电能可产生 3.6×10^3 kJ 的热量。电热温床增温快,温度均匀。控温仪可以实现温度自动控制,能够根据不同秧苗对地温的要求不同来进行调节。因此,电热温床有利于根系生长,缩短育苗期,培育壮苗。

1. 电热温床的基本结构

电热温床是由隔热层、散热层、床土层和覆盖物四部分组成(图2-5)。隔热层是铺在床坑底部的一层 10~15 cm 厚的秸秆或碎草,主要作用是阻止热量向下层土壤中传递散失;散热层是一层厚约 5 cm 的细沙,内铺设电热线,沙层的主要作用是均衡热量,使上层土壤受热均匀;床土层厚度一般为 12~15 cm。育苗钵育苗不铺床土,而是直接将育苗钵排列到散热层上。覆盖物有透明覆盖物和不透明覆盖物。

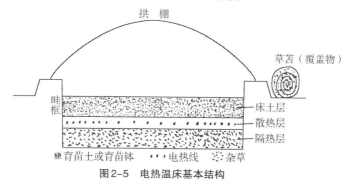

图2-5 电热温床基本结构

2. 电热线加温系统组成

(1)电热线

使用电热线前要进行电热线用量计算:

电热线根数(n)= 温床需要总功率÷单根电热线的额定功率

温床需要总功率(P)= 温床面积×功率密度

功率密度是指单位面积设定功率,主要是根据育苗期间的苗床温度要求来确定。一般育苗床的功率密度以 80~120 W/m² 为宜,分苗床以 50~100 W/m² 为适宜。因出厂电热线的功率是额定的,不允许剪短或接长,因此当计算结果出现小数时,应在需要功率的范围内取整数。单根电热线的额定功率见表2-1。

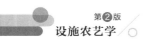

表2-1　上海农机所生产的电热线的主要技术参数

型号	工作电压/V	电流/A	额定功率/W	长度/m	塑料外皮颜色
DV20406	220	2	400	60	棕
DV20608	220	3	600	80	蓝
DV20810	220	4	800	100	黄
DV21012	220	5	1 000	120	绿

（2）控温仪

根据温床内的温度高低变化,可用控温仪自动控制电热线的线路切断。不同型号控温仪的直接负载功率和连线数量不完全相同,应按照使用说明进行配线和连线。

（3）交流接触器

其主要作用是扩大控温仪的控温容量。一般当电热线的总功率<2000 W（电流10 A以下）时,可不用交流接触器,将电热线直接连接到控温仪上。当电热线的总功率>2000 W（电流10 A以上）时,应将电热线连接到交流接触器上,由交流接触器与控温仪相连接。

（4）电源

主要使用220 V交流电源,也可用380 V电源与负载电压相同的交流接触器连接电热线。

此外还有开关、漏电保护器等。

3.布线技术

（1）确定电热线布线道数

电热线布线道数(d)=(电热线长-床面宽)÷床面长

为使电热线的两端位于温床的同一端,方便线路连接,计算出的道数应取偶数。

（2）确定电热线布线间距

电热线布线间距(h)= 床面宽÷(布线道数-1)

由于床面的中央温度较高,两侧温度偏低,因此中央线距应适当大些,两侧线距小些,并且最外两道线要紧靠床边,最宽处与最窄处一般差距3 cm左右为宜。为避免发生短路,电热线最小间距不小于3 cm。

（3）布线

布线前,先在床坑底部铺设一层厚度12 cm左右的隔热材料,整平、踩实后,再平铺一层厚约3 cm的细沙。取两块长度同床面宽的窄木板,按线距在板上钉钉。将两木板平放到温床的两侧,然后将电热线绕钉拉紧、拉直,或用小竹棍插在苗床的两头代替木板钉钉。拉好线检查无交叉后,在线上平铺一层厚约2 cm的细沙将线压住,之后撤掉两端木板或竹棍。

（4）线路连接

电热线数量少、功率不大时,一般采用图2-6中的1和2连接法即可;电热线数量较多、功率较大时,应采用3和4连接法。

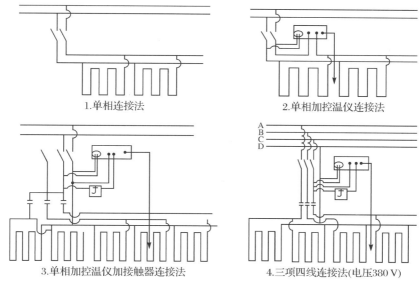

1.单相连接法　　　　　　　　2.单相加控温仪连接法

3.单相加控温仪加接触器连接法　　4.三项四线连接法(电压380 V)

图2-6　电热线连接形式

4.使用电热温床时应注意的事项

①控温仪感温探头勿与电热线接触;②电热线不得随意剪短或接长,布线时不能交叉、重叠、结扎,只能并联,不能串联;③不得在空气中成圈通电试用电热线,防止烧坏绝缘层;④回收电热线时,禁止硬拉或用铁器挖掘,线圈盘好后置于阴凉处保存,勿随意折叠放置,防止断线。

此外,电热温床育苗要注意节约用电。主要措施为:①种子进行浸种催芽,减少出苗时间;②灵活控制温度,维持作物根毛发生的最低温度(如番茄10 ℃、黄瓜14 ℃、茄子15 ℃、辣椒15 ℃);③根据幼苗需要和天气变化调整温度,如阴冷天通电、晴天断电,夜间通电、白天断电,夜间间隔通电等;④加强覆盖保温;⑤充分利用太阳光。

5.应用

电热温床主要用于冬春季作物的种子育苗和扦插繁殖,以果菜类蔬菜育苗应用较多。由于其增温性能好、温度可精确控制和管理方便等优点,现在生产上已广泛推广应用。

三、夏季保护设施

夏季保护设施主要指在夏秋季节使用的以遮阳、降温、防虫、避雨为主要目的的一类保护设施,包括遮阳网、防雨棚、防虫网等。

1.遮阳网

俗称遮阴网、凉爽纱,以聚乙烯、聚丙烯等为原料,经编织而成的一种轻量化的高强度、耐老化的网状农用覆盖材料。利用它覆盖作物具有一定的遮光、降温、防台风暴雨、防旱保墒和趋避病虫等功能,可用来进行夏秋高温季节蔬菜、花卉、食用菌的栽培以及蔬菜、花卉和果树的育苗。遮阳网可采用浮面覆盖、矮平棚覆盖及大、中、小棚覆盖。

2.防雨棚

防雨棚是在多雨的夏秋季节,利用塑料薄膜等覆盖材料扣在大棚或小棚的顶部,四周通风不扣膜或扣防虫网防虫,使作物免受雨水直接淋洗和冲击的保护设施。防雨棚主要用于夏、秋季节蔬菜和果品的避雨栽培或育苗。在长江流域的葡萄栽培上,人们广泛使用防雨棚,防止雨水冲击、减轻病虫害、提高葡萄品质。

3.防虫网

防虫网是以高密度聚乙烯等为主要原料并加入抗老化剂等辅料,经拉丝编织而成的20~30目等不同规格的网纱,具有强度大、抗紫外线、抗热、耐水、耐腐蚀、耐老化、无毒、无味等特点。由于防虫网覆盖简易、能有效防止害虫对作物的危害,在南方地区作为无(少)农药作物栽培的有效措施而得到广泛应用。

>>>> 第二节

塑料薄膜拱棚

塑料薄膜拱棚是指将塑料薄膜覆盖于拱形支架之上而形成的设施。按照棚的高度和跨度不同,塑料薄膜拱棚一般可分为塑料小棚、塑料中棚和塑料大棚三种类型(表2-2)。

表2-2　几种类型塑料薄膜拱棚的比较

类型	常用建筑材料	形状	棚高/m	跨度/m
小棚	竹竿、竹片	拱圆形、半拱圆形、双斜面型	≤1.5	≤3
中棚	竹木、钢架	拱圆形、半拱圆形、双斜面型	1.5~1.8	3~8
大棚	竹木、钢架	拱圆形、半拱圆形、双斜面型、连栋	≥1.8	≥8

一、塑料小棚

(一)类型和结构

塑料小棚的形状主要有拱圆形、半拱圆形和双斜面型三种。

1.拱圆形塑料小棚

拱圆形塑料小棚是生产上应用最多的小棚,主要采用毛竹片、细竹竿、荆条或钢筋等材料弯成宽1~3 m、高0.5~1.5 m的拱形骨架,骨架上覆盖0.05~0.10 mm棚膜,外用压杆或压膜线等固定薄膜而构成。

通常,单独使用小拱棚时,为提高小拱棚的防风保温能力,除在田间设置风障之外,夜间可在膜外加盖草苫等防寒物。该类型拱棚多用于多风、少雨、有积雪的地方,小拱棚也可在中棚、大棚或温室中实行多层覆盖。

2.半拱圆形塑料小棚

该类型小棚俗称改良阳畦或小暖窖,一般为东西延长,在棚的北侧筑起约1 m高、上宽30 cm、下宽30~50 cm的土墙,拱架一端固定在土墙上,另一端插在栽培畦南侧土中,骨架外覆盖薄膜。

(二)性能

1.光照

塑料小棚的透光性能比较好,春季棚内的透光率最低在50%,光强达5×10^4 lx以上。但是,薄膜附着水滴或被污染后,其透光率会大大降低,有水滴的薄膜透光率约为55.4%,被污染的约为60%。拱圆形小棚内光照比较均匀。半拱圆形小棚由于北部有土墙,因此,南部光照好,北部较差,光照不均匀。

2.温度

一般情况下,小棚的气温增温速度较快,有时最大增温能力可达20 ℃左右,在高温季节易造成高温危害;但降温速度也快,特别是在阴天、低温或夜间没有草苫保温覆盖时,棚内外温差仅为1~3 ℃,遇寒潮易发生冻害。有草苫覆盖的半拱圆形小棚的保温能力为6~12 ℃。

小拱棚内地温变化与气温相似,但其变化不如气温剧烈。在早春时节,一般棚内地温比气温高5~6 ℃。

3.湿度

塑料小棚在密闭的情况下,地面蒸发和作物蒸腾所散失的水汽不能溢出棚外,从而造成棚内高湿。一般棚内相对湿度可达70%~100%;白天通风时,相对湿度可保持在40%~60%,平均比外界湿度高20%左右。此外,棚内的湿度随外界天气的变化而变化,通常晴天湿度降低,阴天湿度升高。

(三)应用

小棚可用于春提早定植黄瓜、番茄、青椒、茄子、西葫芦、草莓、西瓜和甜瓜等喜温作物,秋延后或越冬栽培芹菜、蒜苗、小白菜、芫荽和菠菜等耐寒蔬菜;还可在早春为塑料大棚以及露地栽培的春茬蔬菜、花卉、草莓及西瓜、甜瓜等育苗。

二、塑料中棚

中棚是介于小棚和大棚之间的中间类型,人可进入棚内操作。常用的中棚为拱圆形结构。

(一)结构

拱圆形中棚跨度一般为3~6 m,脊高1.5~2.3 m,肩高0.8~1.5 m。一般用竹木作骨架的棚中需设立柱,而用钢管作拱架的中棚不需设立柱。按照材料的不同,拱架可分为竹片结构、钢架结构和竹片钢架混合结构。

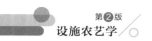
（1）竹片结构

拱架由双层5 cm竹片用铁丝上下绑缚在一起制作而成。拱架间距为1.1 m，纵向设3道横拉，主横拉位置在拱架中间的下方，用1寸钢管或木杆设置，主横拉与拱架之间距离20 cm立吊柱支撑。2道副横拉各设在主横拉两侧部分的1/2处，两端固定在立好的水泥柱上，副横拉距拱架18 cm立吊柱支撑。拱架的两个边架以及拱架每隔一定距离在近地面处设斜支撑，斜支撑上端与拱架绑住，下端插入土中，每隔2道拱架设立柱1根，立柱上端顶在横拉下，下端入土40 cm。立柱用木柱或水泥柱，水泥柱横截面10 cm×10 cm。

（2）钢架结构

拱架分成主架与副架。跨度为6 m时，主架用钢管作上弦、φ12 mm钢筋作下弦制成桁架，副架用钢管做成。主架1根、副架2根，相间排列。拱架间距为1.1 m。钢架结构也设3道横拉。横拉用φ12 mm钢筋作成，横拉设在拱架中间及其两侧部分1/2处，在拱架主架下弦焊接。钢管副架焊短接钢筋连接。钢架中间的横拉距主架上弦和副架约为20 cm，拱架两侧的2道横拉距拱架18 cm。钢架结构不设立柱。

（3）混合结构

混合结构的拱架分成主架与副架。副架用双层竹片绑紧做成，其他均与钢架结构相同。

（二）应用

塑料中棚可用于春早熟或秋延后生产绿叶菜类、果菜类蔬菜，也可用于蔬菜采种及花卉栽培。

三、塑料大棚

塑料大棚是用塑料薄膜覆盖的一种大型拱棚。它和温室相比，具有结构简单、建造和拆卸方便、一次性投资较少等优点；与中小拱棚相比，又具有坚固耐用，使用寿命长，棚体高大，空间大，土地利用率高，便于操作，必要时可安装加温、灌溉等装置，便于环境调控等优点。目前，在全国各地的春提早和秋延后的蔬菜栽培中，大棚被广泛应用，南方部分气候温暖地区也可应用于冬季生产。

（一）塑料大棚的主要类型

大棚按照棚顶形状可分为拱圆形和屋脊形，按照骨架材料可分为竹木结构、钢架结构、钢竹混合结构等，按照连接方式可分为单栋大棚、连栋大棚（图2-7）。

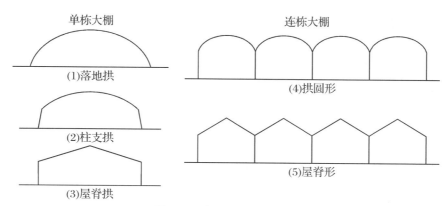

图2-7　塑料大棚的类型

1.竹木结构大棚

竹木结构大棚为大棚原始类型,跨度8~12 m,高2.4~2.6 m,长40~60 m。骨架由竹竿、杨柳木、硬杂木等材料制成。大棚的组成是"三杆一柱"(拱杆、拉杆、压杆和立柱)。3~6 cm粗竹竿或木杆作拱杆,拱杆间距0.8~1 m,立柱用木杆或水泥预制柱,建造简单、成本低,但遮光、操作不便(图2-8)。

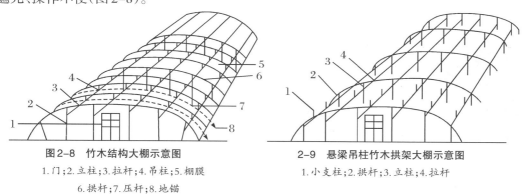

图2-8　竹木结构大棚示意图

1.门;2.立柱;3.拉杆;4.吊柱;5.棚膜
6.拱杆;7.压杆;8.地锚

2-9　悬梁吊柱竹木拱架大棚示意图

1.小支柱;2.拱杆;3.立柱;4.拉杆

2.悬梁吊柱拱架大棚

悬梁吊柱拱架大棚包括悬梁吊柱竹木拱架大棚和钢架大棚。悬梁吊柱竹木拱架大棚是在竹木大棚的基础上改进而来,中柱2.4~3 m为一排,横向每排4~6根,用竹竿或木杆作横向拉梁把立柱连成一个整体,在每一拱架下设一吊柱,减少遮光部分,且抗风载能力较强,造价较低(图2-9)。悬梁吊柱钢架大棚无立柱(图2-10)。

图2-10　悬梁吊柱钢架大棚

图2-11　玻璃纤维增强型水泥大棚

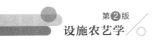

3.玻璃纤维增强型水泥大棚

以水泥为基材,玻璃纤维为增强材料的一种大棚。跨度6~8 m,矢高2.4~2.6 m,长30~60 m。坚固耐用、成本低,但搬运不方便,需就地预制(图2-11)。

4.钢竹结构大棚

用钢材和竹木作拱架,每两个钢拱架之间加4~5个竹木拱架,节约钢材,操作便利,基本结构与竹木结构大棚相似。

5.普通钢架大棚

用角钢、槽钢、圆钢等轻型钢材焊接而成,骨架坚固,无立柱,棚内空间大,作业方便,基本结构与悬梁吊柱钢结构相似,并在此基础上有很多改进。为了延长使用年限,普通钢结构大棚需要1~2年涂一次防锈漆,造价较竹木结构大棚高。

6.装配式镀锌钢管大棚

采用热浸镀锌的薄壁钢管组装而成,具有重量轻、强度好、耐锈蚀、易于安装拆卸、坚固耐用的特点(图2-12)。

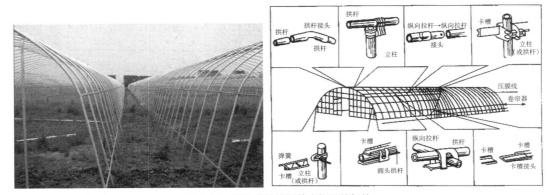

图2-12 装配式镀锌钢管大棚及其部件

(二)塑料大棚的结构

塑料大棚骨架由立柱、拱杆、拉杆、压杆(或压膜线)、木(竹)吊柱、棚膜和地锚所构成,其中立柱、拱杆、拉杆、压杆(或压膜线)俗称"三杆一柱"(图2-13)。

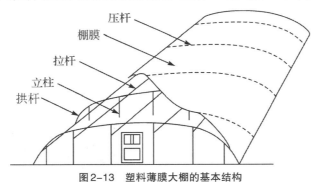

图2-13 塑料薄膜大棚的基本结构

1.立柱

立柱的主要作用是稳固拱架,防止拱架上下浮动以及变形。在竹拱结构的大棚中,立柱还兼有拱架造型的作用。立柱主要用水泥预制柱,部分大棚用竹竿、钢架等作立柱。竹拱结构塑料大棚中的立柱数量比较多,一般立柱间距2~3 m,密度大,地面光照分布不均匀,也妨碍棚内作业。钢架结构塑料大棚内的立柱数量比较少,一般只有边柱,甚至无立柱。

2.拱杆

拱杆的主要作用是棚面造型和支撑棚膜。拱杆的主要材料有竹竿、钢管、硬质塑料管等。

3.拉杆

拉杆的主要作用固定拱杆相对间距,避免立柱倾斜,使整个大棚形成一个稳固的整体。竹拱结构大棚的拉杆通常固定在立柱的上部,距离顶端20~30 cm,钢架结构大棚的拉杆一般直接固定在拱架上。拉杆的主要材料有竹竿、钢管等。

4.塑料薄膜

塑料薄膜的主要作用:一是在低温期使大棚内增温和保持大棚内的温度;二是防止雨水进入大棚内,进行防雨栽培。塑料大棚使用的薄膜种类主要有幅宽4~6 m的聚乙烯无滴膜、聚乙烯长寿膜以及聚乙烯多功能复合膜等,成本较高的聚氯乙烯无滴防尘长寿膜主要用在连栋塑料大棚上。

5.压杆

压杆的主要作用是固定棚膜,使棚膜绷紧。压杆的主要材料有竹竿、大棚专用压膜线、粗铁丝以及尼龙绳等。

(三)塑料大棚的性能

1.温度特点

①增温、保温。塑料大棚的空间比较大,蓄热能力强,但由于一天中只是一侧能够接受太阳直射光照射,因此,增温能力不强。一般低温期的最大增温能力(一天中大棚内外的最高温度差值)只有15 ℃左右,一般天气下为10 ℃左右,高温期达20 ℃左右。

塑料大棚的棚体宽大,不适合从外部覆盖草苫保温,故其保温能力也比较差。一般单栋大棚的平均保温能力为3 ℃左右,连栋大棚的保温能力稍强于单栋大棚。

②日变化。大棚内的温度日变化幅度比较大。通常日出前棚内的气温降低到一天中的最低值,日出后棚温迅速升高。晴天在大棚密闭不通风情况下,一般在上午10:00前,平均每小时上升5~8 ℃,13:00~14:00棚温升到最大值,之后开始下降。夜间温度下降速度变缓。一般12月至翌年2月的昼夜温差为10~15 ℃,3~9月的昼夜温差为20 ℃左右或更高。晴天棚内的昼夜温差大,阴天温差小。

③地温变化。大棚内的地温日变化幅度相对较小,一般10 cm土层的日最低地温温度较最低气温晚出现约2 h。

2.光照特点

（1）采光特点

塑料大棚的棚架材料粗大，遮光多，其采光能力不如中小拱棚。根据大棚类型以及棚架材料种类不同，采光率一般为50.0%~72.0%，具体见表2-3。

表2-3　各类塑料大拱棚的采光性能比较

大棚类型	透光量/klx	与对照的差值/klx	透光率/%	与对照的差值/%
单栋竹拱结构大棚	66.5	−39.9	62.5	−37.5
单栋钢拱结构大棚	76.7	−29.7	72.0	−28.0
单栋硬质塑料结构大棚	76.5	−29.9	71.9	−28.1
连栋钢材结构大棚	59.9	−45.0	56.3	−43.7
对照（露地）	106.4	—	100.0	—

双拱塑料大棚由于多覆盖了一层薄膜，其采光能力更差，一般仅是单拱大棚的50%左右。

大棚方位对大棚的采光量也有影响。一般东西延长大棚的采光量较南北延长大棚的稍高一些。

（2）光照分布特点

塑料大棚内的等光线与棚面平行，垂直方向上，由上向下光照逐渐减弱；水平方向上，一般南部照度大于北部，四周高于中央，东西两侧差异较小。南北延长大棚的背光面较小，其内水平方向上的光照差异幅度也较小；东西延长大棚的背光面相对较大，其棚内水平方向上的光照分布差异也相对较大，特别是南北两侧的光照差异比较明显。

（四）塑料大棚的应用

塑料大棚主要用于喜温蔬菜、半耐寒蔬菜的春提前和秋延后栽培，可以使春季果菜类蔬菜栽培提早20~40 d，秋季可延后栽培25 d左右。春季为露地栽培育苗，秋冬进行耐寒性蔬菜加茬栽培。作为花卉的越冬设施，在北方代替日光温室大面积播种草花，冬插落叶花卉，秋延后栽培菊花等花卉；在南方则可用来生产切花，供亚热带花卉越冬使用，也可用于果树的促成栽培。

▶▶▶▶

第三节

温室

温室是以采光覆盖材料为全部或部分围护结构材料,可以人工调控温度、光照、水分、气体等环境因子的保护设施,是栽培设施中性能较完善的设施,可进行冬季生产。

一、温室的类型

温室类型繁多,按照不同的划分方法,有不同的类型。

按覆盖材料可分为硬质覆盖材料温室和软质覆盖材料温室。硬质覆盖材料温室最常见的为玻璃温室和聚碳酸酯树脂板(PC板)温室,软质覆盖材料温室主要为各种塑料薄膜覆盖温室。

按屋面类型和连接方式可分为单屋面、双屋面和拱圆形层面温室,又可分为单栋和连栋类型。

按主体结构材料可分为金属结构温室和非金属结构,前者包括钢结构和铝合金结构,后者包括竹木结构和混凝土结构等。

按有无加温又分为加温温室和不加温温室,其中日光温室是我国特有的不加温或少加温温室。

按照温室的用途,分为以下五类温室。

1.生产温室

①育苗温室。专门为园艺植物以及水稻等培育秧苗的温室。一般育苗季节结束后又可用来做栽培温室用。

②栽培温室。栽植植物的温室。

③专门用途温室。用于菌类、药材生产,鱼虾养殖,鸡、牛、猪等动物生产,沼气池保温,海水淡化的温室。

2.试验温室

①试验温室。专供科学研究部门、各类学校等进行各种栽培试验、品种选育、工程设备设施试验以及教学实验的温室。这种温室规模较小,要求有光照、采暖、通风、降温、灌溉等基本设备,为了适应不同的试验要求,设计时尽可能使其平面与空间的分隔有较大的灵活性,环境因子的调节能适应使用的要求。这种温室要求设置双重门并加纱门,通风换气的进风口和天窗、侧窗均需加设纱窗,以防昆虫飞入干扰试验。

②人工气候温室。对植物在严格的生长环境条件下进行研究试验的温室。它除具有一般现代温室的透光、保温、采暖、通风、降温、二氧化碳施肥、灌溉等设备外,还可进行人工补光,加湿除湿,模拟风、霜、冰冻等。还可根据试验研究的需要对上述各种环境因子进行单因子或多因子的各种程度的控制调节。

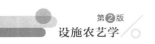

③病虫害检疫隔离温室 专供培养各种病菌、害虫,以观察其生活习性、危害情况和应用各种药剂进行防治试验;对新引入的外地或国外的植物和寄出的植物进行检疫消毒;对被病虫危害的植物进行隔离防治。这种温室要求同其他温室以及生活区保持较远的距离,且建筑在全年主导风向的下方,以防危害人体健康和影响其他植物的正常栽培。在构造上要求密闭,尽量减少透风漏气。主要进出口应设双重门并加纱窗,在各窗口和通风口加设纱窗。

3.观光展览温室

包括观赏温室和陈列温室,一般建于植物园、公园或其他展览馆等公共场所内,陈列各种植物品种供人们观赏、研究以及进行植物学知识学习和宣传之用(图2-14)。在建筑上要求其外观与功能和谐,与周围环境协调,而且便于管理、操作和栽培。

图2-14 观光展览温室

图2-15 餐饮温室

4.庭院温室

兼有观赏和生产两种功能,常建于住宅庭院内。庭院温室一般面积不大,要求充分利用栽培空间,常采用地面、床面和空中吊养三层栽培。建筑形式常采用单坡朝南,而且庭院温室在布局、外观、建筑形式、覆盖材料等方面应与庭院内的其他建筑物、道路、绿化等要协调,并注意解决好同住宅在采光、通风和环境卫生方面的矛盾。

5.餐饮温室

也称生态餐厅或阳光餐厅(图2-15),是近年来逐渐兴起的一种崭新的餐饮形式。它是传统餐饮行业与现代温室工程技术、园林景观设计、现代种植技术、养殖技术、土木施工工程相结合的产物,营造一种处于幽雅的自然景观环境中的舒适、惬意的餐饮氛围,是建筑与环境、人与自然的完美融合,体现了当代都市人渴望回归自然、拥抱绿色的美好愿望。

二、日光温室

日光温室大多是以塑料薄膜作为采光覆盖材料,以太阳辐射作为热源,靠采光屋面最大限度采光和加厚的墙体及后坡、防寒沟、纸被、草苫等最大限度地保温,达到充分利用光热资源,创造植物生长适宜环境的一种我国特有的保护栽培设施。

(一)日光温室的基本结构

日光温室的种类很多,其结构有所不同,但基本结构(图2-16)主要有以下几部分。

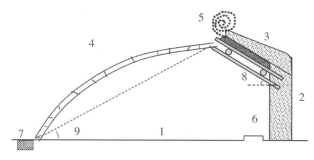

图2-16 日光温室的结构

1.栽培床;2.后墙;3.后屋面;4.前屋面;5.草苫;6.人行道;7.防寒沟;8.后屋面仰角;9.前屋面角。

①前屋面(前坡、采光屋面)。前屋面由支撑拱架和透光覆盖物组成,主要起采光作用,为了加强夜间保温效果,在傍晚到第二天早晨用保温覆盖物如草苫、保温被等覆盖。采光屋面的大小、角度、方位直接影响采光效果。

②后屋面(后坡、保温屋面)。后屋面位于温室后部顶端,采用不透光的保温蓄热材料做成,主要起保温和蓄热的作用,同时也有一定的支撑作用。

③后墙和山墙。后墙位于温室后部,起保温、蓄热和支撑作用。山墙位于温室两侧,作用与后墙相同。通常一侧山墙外侧连接建有一个小房间作为出入温室的缓冲间,兼做工作室和贮藏间。

上述三部分为日光温室的基本组成部分,除此之外,根据不同地区的气候特点和建筑材料的不同,日光温室还包括立柱、防寒沟等。

(二)日光温室的类型

目前,日光温室的类型多种多样,根据温室的性能和结构形状分为以下几种类型。

1.传统日光温室

(1)日光温室Ⅰ型

这种温室采用半拱圆形竹木结构,采光面大,透光性好。该类型又有两种类型,长后坡矮后墙温室和短后坡高后墙温室(图2-17,图2-18)。

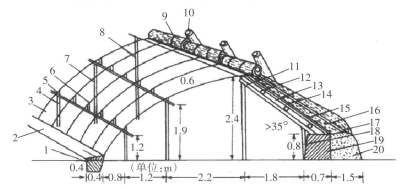

图2-17 长后坡矮后墙日光温室

1.防寒沟;2.土层;3.竹拱杆;4.前柱;5.横梁;6.吊柱;7.腰柱;8.中柱;9.草苫;10.纸被;11.檩;12.檩

13.箔;14.扬脚泥;15.碎草;16.草;17.整捆秫秸或稻草;18.后柱;19.后墙;20.防寒土

(张振武,1999年)

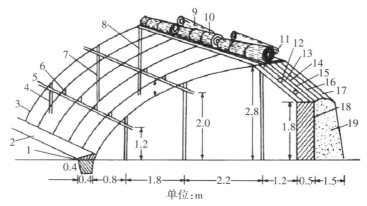

图2-18　短后坡高后墙日光温室

1.防寒沟；2.土层；3.竹拱杆；4.前柱；5.横梁；6.吊柱；7.腰柱；8.中柱；9.纸被；10.草苫；11.桄；12.檩

13.箔；14.扬脚泥；15.细碎草；16.粗碎草；17.整捆秫秸或稻草；18.后墙；19.防寒土

（张振武，1999年）

（2）日光温室Ⅱ型

该类型的代表是琴弦式温室，又称一坡一立式温室，前屋面为斜面，下部为一小立窗，窗高0.6~0.8 m，倾角70°，前屋面每隔3 m设一钢管桁架，纵向每隔0.4 m拉一道8号铁丝。后屋面短，空间大，但采光不如半拱圆形（图2-19）。

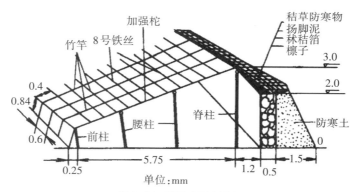

图2-19　琴弦式日光温室

（3）日光温室Ⅲ型

该类型的代表是辽沈Ⅰ型温室，无立柱，后屋面采用聚苯板等复合材料保温，拱架采用镀锌钢管，配套有卷帘机、地下热交换设备。这种温室性能好，在北纬42°以南地区，冬季不加温进行喜温蔬菜生产（图2-20）。

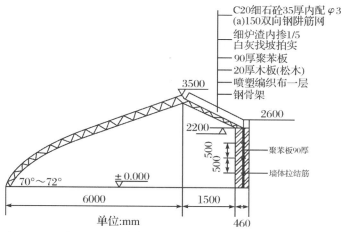

图2-20 辽沈Ⅰ型日光温室结构示意图

（4）日光温室Ⅳ型

该类型的代表是改进冀优Ⅱ型节能日光温室,跨度8 m,脊高3.65 m,后墙高2 m,墙体为37 cm厚砖墙,内填12 cm厚珍珠岩,钢架为桁架结构。在华北地区冬季不加温生产喜温蔬菜（图2-21）。

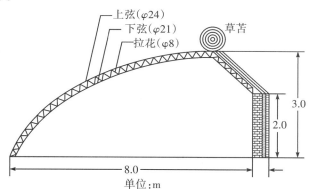

图2-21 改进冀优Ⅱ型节能日光温室结构示意图

2. 日光温室类型新发展

（1）西北型双连跨日光温室

该温室是北方型温室的改进型。温室由一个较小的拱和一个较大的拱相连,构成一个双连跨日光温室［图2-22（a）,图2-22（b）］。该温室的优点是利用两个相邻日光温室的叠加,省去一个日光温室的北边一侧。这样,土地的利用率更高,也更经济。

图2-22（a） 西北型双拱日光温室结构示意图

图2-22（b） 西北型双拱日光温室（陈双臣）

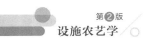
（2）下沉式大跨度日光温室

该温室是将温室的地面下降一定的深度（一般0.5 m左右），跨度扩大到10 m，甚至15~20 m。与普通的日光温室相比较，该温室增加了土地有效利用率，在调节温度、湿度上有更好的效果。据有关测试，无论晴天还是阴天，下沉式大跨度温室的气温和地温均高于对照温室，北京地区下沉式温室的一月晴天9:00~16:00的温度比对照高5~8℃，而相对湿度相差不大。该温室室内地面下沉后，会对前屋面底部一侧的阳光有一定不良影响。因此，当下沉的深度达到一定程度时，人们就将走道安排在温室前屋面底部一侧，而将种植区安排在靠内墙一侧[图2-23（a），图2-23（b）]。

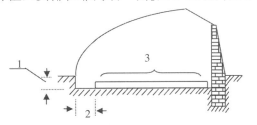

图2-23（a）　下沉式大跨度日光温室结构

1.下沉的高度；2.走道区；3.种植区

图2-23（b）　下沉式大跨度日光温室的走道布置（陈双臣）

（3）主动采光蓄热日光温室

①可变采光倾角结构日光温室

该温室应用了倾转屋面技术，能够通过人工调节采光屋面角度，形成一个上下活动的屋面，使采光面处于相对最佳的位置，提高进入室内的太阳辐射量，增加室内的温度。这一结构主要通过阳光追索装置、液压动力装置和相应的活动骨架来完成（图2-24）。

图2-24　可变采光倾角结构日光温室

图2-25　蓄热后墙日光温室

可变采光倾角日光温室前屋角可根据当地纬度计算确定，机动屋面的倾角在25°~35°之间连续变化，对应的太阳入射角也逐时发生变化。这样，可以保证温室采光面在一天中的各个时段都达到最佳的采光入射角，因而能获得最佳的采光效率。

②蓄热后墙日光温室

该温室在后墙的内部采用了蓄热材料，使日光增加的热量能够在后墙上进行存蓄，待到阳光减弱或者消失，棚内的温度下降时又将存蓄的热量散发出来，从而达到棚内温度的相对平衡（图2-25）。

在生产上，人们往往将可变采光倾角结构日光温室和蓄热后墙日光温室合二为一，将两者的优点组装在同一个温室上,使其既具有主动采光的功能,又具有蓄热后墙的效果(图2-26)。

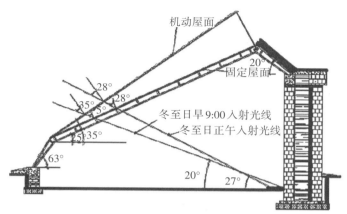

图2-26 主动采光蓄热型日光温室结构图

(4)拱圆形装配式节能日光温室

该温室是由北方高海拔地区(黑龙江省大庆市)提出的。温室的骨架是半圆形弧形结构,采用可以滑动的岩棉彩钢板保温覆盖和可移动的保温山墙,以及水循环系统和空气-地中热交换蓄放热系统。跨度12 m,脊高5.5 m,长度65 m,屋面采光角高达41.5°。

为了保温,该温室设计了水循环蓄热系统和改进空气-地中热交换蓄热系统。水循环蓄热系统由水池、水泵、输水管道、采光板、回水管道和控制器等组成(图2-27)。温室内后墙上有一个面积360 m²的采光板,水池容积32 m³,位于温室后墙内侧地下,水泵功率750 W。昼间8:30~16:00启动水循环系统,把水池中的水输送到采光板的顶部,通过采光板吸收太阳能,并顺着采光板的每个空隙流下,最后通过回流管道流回水池,这样太阳照射能蓄积在水池中。夜间0:30~6:30日光温室内温度下降时再次启动水循环系统,可通过白天采光板积累的热量向温室中释放,从而避免日光温室夜间温度降低(图2-28)。

图2-27 拱圆形装配式节能日光温室

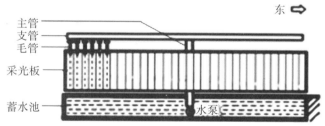

图2-28 水循环系统示意图

(5)太阳能二次利用型温室

该温室主要是将太阳能通过一定的方式收集、转换、储藏后按照人为意愿再次使用。太阳能二次利用技术包括将太阳能转化为热能和电能两种方式。两种方式转化的能量可直接用在温室生产中,也可用于其他生产和生活用途。

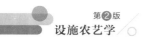

①热能储藏温室

热能储藏温室是将太阳辐射能通过集热板或集热管等集热装置收集后,将太阳能以热能的形式储存于水、油等液体或相变固(液)体材料等热媒中,完成对太阳能的收集和储存,使用时将高温热媒引入温室通过散热器将热量释放到温室中,实现将太阳能转换为热能进而利用。热能储藏温室的集热装置有平板太阳能集热器(图2-29)和弧面反射型集热器(图2-30)。

图2-29　平板太阳能集热器

为提高蓄热效果,适应日光温室的几何特点,目前日光温室中使用的聚光集热器一般为弧面反射型集热器,集热器沿温室长度方向布设(图2-30)。

图2-30　弧面反射型聚光太阳能集热器(周长吉)

用聚光集热器获得的高温热水可以储藏在储热罐(池)中,也可以在散热器中循环将热量释放到温室中。图2-31是将热水通过管道输送到温室后墙的墙体内部直接加热墙体,以墙体作为蓄热体,待夜间室内空气温度降低时,墙体中的热量将源源不断地释放到温室中,向温室补充热量。

图2-31　后墙太阳能集热管(周长吉)　　　　图2-32　后墙相变材料(周长吉)

集热器获得的热量也可以利用相变材料集热与放热。相变材料是指当环境温度升高时,材料吸热由固态变为液态;当环境温度降低时,材料放热由液态变为固态。目前研究比较成功的相变材料组合主要有十水硫酸钠+十水碳酸钠、石蜡+硬脂酸正丁酯,也可使用有机相变材料。具体应用中,将相变材料按照一定的比例混拌或灌注到混凝土中,制成混凝土墙体砌块,将其砌筑到温室后墙的室内表层(图2-32)。据测定,用相变材料建造的日光温室,与普通温室相比,室内空气温度白天平均可降低2.2 ℃,夜间平均提高1~2.5 ℃,最大可提高6.4 ℃。

②电能储藏温室

电能储藏温室是将太阳能通过光电板收集并进行光电转换后转化为电能,储存在蓄电池中,实现对太阳能的收集和储存。使用时可将蓄电池的电能转换为热能、光能、机械能等,用于温室增温、照明、补光、杀虫,或驱动电机用于温室机械设备的运行。当然,从光电板收集的太阳能也可不经蓄电池储存而直接供电器使用。

目前,收集太阳能的光电板主要有晶硅太阳能电池板和薄膜太阳能电池板两种形式。

晶硅电池板一般为平板,不能折叠、不能弯曲。晶硅电池板自身不透光,但电池板之间的空间能够透光,因此晶硅电池板在温室中可布置在日光温室的后屋面(图2-33),也可以直接布置在温室的采光面上(图2-34)。前者虽然不影响温室采光面采光,但由于置于温室的屋顶,会影响后一栋温室的采光或者需要增大两栋温室之间的间距而降低土地利用率,而且在温室后屋面采光板的面积受到限制,实际的发电量有限;后者布置在温室的采光面上,采光面积增大,采光量和发电量也相应增大,但由于大量遮盖了温室室内作物的采光,对温室种植品种的限制加大,一些喜光性作物将不能种植。

图2-33 安装在温室后屋面的太阳能 图2-34 覆盖在温室采光面的太阳能
　　　电池板 　　　电池板(周长吉)

薄膜太阳能电池板具有一定的透光率(最高可达40%),而且温度系数低,环境温度变化不会明显影响电池的效率,薄膜电池的吸收系数在整个可见光范围内,所以不论天气如何,均能够吸收光能并发电。

与晶硅太阳能电池板相比,采用薄膜电池板覆盖温室采光屋面(图2-35),透进温室的太阳能更多,使温室内种植作物的品种量相应增大,扩大了这种材料在日光温室上的应用前景,预计在未来的发展中日光温室将更多地使用这种新型薄膜电池板。

图2-35 安装在日光温室采光面上的薄膜电池板(周长吉)

(三)日光温室的性能

1.光照特点

日光温室的光照状况与大棚相同,与季节、时间、天气状况以及温室的建材、棚膜、管理技术等密切相关。不同之处是温室光照强度主要受前屋面角度和前屋面大小的影响。在一定范围内,前屋面角度越大,透明屋面与太阳光线所成的入射角越小,透光率越高,光照越强。

温室内光照存在明显的水平和垂直分布差异。温室内光照的水平分布是白天自南向北光照强度逐渐减弱,在栽培植物时,由于前排遮阴,南北光差加大,造成前后排作物产量的差异。温室内光照垂直分布是自下而上光照逐渐增强。

2.温度特点

日光温室增温原理和大棚相同,其日变化也受温度升降的影响。由于昼夜热源方向不同,白天南高北低,夜间北高南低。所以南侧昼夜温差大,北侧昼夜温差小。

日光温室的室内温度高于室外。增温效应最大在最冷的1月上中旬,以后随外界气温升高和放风管理,室内外温差逐渐缩小。晴天最高气温出现在13:00,阴天最高气温常出现在云层较薄、散射光较强的时候,但也随室内外温差大小而有差别。

不同天气条件对最高气温的影响表现出晴天增温效应最大,多云天气次之,阴天最差。通风对最高气温的影响与通风面积、通风口位置、上下通风口的高度差、外界气温及风速都有关系。扒缝放风时,上下通风口同时开放可使最高温度下降10~14 ℃,单开上排或下排放风口,或减少放风面积时,对最高温度的抑制较小。外界气温低,风大或上下风口高差大时,通风对抑制高温的效果大,反之则小。所以,一般冬季和早春放风效果明显,而3月下旬至4月后放风效果较差,此时必须加大通风量。

3.湿度条件

灌水量、灌水方式、天气状况、通风量和加温设备都会影响温室的湿度,晴天湿度小于阴天,白天小于夜间,室内最高相对湿度出现在后半夜到日出前。温室容积小,湿度大,昼夜温差大,易因高温高湿引起病害。因此冬季在中午时也应作短时间的通风降温降湿。

（四）日光温室的用途

①可用于喜温园艺植物，包括黄瓜、豇豆、菜豆、西葫芦、番茄、茄子、辣椒、苦瓜等蔬菜，葡萄、桃、李子、樱桃、草莓等果树，唐菖蒲、郁金香、非洲菊、花烛、蝴蝶兰等观赏植物的春提早栽培、越冬栽培和秋延后栽培。

②可用于韭菜、蒜苗、芹菜、生菜、香菜、甘蓝等耐寒蔬菜的冬季栽培。

③可为露地、塑料大棚蔬菜春季生产育苗。

④可用于假植贮藏。秋末冬初，将即将成熟的蔬菜（如花椰菜、西兰花等），从露地假植于日光温室里，利用较适宜的小气候环境，维持缓慢的生长状态，等待节日上市供应。

三、现代化温室

现代化温室是设施园艺中的高级类型，主要指设施内的环境能实现计算机自动控制，基本上不受自然气候下灾害性天气和不良环境的影响，能全天候周年进行作物生产的大型温室。该类温室常用玻璃、硬质塑料板材或塑料薄膜进行覆盖，可根据作物生长发育的要求，由计算机监测和智能化管理系统调节环境因子。

（一）现代化温室的主要类型

1.芬洛型（Venlo type）玻璃温室

芬洛型温室是我国引进玻璃温室的主要形式，是荷兰研究开发而后流行全世界的一种多脊连栋小屋面玻璃温室。温室单间跨度一般为3.2 m的倍数，开间3.0 m、4.0 m或4.5 m，檐高3.5~5.0 m。根据桁架的支撑能力，可组合成6.4 m、9.6 m、12.8 m的多脊连栋型大跨度温室。覆盖材料采用4 mm厚的设施专用玻璃，透光率大于92%。天窗设置以屋脊为分界线，左右交错开窗，每窗长度1.5 m，一个开间（4 m）设两扇窗，屋面开窗面积与地面积比率（通风比）为19%。芬洛型温室的主要特点如下。

①透光率高。由于其独特的承重结构设计减少了屋面骨架的断面尺寸，省去了屋面檩条及连接部件，减少了遮光，又由于使用了透光率高的专用玻璃，使透光率大幅度提高。

②密封性好。由于采用了专用铝合金及配套的橡胶条和注塑件，温室密封性大大提高，有利于节省能源。

③屋面排水效率高。由于每一跨内都有排水沟（天沟），屋面排水效率高。

④构件通用性强。这一特性为温室工程的安装、维修和改进提供了极大的方便。

芬洛型温室通风面积过小，在我国南方地区由于通风量不足，夏季热蓄积严重，降温困难。近年来，我国针对亚热带地区气候特点对其结构参数加以改进、优化，加大了温室高度，利用烟囱效应，改善了通风效果，并设置外遮阳和湿帘—风机降温系统，使其更适宜于亚热带地区应用。

2.里歇尔温室

该温室是法国瑞奇温室公司研究开发的一种塑料薄膜温室，在我国引进温室中所占比例最大。一般单栋跨度为6.4 m或8.0 m，檐高3.0~4.0 m，开间3.0~4.0 m，其特点是固定于屋脊部的天窗能实现半边屋面（50%屋面）开启通风换气，也可以设侧窗卷膜通风。该温室的通风效果较好,且采用双层充气膜覆盖,可节能30%~40%,构件比玻璃温室少,空间大,遮阳面少。但双层充气膜在南方冬季多阴雨雪的天气情况下,透光性受到影响。我国研发的华北型现代化温室与里歇尔温室有许多相似之处。其骨架由热浸镀锌钢管及型钢构成,透明覆盖材料为双层充气塑料薄膜。

3.卷膜式全开放型塑料温室

该温室是一种拱圆形连栋塑料温室。这种温室除山墙外,可将侧墙和1/2屋面或全屋面的覆盖薄膜全部卷起成为与露地相似的状态,以利于夏季高温季节栽培作物。由于通风口全部覆盖防虫网而有防虫效果,国产塑料温室多采用这种形式。其特点是成本低,夏季接受雨水淋溶可防止土壤盐分积聚,简易节能,利于夏季通风降温。

4.屋顶全开启型温室

这种温室最早是由意大利研制,近年在亚热带地区逐渐兴起,其特点是以天沟檐部为支点,可以从屋脊部打开天窗,开启度可达到垂直程度,即整个屋面的开启度可从完全封闭直到全部开放状态。侧窗则用上下推拉方式开启,全开后达1.5 m宽。全开时可使室内外温度保持一致,也便于夏季接受雨水淋溶,防止土壤盐分积聚,其基本结构与芬洛型相似。

(二)现代化温室的配套设备

现代化温室除主体骨架外,还可根据情况配置各种配套设备以满足不同要求。

1.自然通风系统

自然通风系统是温室通风换气、调节室温的主要方式,一般分为顶窗通风、侧窗通风和顶侧窗通风三种方式。

2.加热系统

加热系统与通风系统结合,可为温室内作物生长创造适宜的温度和湿度条件。目前,冬季加热多采用集中供热、分区控制方式,主要有热水管道加热和热风加热两种系统。此外,温室的加温还可利用工厂余热、太阳能集热加温器、地下热交换等节能技术。

3.幕帘系统

幕帘系统包括帘幕系统和传动系统,帘幕依安装位置的不同可分为内遮阳保温幕和外遮阳幕两种。幕帘的传动系统有钢索轴拉幕系统和齿轮齿条拉幕系统两种。前者传动速度快、成本低;后者传动平稳,可靠性高,但造价略高。

4.降温系统

包括微雾降温系统和湿帘降温系统。微雾降温系统形成的微雾在温室内迅速蒸发,大量吸收空气中的热量,然后将潮湿空气排出室外达到降温目的,如配合强制通风,降温能力可达3~10 ℃。温帘降温系统是利用水的蒸发降温原理来实现降温的技术设备,利用湿帘降温系统配合风机,降温能力可达10 ℃以上。

5.补光系统

补光系统所采用的光源要求有防潮设计、使用寿命长、发光效率高,如生物效应灯、农用钠灯等。

6.补气系统

补气系统包括两部分：

①CO_2施肥系统。CO_2气源可直接使用贮气罐或贮液罐中的工业用CO_2，也可利用CO_2发生器将煤油或石油气等碳氢化合物通过充分燃烧而释放CO_2。我国日光温室和大棚多使用强酸与碳酸盐反应释放CO_2，现代化温室多使用罐装CO_2。

②环流风机。封闭的温室内，CO_2通过管道分布到室内，均匀性较差，启动环流风机可提高CO_2浓度分布的均匀性并增加温室内的风速。

7.灌溉和施肥系统

灌溉和施肥系统包括水源、贮水池、水处理设施、灌溉和施肥设施、田间管道系统，以及灌水器，如喷头、滴头、滴箭等。

8.计算机自动控制系统

计算机自动控制系统是现代化温室环境控制的核心技术，可自动检测温室的环境参数，并对温室内配置的所有设备都能实现优化运行和自动控制，如开窗、加温、降温、加湿、遮光、补光、补充CO_2、灌溉施肥和环流通气等。

（三）现代化温室的性能

1.温度

现代化温室具有加温系统，在最寒冷的冬春季节，不论晴好天气还是阴雪天气，气温和地温都能达到保证作物正常生长发育所需的温度。12月至翌年1月，夜间最低气温不低于15 ℃。炎夏季节，采用外遮阳系统和湿帘风机降温系统，保证温室内温度达到作物对温度的要求。西南大学的现代化温室，在夏季室外温度达38 ℃时，室内温度不高于28 ℃，作物生长良好。

2.光照

现代化温室全面采光，透光率高，光照时间长，而且光照分布比较均匀。即使在最寒冷、日照时间最短的冬季，仍然能正常生产喜温瓜果、蔬菜和鲜花，且能获得较高的产量。

双层充气薄膜温室透光率较低，在南方多雾地区不宜采用。在北方地区，冬季双层充气薄膜温室内光照较弱，对喜光的作物生长不利，须配备人工补光设备，在光照不足时进行人工补光，使作物获得优质高产。

3.湿度

连栋温室空间高大，作物生长势强，代谢旺盛，叶面积指数高，蒸腾作用强。在密闭情况下，水蒸气经常达到饱和状态。但现代温室有完善的加温系统，加温可有效降低空气湿度，比日光温室因高湿环境给作物生育带来的负面影响小。

夏季炎热高温，现代化温室内有湿帘风机降温系统，使温室内温度降低，而且还能保持适宜的空气湿度，为作物创造了良好的生态环境。

4.气体

现代化温室的CO_2浓度低于露地，不能满足作物的需要，白天光合作用强时发生CO_2

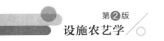

亏缺。据测定,引进的荷兰温室中,白天10:00~16:00期间CO_2浓度仅有0.024%,因此增施CO_2气肥,可显著提高作物产量。

5.土壤

现代化温室易出现土壤连作障碍、土壤酸化、土传病害等一系列问题,越来越多的国家普遍采用无土栽培技术。

现代化温室机械化、自动化程度高,劳动生产率高,是用工业化的生产方式进行生产,也被称为工厂化农业。

(四)现代化温室的应用

现代化温室主要应用于科研和高附加值的作物生产及水产养殖,如喜温果菜类蔬菜、切花、盆栽观赏植物、果树、观赏树木的栽培及育苗等。我国的现代化温室除少数用于培育林业上的苗木外,绝大部分也用于园艺作物育苗和栽培。栽培的作物产量比一般温室提高10~20倍。

目前,现代化温室除了用于种植和养殖外,已逐渐进入休闲观光、餐饮娱乐等行业领域,例如北京红太阳生态园主题餐厅以及各地的生态农业观光园等。在这些温室中,设计师利用现代温室的调控手段,加上园林景观的环境,为消费者营造出小桥流水、鸟语花香、四季常青的自然生态环境。

第四节

植物工厂

植物工厂是在全封闭的大型建筑设施内,利用人工光源进行植物全年生产的体系。

日本对植物工厂的定义:利用环境自动控制、信息技术、生物技术、机器人和新材料等进行植物周年连续生产的系统,是利用计算机对植物生育的温度、湿度、光照、二氧化碳浓度、营养液等环境条件进行自动控制,使设施内植物生育不受自然气候制约的省力型生产。

中国对植物工厂定义:对植物进行资金、技术密集性投入,创造植物生长最佳环境,创新植物生产模式,进行高产量、高品质、高效益和可持续生产的系统。中国植物工厂创新了生产"环境设施化、形式立体化、资源节约化、流程数字化、管理智能化、技术集成化"的生产模式(图2-36)。

植物工厂所需要的温度、光照、湿度、水分、肥料、气体等均按照植物生长发育需求进行最优配置,完全摆脱了自然条件的束缚,不仅全部采用电脑监测控制,而且采用机器人、机械手进行全封闭的生产管理,实现从播种到收获的流水线作业的植物高效率、省力化稳定生产。植物工厂是农作物设施栽培的最高层次,能够实现农业生产的工业化、机械化、自动化和智能化,大大降低劳动强度和节省劳动力资源,实现作物的周年均衡生产。但是,植物工厂是高投入、高科技、精装备的设施农艺技术,建造和生产成本高,能源消耗大。

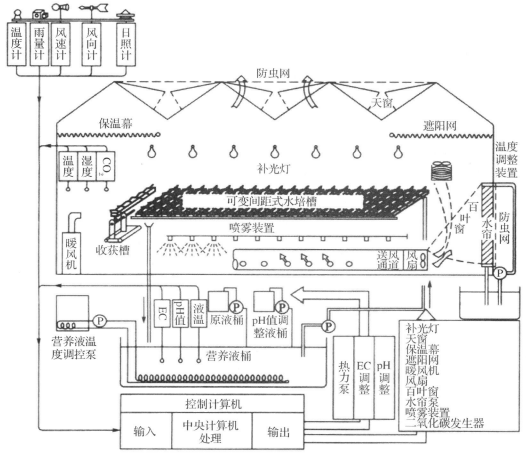

图2-36 人工光和太阳光结合型的植物工厂示意图

一、植物工厂的类型

1.根据对太阳光利用形式的不同进行分类

可分为完全利用人工照明的完全控制型植物工厂(简称"完型")、完全利用太阳光照射的太阳光利用型植物工厂(简称"太型")和人工照明与太阳光并用型的植物工厂(简称"综合型")三种类型。狭义的植物工厂专指人工光型的植物生产系统。

"完型"植物工厂不仅使用人工光源,而且连温度、湿度、二氧化碳浓度、营养液等对植物生长有影响的主要环境条件都采用人工来控制,所以说它是理想的植物工厂,但成本较高,需设法降低成本。

"太型"植物工厂,事实上即为高精密环境控制温室的延伸,在干燥地区可以使用风机水雾法或风机湿帘法等成本低廉的蒸发冷却设备,但在高温高湿的地区,多种降温方

法的并用为必需的手段。选择耐热品种、遮阴,再辅以各种蒸发冷却方法,仍可达到全年生产的目标。

2.按照环境因子的调控分类

分为温室型半天候的植物工厂与封闭型全天候的植物工厂两种类型。

半天候植物工厂就是其中有一些环境因子还是主要靠自然或受自然的影响,如光照、温度、湿度等的控制是因势利导地利用天然气候资源,并加入部分人工环境。如光照可以采用自然光透入与遮阴或补光的结合。半天候的控制是植物工厂中实现成本降低的一种有效方法。

全天候植物工厂是在完全人工环境下的一种生产模式,这种植物工厂的工业化程度极高,内部设施及栽培模式已完全以工业化方式进行,建立有精密准确的自动化控制系统、标准化最优化的植物生长模式、最高效的立体利用和最为完善的流程管理系统等。在栽培模式上实现了水培或气培;在空间利用方面,转为集约化程度极高的立体化生产;在管理方面,已实现了完全的数字化、智能化、自动化,甚至是无人化;在产品的输出方面,实现了完全的程序化、可预测化和标准化;在环境方面,建立了温、光、气、热、营养等因子的全方位的不受外界任何影响的人工生态系统。

3.根据研究对象层次的不同进行分类

可分为以研究植物体为主的植物工厂,以研究植物组织为主的组织培养系统,以研究植物细胞为主的细胞培养系统等。

4.根据生产对象不同进行分类

可分为蔬菜工厂、花卉工厂和苗木工厂等。

二、植物工厂的主要设施设备

植物工厂的设备主要有厂房、育苗及栽培装置、照明装置、空调设备、检测控制设备以及计算机自动控制系统等。

①厂房。植物工厂的厂房有长方形、正方形和圆形。根据建造成本,植物工厂以屋顶为平顶的长方形连栋温室最好。

②育苗与栽培装置。目前植物工厂主要用于育苗,或以水培方式栽培生长期短、价值高的植物,如蔬菜中的叶菜、芽苗菜、食用菌等。需要的设施主要有育苗架、栽培架等。

③照明设备。目前植物工厂使用的光源主要是LED(发光二极管)灯,此外,也有高压钠灯、金属卤化物灯和荧光灯。

④空调设备。目前使用的空调以热泵温度调控方式的空调设备性能为佳。

⑤检测控制设备。包括光照强度、气温、湿度、二氧化碳浓度、风速等感应器;营养液的EC值、pH值、液温、溶氧量、多种离子浓度的检测感应器;植物光合强度、蒸散量、叶面积、叶绿素含量等检测感应器。

⑥计算机自动控制系统。该系统是植物工厂的中枢。一切环境因子的创造及栽培因子的监测都需通过该系统完成。例如,当温度传感器监测到温度超过限定值时,计算机就会发出制冷降温指令而开启制冷系统进行环境降温;当温度低于限定值时,计算机

发出指令关闭制冷系统而开启加温设备进行环境加温。

三、植物工厂主要技术

植物工厂的建造是系统而庞大的工程,它所涉及的技术之广与所用的材料之多是传统农业无法比拟的,其中仅环境控制就需要涉及环境闭锁密封、人工补光、微喷加湿、营养液配制与供给和计算机智能控制等多种技术和设备。

①环境闭锁密封。植物工厂是在全封闭的环境下构建的植物种植系统,它要求栽培空间不受外界气候环境的影响,因此要对维护结构进行隔热和避光设计,以实现能量损耗的最少化与节能化,能使工厂内外的能量交换最少。

②人工补光技术。植物工厂内补光系统是最为重要的系统,它是构成植物生物量的一种主要能源。随着 LED 技术的发展,目前新建造的植物工厂大多采用 LED 作为补充光源,具有安装方便、光合效率高、省电节能的优点。

③微喷加湿技术。目前,植物工厂内用于加湿的方法有细雾微喷法与超声波雾化加湿法两种。需水量大的植物一般选用细雾微喷法,如芽苗菜的植物工厂,就是在栽培床上方安装喷头以实现环境湿度的管理;而对于栽培一些需水较少的植物如蔬菜瓜果,只需要保持一定的空气湿度,因此可采用超声波雾化加湿技术。

④营养液栽培技术。营养液栽培技术的发展促进了植物工厂发展水平的提高,与土壤栽培相比,营养液栽培能加速作物生育进程,使一年的栽培茬数增加15%~20%,如生菜和芹菜一年可栽培6茬,洋葱可栽培4茬。

⑤环境控制技术。植物工厂为达到周年连续生产的目的,其内部作物的生育受到光照、温度、湿度、CO_2 浓度、风速、风向及根区环境参数如营养液的 EC 值和 pH 值、离子成分、液温和流速等因素的影响。因此,需进行环境控制。

植物工厂在农业中将发挥越来越重要的作用,对于解决粮食安全问题、环境问题,乃至于对宇宙开发中的食品问题,都开辟了一条新的途径。

复习思考题

一、计算题

1. 一个苗床长 13.2 m,宽 1.5 m。用于番茄育苗,要求功率密度为 120 W/m²,问:(1)需要哪种 DV 系列的电热线多少根?(2)布线道数和布线间距分别是多少?

2. 某农户欲种植 1 hm² 地膜玉米,玉米的行距为 50 cm 与 70 cm 的宽窄行种植,问需购买幅宽为 70 cm、密度为 0.9 g/cm³、厚度 0.008 mm 的普通地膜多少?

二、填空题

1.简易保护设施中地面覆盖包括①_____、②_____、③_____、④_____、⑤_____等类型;近地面覆盖包括①_____、②_____、③_____等类型;夏季防雨降温设施包括①_____、②_____、③_____等。

2.地膜覆盖的作用表现在①_____、②_____、③_____、④_____、⑤_____、⑥_____、⑦_____。

3.大棚的"三杆一柱"是指①_____、②_____、③_____、④_____,⑤_____决定大棚的形状。

4.现代化温室配套设备有①_____、②_____、③_____、④_____、⑤_____、⑥_____、⑦_____、⑧_____。

5.传统日光温室有①_____、②_____、③_____、④_____,近年来发展的新型日光温室有①_____、②_____、③_____、④_____、⑤_____。

6.现代化温室的类型有①_____、②_____、③_____、④_____。

7.植物工厂根据使用光源的不同可分为①_____、②_____、③_____三类。

三、简答题

1.地膜覆盖栽培的技术要点是什么?

2.什么是风障畦?性能如何?举例说明风障畦的应用。

3.冷床和温床在结构和性能上有何区别?电热温床的加温原理是什么?

4.如何铺设电热温床?使用电热温床应注意哪些事项?

5.塑料大棚、日光温室和现代化温室各有哪些用途?

四、论述题

1.根据塑料大棚的性能,简述塑料大棚在当地的使用情况。

2.绘图说明高效节能日光温室的结构(以当地普遍适用的一种为例)。

3.谈谈我国现代化连栋温室发展现状及前景。

4.谈谈植物工厂的发展前景。

主要参考文献

[1]谢小玉.设施农艺学[M].重庆:西南师范大学出版社,2010.

[2]周长吉.中国日光温室结构的改良与创新(二)——基于主动储放热理论的墙体改良与创新[J].中国蔬菜,2018(3):1-8.

[3]周长吉.中国日光温室结构的改良与创新(三)——温室屋面结构的改良与创新[J].中国蔬菜,2018(4):1-5.

第三章
农艺设施材料

学习目标:了解设施覆盖材料的发展历程,设施墙体和后屋面材料性能要求;掌握普通塑料薄膜、功能性塑料薄膜、地膜、塑料板材、玻璃、无纺布、遮阳网等覆盖材料及塑料大棚和日光温室的骨架材料的特性。

重点难点:普通塑料薄膜、功能性塑料薄膜的性能。

>>>>

第一节

设施覆盖材料

设施覆盖材料种类多样,性能特征各异,在设施农艺生产中占有很重要的地位。一方面设施内的采光、增光离不开覆盖材料;另一方面,设施的遮光、降温、隔热、保温、避风、挡雨、防雹等都需要设施覆盖材料。因此,了解和认识设施覆盖材料,对科学应用覆盖材料具有一定的现实意义。

一、设施覆盖材料的沿革

(一)国外设施覆盖材料的沿革

设施生产有悠久的历史,与此相伴而生的设施覆盖材料也是源远流长,从低级到高级,从简陋到完善。古代的罗马人利用云母片或半透明的滑石板作为覆盖材料。14世纪80年代,人们开始用玻璃充当覆盖材料,用于当时的玻璃房(一种屋顶不透明、四周由玻璃窗围成,种植花卉的建筑)。18世纪初,建成具有玻璃屋顶的温室,并逐渐普及。19世纪末,平板玻璃问世,并应用于温室的建造。

1839年合成了高分子聚苯乙烯;1928年合成了聚乙烯农膜原料,1935年研究聚氯乙烯并于1941年投产,1943年研究聚乙烯并于1958年投产,并在农业上得到广泛应用。此后又相继研制出乙烯-醋酸乙烯薄膜,用作温室、塑料大棚等设施覆盖材料。由于塑料薄膜具有质地柔韧、经济、便于安装、透光能力较强等优点被广泛应用,现已成为当今温室和塑料大棚等设施的主要覆盖材料。

20世纪50年代后期开始用玻璃纤维增强塑料板做温室的覆盖材料,这种覆盖材料又称为玻璃钢,主要包括玻璃纤维增强聚酯板和玻璃纤维增强丙烯酸聚酯板两种。以后又有了丙烯酸树脂板和聚碳酸酯板(PC板),PC板最大的优点是耐冲击力强,可有效地防止冰雹等冲击,比玻璃更耐雪压、更保温。

(二)我国设施覆盖材料的沿革

我国设施栽培历史悠久,早在2000年前就有设施栽培的记载。在汉代就出现了"纸窗温室",宋代开始用盖草法防寒防冻,元代用马粪和风障促进韭菜早发芽、早收割,明、清时代甘肃开发了抗旱、保墒、增温的"沙田栽培"。随后在北方逐渐形成了风障、阳畦、一面坡温室和北京改良温室以及用于夏季育苗的苇帘遮阳覆盖等较为完整的中国传统栽培设施。

20世纪50年代末期至70年代中期,我国主要应用聚氯乙烯农膜,南方用于覆盖小拱棚进行水稻育秧,北方城镇郊区用于大中小棚蔬菜的早熟或延后栽培。这种透明塑料覆盖材料,因其质轻、柔软、易造型、增温保温效果好,深受农民欢迎,因而发展非常迅速。但在1976年春,因聚氯乙烯农膜内错加了对作物有毒的增塑剂,使大面积设施栽培作物中毒受害,损失严重,影响了聚氯乙烯农膜的扩大应用。

1976年以后,我国主要加紧了聚乙烯农膜的研究和新产品的开发;1978年,聚乙烯地膜覆盖技术引进后发展很快;80年代以后,随着高效节能型日光温室的出现和飞速发展,以及遮阳网覆盖栽培大面积推广应用,我国设施栽培进入了多品种、多茬次、周年供应阶段。同时,树脂原料国产化水平不断提高,新的树脂原料开发、加工工艺进一步改进完善,覆盖材料进入全面研究开发的新阶段。

当前,农膜的应用呈现出以下特征:①传统的覆盖材料为现代工业生产的农用塑料薄膜所取代;②农膜覆盖技术快速发展,应用面积急剧扩大;③农膜原料除PVC和PE外,又增加了保温性、透光性、耐候性较PVC更为优良的乙烯-醋酸乙烯共聚物(EVA树脂),用其制造的农膜在生产上应用;④在普通农膜的基础上,研究、开发和推广了长寿膜、无滴长寿膜、多功能复合膜、保温膜、转光膜、L-蓝光膜等系列功能性棚膜新产品;⑤遮阳网及不织布在农业生产上稳步推广;⑥聚氯乙烯无滴长寿膜因其流滴性好、透光性好及保温性强于聚乙烯农膜,已成为高效节能型日光温室冬春茬栽培中首选的覆盖材料。

二、设施覆盖材料的种类

设施覆盖材料种类繁多、功能多样,具有避风挡雨、防雹、保温、采光、遮阳、增光、隔热等多种功能。随着化工材料的发展以及生产工艺的不断改进,设施覆盖材料在种类上不断更新,功能上也日趋完善。目前常见的设施覆盖材料如图3-1。

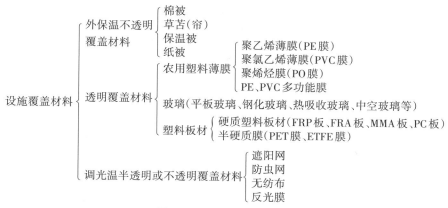

图3-1 设施覆盖材料的种类

三、透明覆盖材料

(一)透明覆盖材料的性能

1.透光性

透明覆盖材料最主要的功能是采光,不同透明覆盖材料透过的光是不同的(图3-2)。透明覆盖材料首先要满足设施内作物对光量和光质的要求。400~700 nm的光波是作物光合作用的有效辐射(PAR)波段,而760~3000 nm的光波有热效应,透过率高时有利于作物的光合成和室内增温。紫外线可以促进薄膜氧化与老化,并会诱导作物产生病害,如315 nm以下波长的紫外线对大多数作物有害,345 nm以下波长的近紫外线可促进灰霉病分生孢子的形成,370 nm以下波长的近紫外线可诱发菌核病,但紫外线对作物发育有一定的积极作用,如315~380 nm波长的近紫外线参与某些植物花青素、维生素C和维生素D的合成,并可抑制作物徒长。因此,为了使透明覆盖材料的功能最大化,通过在透明材料生产过程中加入不同的助剂可以改善材料的性能,从而形成不同类型的透明材料。如添加

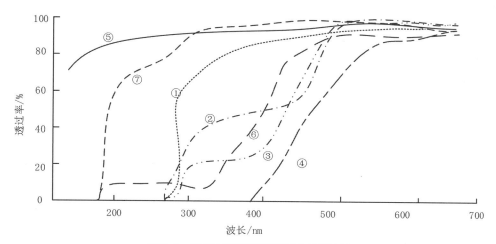

图3-2 几种塑料薄膜短波辐射分光透过率

①~④PVC;⑤⑥PE;⑦EVA

特定的紫外线阻隔剂、吸收剂或转光刻,将350 nm以下的紫外线阻隔掉,既可延缓薄膜的老化过程,又可满足植物正常生长的要求;波长在3000 nm以上的红外线是各种物质热辐射失热的主要波段,通过添加红外线阻隔剂,降低其透过率,以提高设施内的温度。

透过透明覆盖材料的光包括直射光和散射光。散射光空间分布均匀,也参与植物光合作用,散射光比率越高,设施内光照和温度越均匀。

2.强度

设施覆盖材料在受到外力时会产生分子间距离的改变,同时,分子间也会产生相应的应力来恢复其原来的平衡态。当分子间的应力超过一定值时,材料就会被破坏,这时应力的大小称为覆盖材料的强度。不同材料间强度差异很大,如玻璃的强度较优,但直角方向的抗冲击性能较弱;硬质板比玻璃强度更优,且耐冲击。覆盖材料必须具备一定的强度,以抵抗自然条件的冲击力和安装运输时的拉伸力。

3.耐候性

耐候性是衡量设施覆盖材料老化性能的指标,即设施覆盖材料的使用寿命。设施覆盖材料的老化有两方面的含义:一是设施覆盖材料在强光和高温作用下,变脆而自动撕裂;二是透光性衰减,随着设施覆盖材料使用时间的延长,透光率变低,以至于不能满足设施生产的需要,失去了使用价值。

透明覆盖材料变脆的主要原因是材料受到阳光中紫外线的作用发生氧化,同时材料被紧绷在支架上,白天支架表面的高温加速氧化。如塑料薄膜紧贴支架的部分,受到日光和高温的影响先变灰,而后变棕色,最终变脆、撕裂;硬质塑料板由于表面的氧化作用,颜色逐渐变黄(黄化),表面出现裂缝,露出纤维(开花)甚至在裂缝中滋生微生物;此外,高温会导致板材膨胀,冷却时会收缩,板材面临的温差变化会导致其破碎。设施覆盖材料的耐用年限也因材质不同而异,如玻璃使用年限最长达40年,硬质塑料板可达到10年以上,硬质塑料膜为5~10年,软质塑料膜为2~5年,塑料薄膜为1~2年。

4.防雾、防滴性

设施内经常是一种高湿环境,当覆盖材料表面的温度低于设施内空气的温度时,设施内的覆盖材料表面就会有水蒸气凝结。雾气弥漫或表面被水滴沾满,透光率会降低5%~10%,直接影响室内的增温,另外,雾滴和露滴容易使作物的茎叶沾湿,诱导病害的发生和蔓延。一般玻璃本身就具有防滴性,塑料覆盖材料则没有,必须靠界面活性剂处理,使其具有亲水性,从而具有防滴性。通常情况下,软质塑料膜在制造过程中添加防雾滴剂,而硬质板和硬质薄膜则在成形后增加界面活性剂,才可使其产生防滴性。

5.保温性

设施生产要求覆盖材料具有较高的保温性能,以满足冬春生产对温度的要求。由于覆盖材料对长波辐射透过不同,覆盖材料的保温性也不同。为了提高塑料薄膜的保温性能,在生产薄膜时,需要添加红外线阻隔剂,阻挡设施内向外界散失的热辐射,保持室内温度。

覆盖材料保温性常用热传导率衡量,热传导率是指由于温室内外表面的温度差异,在单位时间、单位面积上自高温部向低温部的热量流量,通常以 $kcal/(m^2 \cdot h \cdot \mathbb{C})$ 为单位表示,数值越高,保温性越差。

6.其他性能

某些材料如聚氯乙烯薄膜因其具有静电性,表面易吸附灰尘,使透光率下降,因此还有防尘性的要求。此外,塑料板材还要求具有表面耐磨和阻燃等特性。

(二)农用塑料薄膜

1.农用塑料薄膜类型和性能

塑料薄膜按照生产的基础母料不同可分为聚乙烯薄膜(PE膜)、聚氯乙烯薄膜(PVC膜)、乙烯–醋酸乙烯薄膜(EVA膜)和聚烯烃膜(PO膜)。按照功能不同则分为普通膜,防老化膜,双防膜(防老化、防雾滴),多功能膜(长寿、防老化、防雾滴),转光膜,漫散射膜,紫光膜,蓝光膜等。

(1)普通塑料薄膜

普通塑料薄膜主要有普通PVC膜和PE膜两种类型。

PVC膜是聚氯乙烯树脂与其他改性剂,如增塑剂、稳定剂、润滑剂等,经过压延工艺或吹塑工艺制成。一般厚度为0.08~0.20 mm。这种膜保温性、透光性好,柔软易造型,适合做温室、大棚及中小拱棚的外覆盖材料。但薄膜密度大,成本较高,耐候性差,低温下易变硬脆化,高温下易软化松弛,助剂析出后,膜面吸尘,影响透光;残膜不可降解和做燃烧处理。

PE膜是指用聚乙烯生产的薄膜。聚乙烯膜防潮性、透湿性小。根据制造方法与控制手段的不同,可制造出低密度、中密度、高密度的聚乙烯与交联聚乙烯等不同性能的薄膜。

PVC膜与PE膜性能不同。从保温性和使用寿命等方面看,聚氯乙烯薄膜比聚乙烯薄膜好。一般普通聚乙烯薄膜的连续使用寿命仅3~6个月,而普通聚氯乙烯薄膜则可连续使用6个月以上。在相同条件下,聚氯乙烯薄膜覆盖的棚室比聚乙烯薄膜覆盖的棚室内气温白天高3 ℃左右,夜间高1~2 ℃。但聚氯乙烯薄膜在20~30 ℃时表现出明显的热胀性,在高温强光下薄膜容易松弛,因此易受风害。此外聚氯乙烯的密度为1.3 g/cm²,而聚乙烯的密度仅为0.92 g/cm²,同样质量、同样厚度的两种薄膜,聚氯乙烯膜的覆盖面积要比聚乙烯少29%。不论哪种普通薄膜,因其使用寿命短等限制因素,目前仅用于中、小拱棚覆盖。

(2)功能性塑料薄膜

①聚氯乙烯长寿无滴膜。是在聚氯乙烯树脂中,添加一定比例的增塑剂、光稳定剂或紫外线吸收剂等防老化助剂和复合型防雾滴助剂压延而成的功能性塑料薄膜。其有效使用期由普通聚氯乙烯的6个月提高到8~10个月。防雾滴助剂使薄膜表面形成了一层均匀的水膜并顺倾斜膜面流入土中,大幅度提高了透光率,其流滴持效期一般可达4~6个月。聚氯乙酸长寿无滴膜厚度为0.12 mm左右,广泛应用于高寒和高海拔地区日光温室果菜类蔬菜越冬生产。

②聚氯乙烯长寿无滴防尘膜。在聚氯乙烯长寿无滴膜的基础上,增加了一道表面涂敷防尘工艺,使薄膜外表面附着一层均匀的有机涂料,阻止增塑剂、防雾滴剂向外表面析出,从而起到防尘、提高透光率的作用,延长了薄膜的流滴持效期。这种薄膜适宜地区与

聚氯乙烯长寿无滴膜相同。

③聚乙烯长寿无滴膜。在聚乙烯树脂中按一定比例添加防老化和防雾滴助剂,延长使用寿命,提高透光率。薄膜的厚度0.12 mm,流滴持效期可达5个月以上,使用寿命1~1.5年,透光率较普通聚乙烯膜提高10%~20%,可广泛应用于塑料大棚和日光温室的覆盖。

④多功能聚乙烯复合膜。是将防老化剂、防雾滴剂、保温剂分层加入基础母料内制备而成的薄膜。薄膜厚度为0.08~0.12 mm,使用年限1~1.5年,夜间保温性能优于普通聚乙烯膜,接近聚氯乙烯膜,流滴持效期3~4个月,可广泛应用于塑料大棚和日光温室的覆盖。

⑤漫反射膜。是将性状特殊的结晶材料混入聚氯乙烯或聚乙烯母料中制备而成。这种薄膜可以使直射光透过薄膜后形成均匀的散射光,还能把部分紫外线转变成可见光。覆盖漫反射膜后,设施内阴雨天的温度高于普通薄膜,强光下中午的温度低于普通薄膜,早晚的温度高于普通薄膜。漫反射膜主要应用于多阴雨地区的塑料棚覆盖栽培和夏秋季覆盖栽培。

⑥转光膜。是以低密度聚乙烯(LDPE)树脂为基础原料,添加光转换剂后吹塑而成的覆盖材料。这种薄膜具有光转换特性,可将吸收到的大部分紫外线(290~400 nm)转换为有利于作物光合作用的红橙光(600~700 nm),增强作物的光合作用,并能提高温室内的温度。如转光膜能使茄果类蔬菜提前3~15天收获,增产10%~30%。可使黄瓜、茄子中的维生素、糖类等物质含量提高10%以上。此外,转光膜保温性能好,尤其在严寒的12月份和1月份更显著,可使最低气温提高2~4℃。转光膜主要应用于紫外线辐射强度高的地区,或用作冬春覆盖栽培。

⑦紫色膜和蓝色膜。紫色膜和蓝色膜有两种类型,一种是在无滴长寿聚乙烯膜基础上加入适当的紫色或蓝色颜料;另一种是在转光膜的基础上添加蓝色或紫色颜料。紫色膜适用于韭菜、茴香、芹菜、莴苣和叶菜等覆盖栽培,蓝色膜对防止水稻育秧时的烂秧效果显著。

⑧乙烯-醋酸乙烯多功能复合膜。是以乙烯-醋酸乙烯共聚物(EVA)树脂为主体的三层复合功能性薄膜。其中外层以线性低密度聚乙烯(LLDPE)、低密度聚乙烯(LDPE)或醋酸乙烯(VA)含量低的EVA树脂为主,添加耐候、防尘等助剂,使其具有良好的机械性能和耐候性,也可防止中层膜和内层膜的防雾滴助剂析出;中层以VA含量较高的EVA树脂为主,添加保温、防雾滴助剂,使其具有良好的保温和防雾滴性能;内层以VA含量较低的EVA树脂为主,添加保温、防雾滴助剂,其机械性能、加工性能均好,又有较高的保温和流滴持效性能。生产上,也有3层均为VA含量高的EVA树脂的乙烯-醋酸乙烯多功能复合膜,这种膜保温性能更好。

乙烯-醋酸乙烯多功能复合膜的厚度为0.1~0.12 mm,幅度为2~12 m。透光性好,耐低温,耐冲击,不易开裂,与防雾滴剂有良好的相容性,流滴持效期长;保温性高于PE膜,低于PVC膜。

EVA多功能复合膜在耐候、初始透光率、透光率衰减、流滴持效期、保温等方面有优势,既解决了PE膜无滴持效期短、初始透光率低、保温性差等问题,又解决了PVC膜密度大而同样质量的薄膜覆盖面积小、易吸尘、透光率下降快、耐候性差等问题。目前EVA多功能复合膜已广泛应用于生产上。

⑨聚烯烃膜。聚烯烃(PO)膜是采用高级烯烃的原材料及其他助剂,利用外喷涂烘干工艺而生产的一种农膜。其优点表现为:一是透明度高,特别是对早晨光线透过率高,散射率低,早晨升温迅速。二是持续消雾、流滴能力强,采用消雾流滴剂涂布干燥处理,抑制了雾气产生,消雾流滴期可达到与使用寿命同步。三是保温性能好,薄膜内添加了有机保温剂,使设施内向外辐射的红外线大部分被反射回来,有效地控制了热量散失,保证了作物夜间的生长温度,缩短了成熟期,也能有效防止夜间温度骤降造成对作物的冻害。四是使用寿命长,薄膜内添加了抗氧化剂及光稳定剂,极大地延长了农膜的使用寿命,正常使用可达到3年以上。五是拉伸强度大,原材料具有超强的拉伸强度及抗撕裂强度。六是防静电、不粘尘,薄膜表面采用防静电处理,无析出物,不易吸附灰尘,可达到长久保持高透光率的效果。

2.农用塑料薄膜选用要求

首先,考虑设施的类型,如小拱棚和日光温室对薄膜的选择要求完全不同。其次,要考虑栽培作物对温光的要求。多数绿叶蔬菜对温度要求不高,但紫光膜有利于提高产量与品质,因此以叶类蔬菜生产为主的棚室可以选择覆盖紫色膜等。再次,要综合考虑性价比。功能越好的薄膜价格越高,如果种植对温光需求比较低、经济效益比较低的蔬菜,可以选择保温性能低一些的薄膜。如多功能膜,0.08 mm的薄膜的保温性低于0.12 mm薄膜,但对种植一般蔬菜而言,性价比前者可能高于后者。最后,要考虑使用地区的气候条件,如东北高寒地区,冬季温室生产要选择透光和保温性能好的功能性聚氯乙烯薄膜,高海拔和紫外线辐射强度高的地区要选择转光膜等。

(三)地膜的类型及特点

地膜具有提高地温,保持土壤水分,调节土壤养分转化,促进微生物活动,提高温光利用率,利于作物根系生长和作物生长发育,抑制杂草生长,抑制盐碱上升,提高作物产量,增加农业生产效益的作用。地膜覆盖技术的广泛应用提高了我国农作物的产量,扩大了许多植物的栽培时域。

地膜种类繁多,按照性能特点可分为普通地膜、有色地膜、特种地膜、可降解地膜和多功能型地膜。

1.普通地膜

普通地膜即无色透明地膜,是应用最普遍的地膜,厚度为0.005~0.015 mm,幅宽80~300 cm不等。其透光率和热辐射率达90%以上,保温、保墒功能显著,还有一定的反光作用,广泛用于春季增温和蓄水保墒。其缺点是土壤湿度大时,膜内形成雾滴会影响透光。

普通地膜根据生产的原料不同分为聚氯乙烯塑料地膜和聚乙烯塑料地膜。由于聚氯乙烯地膜的机械强度较大,抗老化性能较好,弹性好,拉伸后可以复原,是我国农业生产上推广应用时间最长、数量最大的一种地膜。聚乙烯地膜由于制造工艺简单,透气性和导热性能好,密度较小(为聚氯乙烯地膜的76%左右),用量正在大幅度增长。

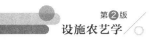

2.有色地膜

有色地膜是根据不同染料对太阳光谱有不同的反射与吸收规律,以及对作物、害虫有不同影响的原理,在地膜原料中加入不同颜色的染料制成的地膜,主要有黑色膜、银色膜、黑白条带膜等。根据不同要求,选择适当颜色的地膜,可达到增产增收和改善品质的目的。

（1）黑色地膜

黑色地膜是在聚乙烯树脂中加入2%~3%的炭黑,经挤出吹塑加工而成,地膜厚度0.01~0.03 mm。黑色地膜透光率只有1%~3%,热辐射为30%~40%。由于它几乎不透光,阳光大部分被膜吸收,膜下杂草因缺光而死。覆盖黑色地膜后灭草率可达100%,除草、保湿、护根效果稳定可靠。黑色地膜在阳光照射下,本身增温快,但传给土壤的热量较少,故增温作用不如透明膜,夏季白天还有降温作用。

黑色地膜适用于杂草丛生地块和高温季节栽培的蔬菜及果树。黑色地膜在蔬菜、棉花、甜菜、西瓜、花生、烟草等作物上均可应用。

（2）绿色地膜

绿色地膜是在聚乙烯树脂原料中加入一定量的绿色母料,经挤出吹塑而成,厚度为为0.01~0.015 mm。绿色地膜能减少可见光(波长0.4~0.72 μm)透过量,使绿光增加,因而能抑制杂草叶绿素形成,可降低地膜覆盖下杂草的光合作用,达到抑制杂草生长的目的。它对于土壤的增温作用强于黑色膜,但不如透明膜。因此,绿色地膜的作用是以除草为主、增温为辅,可替代黑色地膜用于春季除草,对茄子、甜椒、草莓等作物也有促进地上部分生长和改进品质的作用。但绿色地膜价格较贵,且易老化,使用期较短,所以可在一些经济价值较高的作物上覆盖。

（3）银灰色地膜

银灰色地膜是在聚乙烯原料中加入含铝的银灰色母料,经挤出吹塑加工而成,厚度为0.015~0.02 mm。银灰色地膜透光率在60%左右,除具有普通地膜的增温、增光、保墒及防病虫作用外,突出特点是可以反射紫外光,能驱避蚜虫,减轻因蚜虫传播的病毒病的发生和蔓延。

银灰色地膜主要用于夏秋季高温期间防蚜虫、防病、抗热栽培。实践证明,夏秋季节在黄瓜、西瓜、番茄、菠菜、芹菜、莴苣、棉花和烟草等作物生产上覆盖银灰色地膜,不但有良好的防病虫作用,还能改善这些农作物的品质。

（4）条带膜

条带膜有银灰色条带膜和黑白条带膜。银灰色条带膜是在透明或黑色地膜上,纵向均匀地印上6~8条2 cm宽的银灰色条带,除具有一般地膜性能外,尚有避蚜、防病毒病的作用。这种膜比全部银灰色避蚜膜的成本明显降低,且避蚜效果也略有提高。黑白条带膜中间为白色,利于土壤增温,两侧为黑色,可抑制垄侧杂草滋生。

（5）蓝色膜

蓝色膜保温性能好,在弱光照射条件下,透光率高于普通膜,在强光照射条件下,透光率低于普通膜。蓝色膜用于水稻育秧,可使水稻苗壮、根多、成苗率高。用于十字花科蔬菜栽培,能抑制黑斑病菌生长,具有明显的增产和提高品质的作用。

（6）红色膜

红色地膜透射红光更能刺激作物生长,同时可阻挡其他不利于作物生长的光透过,因此使作物生长旺盛。实践证明,红色地膜能满足水稻、玉米、甜菜等对红光的需要,可使水稻秧苗生长旺盛,甜菜含糖量增加,胡萝卜长势良好,韭菜叶宽肉厚、收获期提前。

（7）黑白双面膜

黑白双面地膜一面为乳白色,一面为黑色,厚度为0.02~0.025 mm。乳白色向上,有反光降温作用;黑色向下,有灭草作用。由于夏季高温时降温除草效果比黑色地膜更好,因此,主要用于夏秋蔬菜、瓜果抗热栽培,具有降温、保墒、增光、灭草等功能。

（8）其他有色地膜

除上述有色地膜外,还有乳白地膜、黄色地膜、紫色地膜等。乳白地膜热辐射率达80%~90%,接近透明地膜,透光率只有40%,对于杂草有一定抑制作用。可较好地解决透明地膜覆盖草害严重的问题。用黄色地膜覆盖栽培黄瓜,增产1~1.5倍;覆盖栽培芹菜和莴苣,植株生长高大,抽薹推迟;覆盖矮秆扁豆,植株节间增长,生长壮实。紫色地膜对菠菜有提高产量、推迟抽薹、延长上市时间的作用。

总之,有色塑料薄膜与无色塑料薄膜相比,有增加农作物产量,提高农产品质量,减轻植物病虫害等效果。但有色地膜针对性较强,在使用时要根据农作物种类和当地的自然条件进行选择。例如,覆盖黄色地膜对黄瓜有明显的增产作用,而覆盖蓝色地膜却会使黄瓜的产量降低。此外,由于太阳光照射的强弱与不同地区的地理纬度有关,光质与光量的关系又十分复杂,在使用有色地膜时,必须经过仔细的研究与实践,取得一定经验后再进行推广。

3. 特种地膜

特种地膜是指有特殊功能的地膜,主要有除草膜、有孔膜、反光膜和渗水地膜等。

（1）除草膜

除草膜是在薄膜制造过程中添加除草剂的一类地膜。除草膜除具有一般地膜的增温、增光、保墒及防病虫作用外,还具有防除田间杂草的功能。除草膜覆盖后单面析出除草剂达70%~80%,膜内凝聚的水滴溶解除草剂后滴入土壤,或在杂草触及地膜时被除草剂杀死。因除草剂对作物有严格的选择性,用错了会使作物产生药害,故要按作物种类选择专用除草地膜,切勿盲目使用,以免造成生产损失。添加扑草净的除草膜,主要用于水稻、花生、玉米及果树,但对黄瓜、甜椒、豆类、番茄等有药害。添加除草醚、敌草隆等除草剂的地膜可用于茄子、黄瓜、西红柿等蔬菜栽培。

（2）有孔膜

有孔膜是在地膜吹塑成型后,根据作物对株行距的要求,经切割后,在膜上打上大小、形状不同的孔。铺膜后不用再打孔,即可播种或定植,既省工又标准。打孔的形式有两种,一种是切孔膜,即在膜上按一定距离作断续条状切口,将适宜撒播或条播的作物,如胡萝卜、白菜等播种后,幼苗可自然地从切口长出,不会发生烧苗现象,但增温、保墒效果差。另一种是经圆刀切割打孔,点播用播种孔的直径为3.5~4.5 cm,移栽大苗用的孔径为10~15 cm。有孔地膜覆盖较普通地膜显著增强了土壤通气性,并能缓解土壤温度、水

分变化,增加有益微生物,提高土壤酶活性,促进矿物质释放,从而进一步提高植株根、叶活力。但是有孔膜专用性强。

（3）反光膜

反光膜是采用特殊的工艺将由玻璃微珠形成的反射层和聚氯乙烯膜（PVC膜）、聚氨酯薄膜（PU膜）等高分子材料相结合而形成的一种反光材料。保护地蔬菜、果树、花卉,以及在露天果园中应用银色或银灰色反光膜,能起到补光增温作用,使作物增产、提高品质。特别是在冬季低温寡照的温室内使用,反光膜的补光增温效果更好。果园地面覆盖反光膜,可增加地面反射光,利于下部果实着色、增加糖分,并可防止落果。

（4）渗水地膜

也称为微孔地膜,是在普通地膜上用激光打出微孔（孔径2~3 cm,200~2000孔/m²）的一种特殊地膜。与普通地膜相比,渗水地膜可以增加降水入渗量,有效解决膜中心区的干旱问题;覆盖渗水地膜可显著改善土壤通气条件,使作物根际CO_2和其他有害气体浓度降低2~4倍,提高根系的活力和代谢强度;而且可使植物地上部叶绿素含量增加,显著延缓植株衰老进程;可使土壤微生物数量增加,矿物质释放加速,降低土传病害的发生;渗水地膜还可调温保水,促进作物成熟,改善作物品质。

4. 可降解地膜

可降解地膜主要有光降解地膜、生物降解地膜和光-生物复合降解地膜。可降解地膜有效覆盖期短,一般用于春季覆盖提温。

（1）光降解地膜

光降解地膜是在通用高分子材料（如聚乙烯）中添加光敏剂、自动氧化剂等制成的地膜。地膜在暴晒条件下,高分子材料降解成粉末。光降解地膜易受外界环境的影响,难以控制其降解速度;同时大田覆盖使用时,埋入土壤中的部分不能被降解,因此它的应用受到限制。

（2）生物降解地膜

生物降解地膜是以生物降解塑料为基体材料,通过加入可生物降解的填料及其他助剂吹塑成型制备而成的地膜。由于其特殊的分子构成,在使用过程中性能稳定,具有普通地膜保水、保温、增产、增收的作用;使用后能在堆肥、土壤、水和活化污泥等环境下,被微生物或活性酶分解为二氧化碳和水,具有良好的生物相容性和生物可吸收性,对环境友好。但生物降解地膜存在力学性能弱、耐水性差、缺口撕裂强度差等不足。如全淀粉塑料地膜、草纤维地膜、纸地膜的干湿强度、拉伸强度、断裂伸长率均需改进。

（3）光-生物复合降解地膜

光-生物复合降解地膜是在通用高分子材料（如聚乙烯）中添加光敏剂、自动氧化剂、抗氧剂和作为微生物培养基的生物降解助剂等制作而成的地膜。这些地膜保温、保湿和力学性能好。在暴晒条件下,当年可基本降解成粉末;在无光条件下,也可以促进微生物繁殖生长。

5. 多功能型地膜

为了满足不同需要,在生产地膜过程中添加一些其他助剂生产的多功能型地膜。例如添加有机肥料型地膜是为了解决化肥污染问题,生产地膜时把粒状固体有机肥料混入以木浆为主要原料的纸地膜中。这种地膜本身含有对作物生长所需的成分,可以被生物降解而对环境有利,又因省去施肥过程,而减轻了农民施肥作业的负担。又如用浸入植物精油的方法制造具有防虫、杀菌效果的多功能防虫型地膜,这些植物芳香油对嗅觉灵敏的野狗、野猫、老鼠等害兽和害虫有忌避作用。

(四)塑料板材的种类和特点

1.硬质塑料板材

硬质塑料板材是指厚度在 0.2 mm 以上的硬质塑料材料,多为瓦楞状波形板,具有消除因温度变化而引起的收缩及散光的特性。常见的硬质塑料板材有玻璃纤维增强聚酯树脂板(FRP 板)、玻璃纤维增强聚丙烯树脂板(FRA 板)、丙烯酸树脂板(MMA 板)和聚碳酸酯树脂板(PC 板)等。

(1)玻璃纤维增强聚酯树脂板

玻璃纤维增强聚酯树脂板是指用不饱和聚酯树脂浸渍玻璃纤维毡、玻璃纤维织物或短切纤维,然后凝胶固化而制得的制品。优质的 FRP 板材的透光度可达 85% 以上,可阻隔阳光中 90% 的紫外线辐射。在 -40~120 ℃ 范围内性能稳定,不会出现高温软化和高寒脆化现象。同时具有质轻、强度高、抗冲击性能好、耐腐蚀性能好、抗老化能力强、安装拆换简单、透光性好等优点,主要作为温室覆盖材料。

(2)玻璃纤维增强聚丙烯树脂板

玻璃纤维增强聚丙烯树脂板是以聚丙烯树脂为主体,加入玻璃纤维增强而形成的,厚度为 0.7~0.8 mm。耐老化,使用寿命可达 15 年,但耐火性差。FRA 板比玻璃轻,耐冲击强度和弯曲强度较高。光线透过率高,尤其在紫外光区比玻璃的透光率高,而与保温性密切相关的 600 nm 以上波长的光线无法通过。

(3)丙烯酸树脂板

丙烯酸树脂板是以丙烯酸树脂为母料生产的板材,厚度为 1.3~1.7 mm。MMA 板透光率高,保温性能强,污染少,透光率衰减缓慢,但热线性膨胀系数大,耐热性能差,价格贵,光线透过率与玻璃同等或稍微优越。

(4)聚碳酸酯树脂板

聚碳酸酯树脂板质轻、韧性强、透明,其全光线透过率为 90%,但紫外线不透过,耐热性、耐低温性以及保温性良好,热传导率为 0.16 kcal/(m²·h·℃)。PC 板吸水性弱,耐水,耐弱酸,耐冲击性极强,比强化玻璃高 250 倍。耐候性好,一般可以耐用 10 年左右,PC 板在日光下暴露 5 年,其透光率会降低 15%。

2.半硬质膜

半硬质膜主要有半硬质聚酯膜(PET 膜)和氟素膜(ETFE 膜),半硬质膜的厚度为 0.150~0.165 mm,其表面经耐候性处理,具有 4~10 年的使用寿命,防雾滴效果与 PVC 膜相似。

(1)半硬质聚酯膜

半硬质聚酯膜透明、质轻、表面光滑,全光线透过率为 90%。PET 膜耐寒性(-70 ℃)与耐热性(150 ℃)均优;保温性良好,热传导率为0.09 kcal/(m²·h·℃);PET膜吸水性弱、耐热水、耐油但不耐酸;PET膜经热处理后,抗拉强度、撕裂强度、耐折度比硬质聚氯乙烯薄膜大,耐候性也优,且纵向、横向强度也有显著提高,可使用5~10年。PET膜施工较难,成本较高。

（2）氟塑膜

氟塑膜是以四氟乙烯为基础母料生产的半硬质膜。这种膜的特点是高透光性和极强的耐候性,使用寿命长,其可见光透过率在90%以上,而且透光率衰减很慢,使用10~15年的氟塑膜透光率仍为90%左右,抗静电性强,尘染轻。

（五）玻璃的类型及性能

玻璃是以石英砂、纯碱、长石、石灰石等为主要原料,在1550~1600 ℃高温下熔融、成型的固体透明材料。普通玻璃的抗压强度较高,一般为600~1200 MPa,但抗拉强度只有抗压强度的1/10左右,玻璃在外力的冲击作用下易碎,是典型的脆性材料。玻璃具有良好的透光性,透光率一般在80%以上;化学稳定性较好,有较强的耐酸性。

玻璃品种繁多,性能差异较大。根据玻璃的化学组成,可将玻璃分为钠玻璃、钾玻璃、铝镁玻璃、铅玻璃、硼硅玻璃和石英玻璃等。生产上常见的玻璃有平板玻璃、钢化玻璃、中空玻璃和夹层玻璃。

1. 平板玻璃

平板玻璃是温室中最常用的透明材料,其厚度为3 mm或4 mm,长度为300~1200 mm,宽度为250~900 mm。在330~380 nm的紫外区域透光率高达80%~90%,小于310 nm的紫外线基本不能透过(图3-3)。在可见光波段,透光率高达90%,在小于4000 nm的近红外区域,透光率达80%以上。大于4000 nm的红外光基本不能透过。因此,平板玻璃的增温性和耐候性最强。平板玻璃防尘、耐腐蚀、亲水性和保温性好,线性热膨胀系数小,安装后热胀冷缩损坏少,但平板玻璃密度大,要求支架粗大,不耐冲击,破损时容易产生伤害。

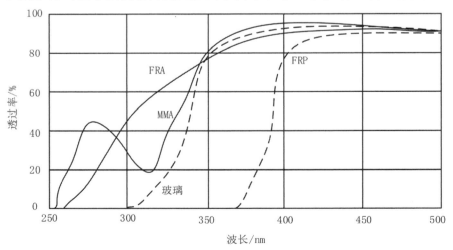

图3-3　塑料板和玻璃对波长≤500 nm光的透过率

2.钢化玻璃

钢化玻璃是将玻璃加热到近软化点温度（6000~6500 ℃）时，迅速冷却或用化学方法强化处理所得的玻璃制品。钢化玻璃耐冲击性能好，破碎时出现网状裂纹，或者产生圆角状的细小碎粒，不易伤人，最大的安全工作温度为287.78 ℃，并能承受204.44 ℃的温差，适合于连栋温室。

3.中空玻璃

中空玻璃是由两层或两层以上平板玻璃构成，四周用高强度、高气密性复合粘合剂将玻璃与铝合金框、橡皮条或玻璃条黏结、密封而成。两层中间充入干燥空气或惰性气体，以获得良好的绝热性能。中空玻璃保温绝热，减少噪声，所以也称作绝缘玻璃，一般可节能16.6%。中空玻璃还可以防止或减少内层玻璃上结露，保持室内的湿度。中空玻璃若选用不同的玻璃原片，可具有不同的性能，如用钢化、压花、夹丝、吸热或热反射等玻璃原片，则相应地提高了中空玻璃的强度、装饰性、保温性、绝热性等性能。

4.夹层玻璃

夹层玻璃是两片或多片玻璃之间夹有透明有机胶合层，经加热、加压、黏合而构成的复合玻璃制品。具有较高的强度，受到破坏时产生辐射状或同心圆形裂纹，碎片不易脱落，且不会影响透明度和产生折光现象。夹层玻璃常用平板玻璃、磨光玻璃、浮法玻璃、钢化玻璃作原片，夹层材料常用的是聚乙烯醇缩丁醛（BPV）、聚氨酯、聚酯、丙烯酸酯聚合物、聚醋酸乙烯酯及其共聚物或橡胶改性酚醛等。

四、半透明与不透明覆盖材料

（一）半透明覆盖材料

1.无纺布

无纺布是以聚酯（PET）或聚丙烯（PP）为原料经熔融纺丝，堆积布网，热压黏合，最后干燥定型成棉布状的材料，由于制品没有明显的经纬线，所以称为"无纺布"，也称为"不织布"或"丰收布"。

（1）无纺布的类型

无纺布的种类很多，根据纤维的长短，可分为长纤维无纺布和短纤维无纺布两种。短纤维无纺布强度差，在设施生产上宜选用长纤维无纺布。

根据每平方米的质量，可将无纺布分为薄型无纺布及厚型无纺布。质量高于100 g/m²的无纺布为厚型无纺布，低于100 g/m²的为薄型无纺布。薄型无纺布用于浮面覆盖或作为二道幕保温帘，厚型无纺布常作为棚室外保温覆盖材料。

（2）无纺布的性能

无纺布具有透光、透气、减湿、保温、易降解等特点，符合农业生产的需求，被广泛应用于温室覆盖、水稻育秧和水果保鲜等方面。

无纺布的透光率与其网孔结构、网孔大小、单位面积质量有直接关系。特定波长下的透光率与无纺布的颜色有关。在可见光390~700 nm区，无纺布的透光率为白色＞灰色＞蓝色＞黑色。其中，蓝色无纺布对570~750 nm的红橙光有较高的吸收率，透光率明显低于灰色无纺布;但是在400~570 nm的紫色到绿色光区吸收率降低,透光率稍高于灰色无纺布,在紫外区段透光率略低于灰色无纺布。

无纺布的保温能力虽不及塑料膜,但有较为平缓的保温效果。同时,无纺布的网孔结构具有透光、透气、防高湿的天然特点。无纺布覆盖下局部空间的空气湿度高低受温度、透气率等因素的影响较大。

无纺布通常作为温室内或露天农作物浮面覆盖材料,可防止病虫害的发生。无纺布防治病虫害的核心是网孔结构,细小的空隙可以阻挡外来的虫害,透气减湿可以预防部分病害发生。如无纺布覆盖下水稻苗期不需要通风炼苗,是预防水稻苗期条纹叶枯病的有效途径,且由于相对湿度低,无纺布育苗基本上不发生或轻度发生立枯病和青枯病等病害。

2.遮阳网

遮阳网又称遮阴网、寒冷纱。是以聚乙烯、聚丙烯和聚酯胺等为原料,经加工编织而成的一种网状材料,被广泛应用于蔬菜、果树、茶叶、药用植物、烟草等作物的栽培。

(1)遮阳网的种类

遮阳网种类多样,遮光率为20%~95%不等,幅宽有90 cm、150 cm、220 cm和250 cm等类型,网眼有均匀排列的,也有稀、密相间排列的,颜色有黑、银灰、白、果绿、黄和黑与银灰色相间等几种。生产上使用较多的遮阳网的透光率有35%~55%和45%~65%两种,宽度为160~220 cm,颜色以黑和银灰色为主,单位面积质量为30~50 g/m²。遮阳网的产品型号常以一个密区(25 cm)中所用的扁丝根数来确定,如江苏武进县塑料二厂生产的SZW-8型遮阳网,表示1个密区有8根扁丝,SZW-16则表示1个密区有16根扁丝。数码越大,网孔越小,遮光率越大。

(2)遮阳网的性能

①遮阳。遮阳网最主要的性能就是遮阳。遮阳网的遮光率设计范围为20%~95%,常用的遮阳网遮光率为50%。

②降温。遮阳网能够显著降低温度。与未遮阳相比,如果使用单层遮光率为30%黑色遮阳网,地表温度、30 cm处的土壤温度及空气温度会相应地降低3.86 ℃、1.01 ℃及1.50 ℃;如果使用双层黑色遮阳网,则地表温度、30 cm处的土壤温度和空气温度会分别降低5.42 ℃、1.44 ℃和2.40 ℃。

③减少水分蒸发。覆盖遮阳网可以减少田间水分蒸发。研究表明,采用遮阳网覆盖可显著减少作物耗水量。遮阳网覆盖作物耗水量较室外露地作物耗水量降低38%。

④防虫。遮阳网可以起到对害虫的物理阻隔作用,尤其是对个体较大的害虫更有效果。遮阳网覆盖可有效减少害虫种群,降低由于昆虫传播病毒的发病率,减少农药的使用量。

⑤防风。应用遮阳网可以减弱空气湍流交换。研究表明,覆盖遮阳网可使室内风速比室外风速降低50%以上。

⑥延长生育期。覆盖遮阳网可延迟作物生育期和采收期。与未遮阳相比,覆盖单

层、双层遮阳网,可使杏开花期分别延迟 4 天和 5 天,花期延长 1 天和 2 天,坐果率与对照相比都有所增加。

⑦改善品质。覆盖遮阳网对作物的品质也有重要影响。研究表明,覆盖红色遮阳网、蓝色遮阳网、银灰色遮阳网使番茄穴盘苗的壮苗指数分别增加 41.2%、15.4%、55.2%,而黑色遮阳网则降低 9.7%。

3.防虫网

防虫网是以聚乙烯为主要原料,添加防老化、抗紫外线等化学助剂,经拉丝制造而成的网状织物,具有拉力强度大、抗热、耐水、耐腐蚀、耐老化、无毒无味、寿命长(可达 3~5 年)等优点。

(1)防虫网的种类

防虫网种类多,按防虫网目数(2.54 cm 长度所拥有的孔格数)分为 20 目、24 目、30 目、40 目等规格。目数越多,网眼越小,防虫效果越好,但遮光率高,影响通风降温,对作物生长发育不利。按宽度可分为 100~360 cm 不等。按颜色可分为黑色、白色、银灰色、绿色和杂色等类型,银灰色防虫网的避蚜效果好,白色防虫网透光率较高,使用比较普遍,但夏季棚内温度略高于露地。目前生产上应用较多的防虫网是 20~40 目,幅宽 120~360 cm 的白色防虫网。

(2)防虫网的性能

①防虫。蔬菜覆盖防虫网后,可免除菜青虫、小菜蛾、蚜虫等多种害虫的危害。据试验,防虫网对白菜菜青虫、小菜蛾、豇豆荚螟、美洲斑潜蝇的防效为 94%~97%,对蚜虫防效为 90%。

②防病。病毒病主要由昆虫特别是蚜虫传播。覆盖防虫网可大大减轻蔬菜病毒的侵染,病毒病防效达 80% 左右。

③遮光。夏季光照强度大,覆盖防虫网可起到一定的遮光和防强光直射作用,20~22 目银灰色防虫网一般遮光率在 20%~25%。

④调节气温、土温和湿度。炎热的 7~8 月,覆盖白色防虫网,可使早晨和傍晚的气温与露地持平,而晴天中午比露地低 1 ℃ 左右。早春 3~4 月,覆盖防虫网的棚内比露地气温高 1~2 ℃,5 cm 地温比露地高 0.5~1 ℃,能有效地防止霜冻。防虫网室遇雨可减少网室内的降水量,晴天能降低网室内的蒸发量。

(3)防虫网的应用

防虫网主要用于夏秋季小白菜、菜心、夏萝卜、甘蓝、花椰菜以及茄果类、瓜类、豆类等蔬菜的育苗和栽培,可提高出苗率、成苗率和秧苗质量。

(二)不透明覆盖材料

1.草苫

草苫(帘)是由水稻秸秆、蒲草、谷草以及其他山草编制而成。生产上常用的稻草帘宽度一般为 1.5~1.7 m,长度为设施采光屋面之长加 1.5~2 m,厚度为 4~6 cm,大经绳在 6 道

以上。蒲草帘强度较大,卷放容易,常用的宽度为2.2~2.5 m。

草苫保温效果好,取材方便,但编制比较费工,耐用性不理想,一般只能使用3年左右。遇到雨雪天气,草苫吸水后重量增大,卷放很费时费力。另外,草苫对塑料薄膜损伤较大。草苫的保温效果一般为5~6 ℃,但实际保温效果会因草苫厚度、疏密、干湿程度的不同而有很大差异,同时也受室内外温差及天气情况的影响。

2.纸被

纸被是用4层旧水泥纸袋或4~6层新的牛皮纸缝制成的一种保温覆盖材料。在严寒冬季,纸被常常覆盖在草苫下面,弥补草苫的缝隙,显著减少了缝隙散热。生产实践表明,4层牛皮纸做的纸被保温效果可达到6.8 ℃。但纸被容易被雨水、雪水淋湿,寿命也短,于是纸被逐渐被既保温又防止雨雪的旧塑料薄膜替代。

3.棉被

棉被是采用棉布(或包装用布)和棉絮(可用等外花或短绒棉)缝制而成的保温材料,保温性能好,其保温能力在干燥高寒地区约为10 ℃。但棉被的造价高,一次性投资大,防水性差,保温能力尚不够高。

4.保温被

保温被是由3~5层不同材料缝制而成的保温材料,由外向内依次为防水布、无纺布、棉毯、镀铝转光膜等,具有质量轻、保温效果好、防水、阻隔红外线辐射和使用年限长等优点。保温被非常适于电动操作,能显著提高劳动效率。

第二节

设施骨架材料

设施骨架材料指的是支撑栽培设施用的材料,由于设施的类型多样,骨架材料差别很大。

一、简易设施的骨架材料

这类骨架材料主要用于建造小、中型拱棚,由于设施面积小、空间不大,因此对骨架材料要求不高,其主要采用毛竹片、竹竿、荆条或直径为6~8 mm的钢筋等。

二、塑料大棚的骨架材料

1.竹木结构骨架

竹木结构大棚一般采用3~6 cm粗竹竿或木杆作拱杆、拉杆和压杆,用木杆或水泥预制柱作立柱。

2.玻璃纤维增强型大棚骨架

这种大棚是以水泥为基材,玻璃纤维为增强材料而就地预制骨架。

3.钢竹结构大棚骨架

这种大棚的棚型结构与竹木结构相似,用钢材和竹木做拱架,每两个钢拱架之间加4~5个竹木拱架。

4.普通钢架大棚骨架

普通钢架大棚的骨架是用角钢、槽钢、圆钢等轻型钢材焊接而成。

5.装配式镀锌钢管大棚骨架

这种大棚的骨架是采用热浸镀锌的薄壁钢管组装而成。

三、日光温室的骨架材料

1.钢筋骨架

这种骨架是用钢管和钢筋焊接成双弦桁架式无柱结构。其中跨度为7.5 m以下的日光温室,桁架上弦采用直径21 mm的钢管,下弦采用直径12 mm的圆钢,腹杆(拉花)采用直径10 mm的圆钢;而跨度在8~12 m的日光温室,桁架上弦采用直径26 mm的钢管,下弦采用直径14 mm的圆钢,腹杆(拉花)采用10 mm的圆钢。

2.竹木骨架

这种骨架由圆木做立柱、檩木、柁木和横梁,由5 cm左右宽的竹片做拱杆。

3.镀锌钢管装配式骨架

这种骨架采用内外壁热浸镀锌钢管。其中拱架以1.25 mm薄壁镀锌钢管制成,纵向拉杆也采用薄壁镀锌钢管,用卡具与拱架连接。

四、现代温室的骨架材料

现代温室的骨架材料主要有钢材、铝材。

1.钢材

钢材材质均匀、性能可靠、强度高,具有一定的塑性、韧性,能承受较大的冲击和振动荷载,也可以焊接、铆接和螺栓连接,便于装配。但钢材易锈蚀,维护费用大。用作建造栽培设施的钢材不仅要求具有一定的力学强度,还要求具有较高的韧性和较好的焊接性,在所处环境下具有可靠性及耐久性。

温室结构中采用的钢材主要为Q235沸腾钢,主要的钢材类型有以下几种。

①热轧钢板。在连栋温室结构中,主要采用薄钢板和扁钢。薄钢板的厚度为0.35~4.0 mm,宽度为500~1500 mm,长度为0.4~5 m,主要用于梁、柱构件的加工、制作。扁钢的厚度为4~60 mm,宽度为12~200 mm,长度为3~9 m,用于组合梁的腹板、翼板及节点板和零件等。

②热轧型钢。在连栋温室中,主要采用普通工字钢和普通槽钢。

③薄壁型钢。薄壁型钢由薄钢板模压或冷弯制成,其截面形式及尺寸可按照要求合

理确定,由于其能充分利用钢材的强度,减小端面尺寸,节约钢材,因而在温室结构中得到广泛的应用。

④无缝钢管。无缝钢管用在露天以承受风力为主的结构,如遮阳设施。无缝钢管外径为50~300 mm,厚度一般为4~14 mm。

此外,在温室主体钢架结构及普通混凝土结构中,通常采用热轧钢筋。

2.铝材

温室用铝材主要选用锻铝LD31-RCS。铝材主要用于温室的门窗、椽条或直接用做温室屋面梁、天沟等。

第三节

设施墙体和后屋面材料

一、墙体和后屋面材料性能要求

墙体和后屋面是针对日光温室而言的。日光温室墙体具有承重、保温和蓄热的作用,后屋面的作用是保温。因此,日光温室墙体的材料应具有较强的承重能力和保温蓄热能力。后屋面材料要求具备质轻、保温、抗压、防水等特点。

二、墙体和后屋面建造材料

墙体和后屋面建造材料主要有砖、石或其他砌块等块状体材料。在块状体材料中使用最多的是以黏土为原料的烧结普通砖、烧结多孔砖和烧结空心砖、蒸压灰沙砖和蒸压粉煤灰砖等。

1.烧结普通砖

烧结普通砖是尺寸为240 mm×115 mm×53 mm的实心烧结砖。

2.烧结多孔砖和烧结空心砖

这类砖是烧结空心制品的主要品种,具有块体大、自重较轻、隔热保温性好等特点。烧结多孔砖和烧结空心砖有不同的尺寸,长度有290 mm、240 mm、190 mm;宽度有240 mm、190 mm、180 mm、175 mm、140 mm、115 mm;高度一般为90 mm。

空洞尺寸符合以下要求:圆孔直径≤22 mm,非圆孔内切圆直径≤15 mm。手抓孔:(30~40 mm)×(75~85 mm)。

3.蒸压灰沙砖和蒸压粉煤灰砖

蒸压灰沙砖是以石灰和沙为主要原料,经坯料制备、压制成型、蒸压养护而成的实心砖。蒸压粉煤灰砖是以粉煤灰、石灰为主要原料,掺加适量石膏和集料,经坯料制备、压制成型、高压蒸汽养护而成的实心砖。蒸压灰沙砖和蒸压粉煤灰砖的规格尺寸与烧结普通砖相同。

4.砌块

砌块一般是指混凝土空心砌块、加气混凝土砌块及硅酸盐实心砌块。砌块按照尺寸大小分为小型、中型和大型三种。通常把砌块高度为18~35 cm的称为小型砌块,高度为36~90 cm的称为中型砌块,高度大于90 cm的称为大型砌块。目前,承重墙体材料中使用最为普遍的混凝土为小型空心砌块,主要规格尺寸为39 cm×19 cm×19 cm,空心率一般为25%~50%。

三、墙体和后屋面保温材料

(一)墙体和后屋面保温材料性能要求

1.导热能力低

导热能力是指在稳定传热条件下,两侧表面的温差为1℃,在1 s内,通过1 m厚的材料1 m²面积传递热量的能力。保温材料的导热能力用导热系数表示,单位为W/(m·℃)。导热系数越小,其保温性能越好。金属材料的导热系数最大,非金属的导热系数次之,液体的导热系数最小。例如,木材的导热系数为0.17~0.41 W/(m·℃),砖的导热系数为0.70~0.88 W/(m·℃),混凝土的导热系数为1.28~1.51 W/(m·℃),钢铁的导热系数为58.15 W/(m·℃),密闭空气的导热系数为0.023 W/(m·℃)。

2.表观密度小

表观密度是指保温材料的质量与表观体积之比,表观体积是指实体积加闭口孔隙体积,表观密度=实体质量/(实体积+闭口孔隙体积)。

表3-1 常见材料的表观密度

材料	密度/(kg·m⁻³)	表观密度/(kg·m⁻³)	材料	密度/(kg·m⁻³)	表观密度/(kg·m⁻³)
石灰岩	2600	1800~2600	普通混凝土	—	2100~2600
砂	2600	—	轻骨料混凝土	—	800~1900
实心黏土砖	2500	1600~1800	木材	1550	400~800
空心黏土砖	2500	1000~1400	钢材	7850	7850
水泥	3200	—	泡沫塑料	—	20~50

3.强度大

强度是指表示工程材料抵抗断裂和过度变形的力学性能之一。常用的强度性能指标有抗拉强度和抗压强度。抗拉强度是指材料在拉断前承受的最大应力值。抗压强度是指材料受到压缩力作用而被破坏时每单位横截面上承受的最大压力荷载。一般要求强度大于0.4 MPa,以满足设施构造的施工和安装要求。

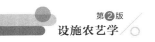

(二)墙体和后屋面常用保温材料及其性能

目前栽培设施的墙体和后屋面中常用的保温材料主要有聚苯板、挤塑板、膨胀珍珠岩保温隔热板、水玻璃珍珠岩隔热板、玻璃棉隔热板、硬质泡沫塑料隔热板、硅酸铝纤维复合保温材料等。

1.聚苯板

聚苯板全称聚苯乙烯泡沫板，又名泡沫板或EPS板，是含有挥发性液体发泡剂的可发性聚苯乙烯珠粒经加热预发后在模具中加热成型的具有微细闭孔结构的白色固体。聚苯板具有优异的保温隔热性能、抗压性能和抗水、防潮性能，防腐蚀、经久耐用，是最常用的温室墙体和后屋面保温材料。

2.挤塑板

挤塑板是由聚苯乙烯树脂及其他添加剂经挤压过程制造出的拥有连续均匀表层及闭孔式蜂窝结构的板材，这种材料具有优良的保温隔热性，卓越的高强度抗压性，稳定性、防腐性好，质地轻、使用方便等特点，产品不挥发有害物质，对人体无害，属环保型材料。据测定，20 mm厚的挤塑保温板，其保温效果相当于50 mm厚发泡聚苯乙烯，120 mm厚水泥珍珠岩。挤塑板是目前最佳的建筑保温材料。

3.膨胀珍珠岩保温隔热板

这种板是以膨胀珍珠岩为主要原料，配入一定的石膏、水泥等黏结剂，加水混合搅拌、压制、成型，经养护、脱膜而制成，具有质轻、防火、保温、吸音性能好、吸湿性小、耐腐蚀、无毒、无味、不易霉变等优点。

4.水玻璃珍珠岩隔热板

这种板是以水玻璃为黏结剂，膨胀珍珠岩为骨料，按一定比例配合，经拌合、压制、成型、烘干而制成的。其主要特点是内部有大量微孔，具有良好的绝热性能，施工安装方便，可切、锯、钻，材质轻。

5.玻璃棉隔热板

这种板是将熔融的玻璃液，用火焰、热气流或快速旋转的离心器，制成细纤维，再以酚醛树脂为黏结剂，经拌合、加压、烘干而制成。玻璃纤维的长度在20~150 mm，组织结构蓬松，形态类似棉絮。其主要优点是质轻、隔热、耐火、耐腐蚀、防辐射等，适宜作墙体隔热材料。

6.硬质泡沫塑料隔热板

这种板是由多元醇化合物聚醚树脂或聚氨酯和多异氰酸酯加入助剂，经聚合发泡而制成的有机合成材料。具有质量轻、绝热性能好、防腐蚀、成型工艺简单等特点。密度小于60 kg/m³，使用温度范围为−60~120 ℃，耐腐蚀性能良好，导热系数小于0.025 W/(m·℃)。

7.硅酸铝纤维复合保温材料

这种保温材料是根据保温体的不同，选用不同厚度的硅酸铝纤维毛毡作内保温层，岩棉作外保温层制成的复合毡。其特点是保温绝热效果好、投资小、节能。

复习思考题

一、名词解释

1.无纺布　2.遮阳网　3.转光膜　4.反光膜　5.光降解膜　6.生物降解膜

二、简答题

1.简述透明覆盖材料的特性。

2.比较PVC薄膜与PE薄膜性能的异同。

3.简述除草膜的性能。

4.比较不同塑料板材的性能。

5.简述遮阳网、防虫网的性能。

6.简述塑料大棚骨架材料的特点。

7.比较连栋温室的钢骨架材料的特点。

8.简述地膜的作用及种类。

9.比较不同保温材料的性能。

三、论述题

1.论述如何选择性价比合理的覆盖材料。

2.比较塑料中棚、塑料大棚和连栋温室骨架材料特性。

主要参考文献

[1] 谢小玉.设施农艺学[M].重庆:西南师范大学出版社,2010.

[2] 王双喜.设施农业装备[M].北京:中国农业大学出版社,2010.

[3] 陈国元.园艺设施[M].苏州:苏州大学出版社,2009.

[4] 张志轩.园艺设施[M].重庆:重庆大学出版社,2014.

[5] 陈全胜,姚恩青.设施园艺[M].武汉:华中师范大学出版社,2010.

[6] 王宇欣,段红平.设施园艺工程与栽培技术[M].北京:化学工业出版社,2008.

第四章
设施农艺机械与设备

学习目标:了解设施育苗设备、节水灌溉与施肥设备、供暖降温设备、补光照明设备、卷帘及配电设备的组成,掌握以上设备的应用条件和技术要求。
重点难点:设施育苗设备、节水灌溉与施肥设备、供暖降温设备的组成。

设施农艺机械与设备是提高设施生产效率,推动工厂化农业发展的重要基础,也是现代化农业的重要标志。利用现代机械与设备可以提高作业精度,减轻劳动强度,提高劳动生产率。

设施农艺机械与设备类型有:①土壤消毒杀菌机械、耕耘机、耕地作畦机、开沟培土机、地膜覆盖机;②播种机;③各种育苗设备,包括机械化育苗装置、移苗分苗设备、果菜类嫁接装置;④管理机械,如中耕机、可乘型多功能管理机、深层注射式施肥机;⑤收获机具,如设施内简易收获车、搬运车、重物搬运机;⑥产品整理包装分选机,包括生菜包装机、菜豆包装机、鲜花整理包装机、叶菜捆扎机、万能捆包机等。

▶▶▶▶
第一节
∘∘∘

育苗机械与设备

育苗机械与设备主要指在设施育苗过程中所使用的机械设备以及辅助设备,主要包括育苗设备、育苗播种机、秧苗栽植机及辅助设备等。

一、育苗设备

育苗设备主要指育苗架,为了充分利用温室或大棚的空间,广泛采用立体多层育苗架(图4-1)进行育苗。育苗架有固定式和活动式两种。固定式育苗架因上下互相遮阴和管理不便逐渐被活动式育苗架代替。活动式育苗架由支柱、支撑板、育苗盘支持架及移动轮等组成,其特点是不但育苗架可以移动,而且育苗盘支持架也可以水平转动,保证育苗盘中的幼苗得到均匀的日照,管理方便。

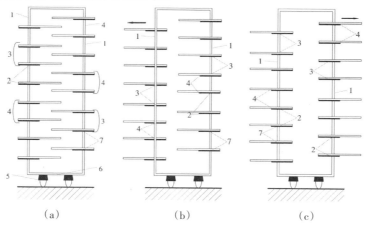

图4-1 活动式育苗架

a.支持架收回;b.支持架向左转动;c.支持架向两侧转动

1.支柱;2.固定件;3.支撑板;4.育苗盘支持架;5.移动轮;6.底框;7.螺丝

二、育苗播种机

根据精量播种的原理不同,育苗播种机可分为吸附式(吸嘴式、板式、齿盘转动式)和磁性播种机两类。

1.吸嘴式气力播种机

吸嘴式气力播种机适用于营养钵育苗单粒点播,它由吸嘴、压板、排种板、盛种管及吸气装置等组成(图4-2)。吸嘴为吸种部件,内部有孔道与吸气道相通,端部有吸气口,用于吸附种子,里边装一个顶针,平时顶针缩入吸气口内,当压板下压顶针时,顶针由吸气口伸出将种子排出。该播种装置与制钵机配合使用,可实现边制钵边播种联合作业。

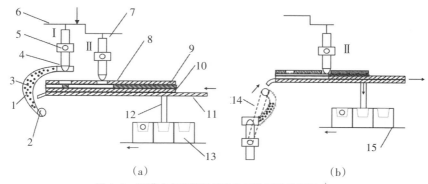

图4-2 吸嘴式育苗精量播种机工作过程示意图

1.种子;2.吸气管;3.盛种管;4.吸嘴;5.吸气口;6.压板;7.顶针;8.带孔铁板;9.斜槽板;10.电木板;11.下挡板;
12.输种管;13.营养钵块;14.吸气道;15.输送带

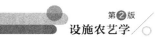

2. 板式育苗播种机

板式育苗播种机由带孔的吸种板、吸气装置、漏种板、输种管、育苗盘和输送机构等组成(图4-3)。工作时,种子被快速地撒在吸种板上,使板上每个孔眼都吸附1粒种子,多余的种子流回板的下面。将吸种板转动到漏种板处通过控制装置,去掉真空吸力,种子自吸种板孔落下并通过漏种板孔和下方的输种管,落入育苗盘对应的营养钵块上,然后覆土和灌水,将盘送入催芽室。这种类型的播种机可配置各种尺寸的吸种板,以适应各种类型的种子和育苗盘。该播种机适用于营养钵和育苗穴盘的单粒播种,有利于机械化作业,生产效率高,但要求种子饱满发芽率高,不能进行一穴多粒播种。

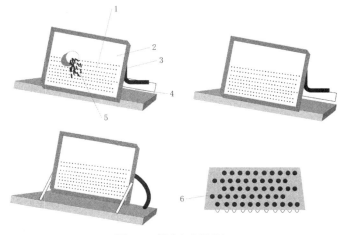

图4-3 板式育苗播种机

1.吸孔;2.吸种板;3.吸气管;4.漏种板;5.种子;6.育苗盘

3. 齿盘转动式播种机

齿盘转动式播种机由一组受光电系统控制的凹齿圆盘组成,播种前根据苗盘孔穴数目和种子粒径来选换齿盘。正常作业时,当控制播种器的光电板被传送带上行走过来的苗盘遮挡时,磁力开关自动打开,于是位于种子箱内的齿盘定向转动,此时齿盘上的每个凹齿从种子箱里舀上1粒种子。苗盘的纵向行数与凹齿圆盘的片数相等,苗盘在传送带上行走的速度与圆盘的转速保持同步,圆盘上凹齿间距与苗盘的孔距相等,所以齿盘凹齿所舀的这粒种子在齿盘转动时能准确地落入苗盘的孔穴里。当苗盘离去之后,磁力开关关闭,齿盘停止转动,直至下一个苗盘出现。这样,在光电系统控制下,周而复始地连续作业。齿盘转动式播种机工作效率高,但播种时对种子粒径大小和形状要求比较严格,对非圆球形种子,播种之前需进行丸粒化加工。

4. 磁性播种机

磁性播种机的工作原理是利用磁铁吸引力的性质而制成的,在种子上附着带磁性的粉末,用磁极吸引,然后再用消磁的方法使被吸上的种子被播下(图4-4)。磁性播种机的构造包括播种和电气设备两部分。交流电经整流器转换成直流电,通过电闸盒通到线圈上,此时磁极端部被磁化,吸引住几粒吸附着磁性粉末的种子,当闭闸后电流消失,被吸住的种子靠自重下落,播入纸钵内。反复进行这种操作实现播种作业。

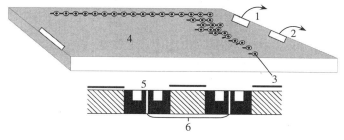

图4-4　磁性播种机

1.电闸盒；2.把手；3.绕线管；4.播种盘；5.线圈；6.磁极

磁性播种机的播量（即每穴粒数）可以调节，其方法是根据输出功率来控制。输出功率越大，则磁性吸附的种子粒数越多。磁性播种机的生产效率比人工提高了4~6倍。

三、秧苗栽植机

秧苗栽植机根据自动化程度可分为简易栽植机、半自动栽植机和自动栽植机。依栽植机与拖拉机的联结方式，又可分为牵引式栽植机和悬挂式栽植机。

栽植机移栽秧苗有五道工序，即开沟（或挖穴）、分秧、喂秧、栽植、覆土等。栽植机相应的工作部件为开沟器（或挖穴器）、分秧机构、覆土压密器（有些机器上还带有浇水装置）。

简易栽植机只有开沟和覆土压密器。栽植时，用人工将秧苗直接放入开沟器开出的沟内。半自动栽植机增加一个栽植器，用人工将秧苗放到栽植器内，由栽植器栽入沟内。自动栽植机则从分秧到覆土压密全部由机器完成。

▶▶▶▶

第二节

• • •

节水灌溉与施肥设备

随着设施生产技术的不断提高，许多新机械、新设备广泛地被应用到设施生产中，为生产者带来了显著的经济效益。目前，我国设施生产中广泛应用以管道输水为基础的，能够有效节水省工的滴灌、微喷灌等灌溉方式。

一、节水灌溉设备

（一）节水灌溉系统的种类

节水灌溉系统是通过干管、支管和毛管上的灌水器，在一定压力下向土壤缓慢灌水，直接向土壤提供已经过滤的水分或水肥药混合液的灌溉系统。节水灌溉系统可以把水分和养分直接而精确地输送到作物根部，高效节水、节肥、节能，可有效避免设施生产中其他灌溉方式灌水后室内湿度过大的不利情况,减少病虫害的发生。节水灌溉的方式很多,目前设施栽培中应用的节水灌溉方式主要有滴灌、微喷灌、涌泉灌(图4-5)等。

滴灌　　　　　　　　　微喷灌　　　　　　　　涌泉灌

图4-5　节水灌溉方式

1.滴灌

滴灌是按照作物需水要求,通过管道系统与安装在毛管上的灌水器(滴头或滴箭),将作物需要的水分和养分一滴一滴,均匀而又缓慢地滴入作物根区土壤中的灌水方法。滴灌属于局部微量灌溉,使水分的渗漏和损失降低到最低限度。同时,又由于能做到适时供应作物根区所需水分,使灌溉水利用效率大大提高。滴灌可方便地结合施肥,使肥料(含微肥)溶解在灌溉水中,直接均匀地施到作物根系层,实现水肥同步,大大提高了肥料的有效利用率。同时又因是小范围微量灌溉,水肥渗漏较少,故可减少肥料施用量,减轻土壤污染。同时可节省劳力投入,降低生产成本。

2.微喷灌

微喷灌是利用折射、旋转或辐射式微型喷头将水均匀地喷洒到作物枝叶等区域的灌水形式。它是在滴灌和喷灌的基础上逐步形成的一种新的灌水技术。微喷灌时水流以较大的流速由微喷头喷出,在空气阻力的作用下粉碎成细小的水滴降落在地面或作物叶面。由于微喷头出流孔口和流速均大于滴灌的滴头流速和流量,从而大大减少了灌水器的堵塞。微喷灌还可将可溶性肥料随灌溉水直接喷洒到作物叶面或根系周围的土壤表面,提高施肥效率,节省肥料用量。微喷灌主要用于温室育苗及观赏植物栽培,用微喷灌或雾灌可直接实现对作物的灌溉,并可调节棚室内湿度和温度;也可通过微喷灌清洗作物叶面灰尘。

3.涌泉灌

涌泉灌是用塑料小管与插进毛管管壁的接头连接,把来自输配水管网的有压水以细流(或射流)形式灌到作物根部的地表,再以积水入渗的形式渗到作物根区土壤的一种灌水形式。涌泉灌堵塞问题小,水质净化处理简单;省水效果好,比地面灌省水60%以上;工作水头压力较低,耗电量少,运行费用低。

(二)节水灌溉系统的组成及设备

节水灌溉系统由水源、首部枢纽、管路和灌水器组成。

1.水源

节水灌溉系统的水源可以是江河、湖泊、塘堰、沟渠、井、泉等,只要水质符合滴灌要求均可作为灌溉水源。

2.首部枢纽

首部枢纽通常由水泵及动力机、控制阀门、水质净化装置(如水砂分离器、介质过滤器)、施肥装置(如压差式施肥罐等)、测量和保护设备等组成。为了获得比较稳定的工作压力,在滴灌系统的首部常安装有压力罐及自控设备,也可在位置较高部位修建蓄水池来提供恒压水头。

3.管路

节水灌溉系统的管路包括干管、支管、毛管及必要的调节设备(如压力表、闸阀、流量调节器等)。塑料管内壁光滑、水力性能好,有一定韧性、质量轻、耐腐蚀、使用寿命长,因此塑料管成为节水灌溉系统中最常用的输配水管道。但塑料管的材质受温度影响大,高温易变形,低温易变脆,受光温影响容易老化。灌溉系统主管管径大小由系统大小确定,一般为65~110 mm,支管管径一般为25 mm。为防止老化,延长使用寿命,主管多埋在地下,支管为便于移动,多铺设在地面,在支管与主管连接处装设阀门。

4.灌水器

(1)滴头

滴头是指能将毛管中的压力水形成不连续的水滴或细流,均匀而又缓慢地滴入作物根区附近土壤中的设备(4-6)。根据滴头的结构特征可将滴头分为长流道式、孔口式、涡流式、压力补偿式等类型。长流道式滴头靠水流与流道壁之间的摩擦消能来调节出水量的大小,这种结构的滴头最为常用。孔口式滴头靠孔口出流造成的局部压力损失来调节出水量的大小,具有结构简单、造价低的优点。涡流式滴头是靠水流进入滴头中的涡室内形成的涡流来调节出水量的大小。根据滴头是否具有压力补偿性功能,滴头可分为压力补偿(恒流)式和非压力补偿(非恒流)式滴头。使用压力补偿式滴头可以减少滴灌系统中输配水管道的材料用量,而且入水口压力在规定范围内变化时滴水量相对不变。滴头一般安装在两段毛管之间,也可以直接插在毛管壁上。当单根毛管较长或地面起伏较大时,应优先考虑选用压力补偿式滴头。

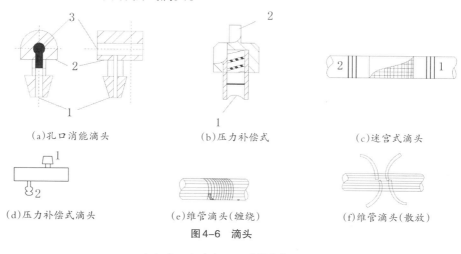

(a)孔口消能滴头　　　　(b)压力补偿式　　　　(c)迷宫式滴头

(d)压力补偿式滴头　　　(e)维管滴头(缠绕)　　(f)维管滴头(散放)

图4-6 滴头

1.入水口;2.出水口;3.两侧出水口

（2）喷头

喷头是通过收缩管嘴或孔口将有压水喷射到空中，形成细小水滴进行灌溉的灌水器，常见的设施微喷灌系统的灌水器有微喷头、多孔管、喷枪等。设施生产上一般将微喷头倒挂在设施骨架上进行灌溉。

1）喷头的类型

喷头按工作压力高低可分为高压（大于 500 kPa）、中压（200~500 kPa）和低压（小于 200 kPa）三种；按照喷洒特征及结构形式分为固定式和旋转式。

固定式喷头无转动部件，结构简单，运行可靠，工作压力低，雾化好，但喷洒范围小。固定式喷头一般分为折射式、离心式和缝隙式。

折射式微喷头的主要部件有喷嘴、折射锥和支架。折射式微喷头喷出的水柱撞击到分水面后，被破碎成微小水滴后洒向空间。这类微喷头在喷洒图形上有所不同，如有全圆、伞形、条带形、放射形或呈雾化态等。折射式微喷头的优点是结构简单、没有运动部件、工作可靠、价格低。

离心式微喷头的主体是一个离心室，水流从切线方向进入离心室，绕垂直轴旋转，通过处于离心式中心的喷嘴射出的水膜同时具有离心速度，在空气阻力的作用下水膜被粉碎成水滴散落在微喷头四周。这种微喷头的特点是工作压力低，雾化程度高。

缝隙式微喷头的水流通过缝隙喷出时，由于空气阻力的作用，使喷出的水流裂缝散成了水滴。

旋转式喷头主要由旋转密封机构、流道和驱动机构组成。按驱动喷体方式又分为反作用式、摇臂式和叶轮式。旋转式微喷头水流从喷水嘴喷出后，集中成一束向上喷射到一个可以旋转的单向折射臂上，折射臂的流道形状不仅可以使水流按一定喷射仰角喷出，而且还可以使喷射出的水随着折射臂做快速旋转。旋转式喷头喷洒半径大，喷灌强度低，喷洒图形为圆形或扇形。由于有运动部件，加工精度要求高，旋转部件容易磨损，使用寿命较短。

2）喷头参数

喷头质量主要由喷灌强度、喷灌均匀度和雾化程度衡量。

①喷灌强度是指单位时间内喷洒到灌溉土地上的水深（mm/h），要求不大于土壤渗吸速度，避免地表积水和产生径流。

②喷灌均匀度是指喷灌面积上水量分布的均匀性，一般要求在 0.8 以上。

③雾化程度是用喷洒水滴直径的大小衡量。折射式雾化喷头工作压力低，水滴平均直径为 150 μm。离心式雾化喷头工作压力高、水滴雾化好，水滴平均直径为 70 μm，且雾化均匀度高。

二、设施施肥设备

（一）液肥装置

按照液肥浓度的稳定性可将液肥设备分为两类。第一类，在施肥过程中，液肥浓度逐渐变小，施肥比例不能控制，但价格低，操作简单，可大规模推广，包括自压施肥装置、压差施肥罐；第二类，按比例施肥，能够较精确控制施肥比例，但价格较高，包括文丘里施肥器、注肥泵、比例施肥器和全自动灌溉施肥机等。

1.重力自压式施肥装置

在自压灌溉系统中,把储液箱(池)置于自压水源正常位置水位下部适当位置,将其供水管(及阀门)与水源连接,将输液管及阀门与主管道连接,打开储液箱供水阀,水进入储液箱将肥料溶解。关闭供水管阀门,打开储液箱输液阀,储液箱中的肥液就自动地随水流输送到管道和灌水器中,对作物施肥灌溉(图4-7)。

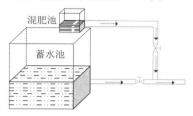

图4-7 重力自压式水肥一体化装置

2.压差式施肥罐

压差施肥罐(图4-8)一般由储液罐、进水管、供肥液管、调压阀等组成。其工作原理是储液罐与灌溉主管道并联连接,适度关闭节制阀使储液罐进水点与排液点之间形成压差(1~2 m),使节制阀前的一部分水流通过进水管进入储液罐,进水管道直达罐底,掺混肥液,再由排肥液管注入节制阀后的主管道。罐中肥料施完,再添肥料。

压差式施肥罐施肥过程中肥液浓度不均匀,易受水压变化的影响;罐体容积有限,添加化肥次数频繁且麻烦;移动性差,无法实现自动化作业。

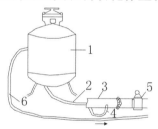

图4-8 压差式施肥罐示意图

1.储液罐;2.进水管;3.输水管;4.阀门;5.调压阀;6.供肥管

3.文丘里施肥器

文丘里施肥器(图4-9)是文丘里管与施肥罐相连,并把肥料注入灌溉系统的干管中(图4-10)。文丘里管工作原理(图4-11)是液体流经缩小过流断面的喉部时流速加大,动态压力增加,静态压力减小,喉部产生负压,吸取开敞式容器中的肥液。文丘里施肥器质量轻,方便移动和自动化控制,施肥过程无需外部动力、可维持均匀一致的肥液浓度,出流量小,主要适用于温室大棚。水头压力损失较大,吸肥量易受压力波动的影响,为补偿水头损失,使系统获得稳定压力,通常还需要配备加压泵(图4-12)。

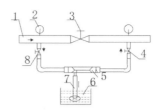

图4-10 文丘里施肥器装置示意图

1.主管;2.压力表;3.调节阀;4支管阀;

5.施肥器;6液肥;7吸肥管;8支管阀

图4-9 文丘里施肥器

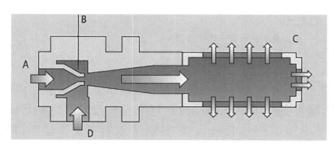

图4-11 文丘里管工作原理

图4-12 带有加压泵的文丘里施肥器

4.泵吸肥器

泵吸肥器是利用离心泵吸水管内形成的负压将肥料溶液吸入系统(图4-13),适合于较大面积的施肥。施肥时通过调节肥液管上阀门控制施肥速度。泵吸肥器结构简单、操作方便、易于掌控。

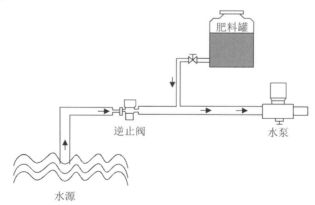

图4-13 泵吸肥法示意图

5.定比施肥器

定比施肥器(图4-14)是一种目前应用最为广泛的活塞比例施肥器,又称活塞施肥器。定比施肥器分为两个部分:上端的驱动活塞和下端的吸肥活塞。依靠水压带动活塞运动,将高浓度的溶液(药剂、肥液等)按照设定的比例吸入管道中。施肥过程无需外部动力即可维持均匀一致的肥液浓度,设备质量轻,便于移动和自动化控制。但水头压力损失较大,由于装置结构限制,单个原件的流量有限,内部的活塞长期使用后会老化,需要定期更换。

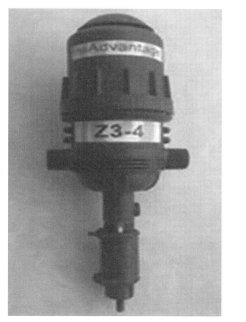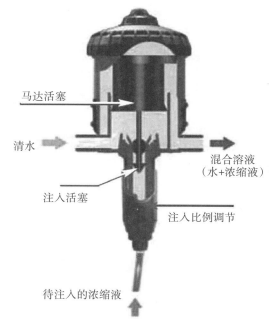

马达活塞

清水

混合溶液
(水+浓缩液)

注入活塞

注入比例调节

待注入的浓缩液

图4-14 定比施肥器

6.自动化精准水肥一体化设备

精准水肥一体化技术是指在水肥一体化的基础上结合智能的土壤、作物生长动态及作物生长区域气象要素的实时状况检测和精准预测,同时根据不同作物的需水肥特点、需水肥规律、土壤环境和水分养分含量状况进行不同生育期的需求设计,通过可控管道系统使水肥相溶后,完成灌溉,达到均匀、定时、定量灌溉效果,从而达到节水节肥效果的肥水管理技术。自动化精准水肥一体化技术主要配合滴灌或微喷灌等节水灌溉方式来实现。

自动化精准水肥一体化设备主要应用于大规模连栋温室或集群单栋温室生产。这类设备采用EC(电导率)/pH(酸碱度)法、离子选择性电极法或介电特性法,通过传感器实时监测灌溉水中肥料浓度,形成闭环控制,结合PID、模糊算法实时控制单位时间混入灌溉水中的肥料量,以精确调整肥水中的肥料浓度,实现灌溉在时间上的均匀性和可控性。自动化精准水肥设备(图4-15)由电机水泵、施肥装置、混合装置、过滤装置、EC/pH检测监控反馈装置、压差恒定装置、自动控制系统组成。

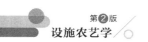
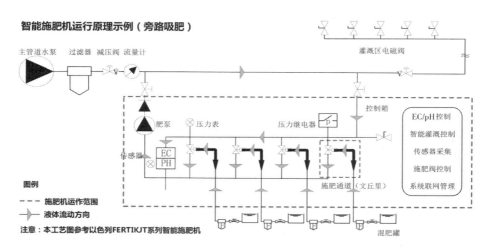

图4-15 智能施肥机运行原理(旁路吸肥)

(二)CO₂气肥装置

目前施用CO₂气肥的方法很多,其中采用化学反应法和燃烧法施用二氧化碳需要必要的设备。

1. 化学反应法增施二氧化碳设备

(1)工作原理

采用含有碳酸根负离子的盐和酸为原料,经化学反应产生所需CO₂,其化学反应式为:

$$2NH_4HCO_3+H_2SO_4=(NH_4)_2SO_4+2CO_2\uparrow+2H_2O$$

$$(NH_4)_2CO_3+H_2SO_4=(NH_4)_2SO_4+CO_2\uparrow+H_2O$$

$$CaCO_3+2NH_4HCO_3+2H_2SO_4=CaSO_4+(NH_4)_2SO_4+3CO_2\uparrow+3H_2O$$

以上化学反应的副产物中含有$(NH_4)_2SO_4$,废液可作为优质肥料。

(2)CO₂气肥发生器

CO₂气肥发生器主要由贮酸罐、反应罐及导气管三部分组成(图4-16)。此法优点是产气原料来源丰富,价格低,且反应后产生的硫酸铵溶液可以通过施肥罐稀释后作液态追肥,并可以通过控制碳酸氢铵量来控制施用浓度。缺点是硫酸有腐蚀性,反应快不好控制,大量使用受限制,适于在小面积的日光温室应用。

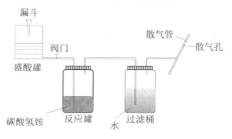

图4-16 化学反应生成法增施二氧化碳示意图

2.燃烧法增施二氧化碳设备

燃烧法增施二氧化碳是通过燃烧碳氢化合物产生CO_2来满足设施内作物对CO_2需求的方法。由于所用燃料不同,其产生CO_2的原理有所不同。常见的方法有液体燃料燃烧法、固体燃料燃烧法和气体燃烧法3种。

液体燃料燃烧法是利用燃油炉燃烧液态石化产品来产生CO_2的方法。固体燃料燃烧法则是利用燃煤炉燃烧含碳量较高的物质,如木材、煤、焦炭等来产生CO_2的方法。气体燃烧法是利用燃气炉燃烧液化石油气、天然气、沼气等燃料来产生CO_2的方法。

燃烧法增施CO_2设备是一种称为"气肥机"的装置,由燃烧炉、气体过滤装置和气体输送设备组成,燃烧后产生的SO_2、CO_2、NO_2、H_2S以及烟雾可以被很好地除去。

▸▸▸▸ 第三节 ···

供暖降温设备

一、供暖设备

我国大部分地区冬季比较寒冷,要保证作物正常生长发育,设施生产需要配置必要的采暖加温设备。设施采暖系统配置应该满足以下要求:一是要提供足够的热量来满足室内作物正常生长和发育所需要的温度,并保持设施内温度分布的均匀性;二是要求散热设备占用空间小,运行安全可靠,一次性投资小,运行经济合理。设施生产采暖方法较多,最常见的有热水采暖和热风采暖。

(一)热水采暖设备

热水采暖系统由锅炉、热水输送管道、循环水泵、散热器以及各种控制和调节阀门等组成。热水采暖系统的工作过程:用锅炉将水加热,热水通过供热管道供给在设施内均匀安装的与设施采暖热负荷相适应的散热器,热水通过散热器来加热设施内的空气,提高设施内的温度,冷却了的热水回到锅炉再加热后循环利用。

热水采暖系统的散热器一般为钢制圆翼形散热器。该散热器选用无缝大口径碳钢管,运用高频焊接技术,将钢制肋片焊接在钢管圆周上,形成散热器核心换热元件,使用钢制镀锌法来进行连接。根据所需散热量大小,可以按节数组装。

(二)热风采暖设备

热风采暖是通过热交换器将加热的空气直接送入设施内来提高室温的加热方式。

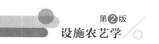
热风加热系统由热源、空气换热器、风机和送风管道组成。

热源可以是燃油、燃气、燃煤装置或电热器,也可以是热水或蒸汽。热源不同,安装形式不一样。蒸汽、电热或热水式加温系统的空气换热器安装在设施内与风机配合直接提供热风。燃油、燃气式的加热装置安装在设施内,燃烧后的烟气排放到室外大气中,如果烟气中不含有害成分,可直接排放到设施内。燃煤热风炉一般体积较大,使用中也比较脏,一般都安装在设施外面。为了使热风在设施内均匀分布,可设置通风管,沿设施长度布置,再由通风机将热空气送入通风管。

燃油热风炉主要由燃烧器、换热器、轴流风机和电控柜组成。燃油经燃烧器雾化,在炉膛内与燃烧器助燃风机鼓入的新空气充分混合、燃烧,由于高温烟气密度小,其在炉膛内自然升腾,实现回流,而后进入换热片中。换热片采用薄板焊接结构,热传导速度快,换热面积大,提高了换热效率。由于轴流风机送入的新鲜空气与高温烟气在换热腔内实现热交换,把热量送入温室,使室内温度增高并保持了室内空气的清新度。控制部分根据预设温度,自动控制风机和燃烧器的开闭,保持室内温度稳定。

二、降温设备

由于夏季强烈的太阳辐射和温室效应,设施室内的气温可高达40 ℃甚至50 ℃以上,导致设施生产不能周年进行,只靠通风换气难以达到要求,应采取必要的手段来降温。设施降温方法很多,其中湿帘风机降温、喷雾降温是最常用、最有效的降温方法。

(一)湿帘风机降温设备

湿帘风机降温系统由湿帘箱、循环水系统、轴流风机、控制系统四部分组成,湿帘箱由箱体、湿帘、供水管道组成(图4-17)。设施内的排风机将受热的空气排出室外,带走辐射热,使室内处于一定的负压状态,室外的空气便可透过湿帘表面进入室内。过帘空气中的湿热由于湿帘水分的蒸发而被吸收,从而使自身的干球温度得以降低。蒸发了的水分由供水装置不断地进行补充。多余的水汇集起来后经过过滤,流回贮水箱循环使用。

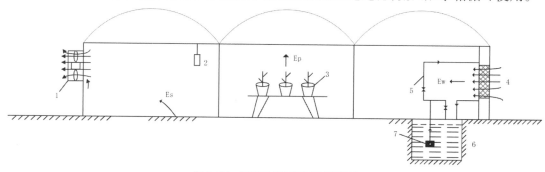

图4-17 湿帘风机降温系统示意图

1.风机;2.自控装置;3.作物;4.湿帘;5.供水管道;6.水池;7.潜水泵。

Es:地面蒸发;Ep:作物蒸腾;Ew:水帘蒸发

湿帘风机降温系统的合理设计直接关系到降温效果、使用寿命、运行经济与维护管理等。湿帘降温装置的效率取决于湿帘的性能,湿帘必须有大的表面积与流过的空气接触,以便空气和水有充分的接触时间,使空气达到近似饱和。湿帘的材料要求有较强的吸水力、多孔、通风透气性好和使用寿命长,材料的吸水性能使水分布均匀,透气性使空气流动阻力小,而材料的多孔性则提供更多的比表面积。

湿帘一般采用特种高分子材料与木浆纤维分子双重空间交联,并用高耐水、高耐候性材料胶结而成。它的降温效率高、使用寿命长、阻力损失小。

湿帘风机降温系统一般是将风机集中布置在一端的山墙或侧墙上,湿帘则通常布置在与排风机相对的山墙或侧墙上,为保证室内气流速度要求,风机与湿帘间距最好在30~50 m之间。布置时要注意湿帘应位于温室的上风向,风机应位于温室的下风向。

(二)喷雾降温设备

温室喷雾降温系统的降温速度快,蒸发效率高,温度分布均匀。喷雾降温系统主要由水过滤装置、高压水泵、高压管道、雾化喷头组成(图4-18)。

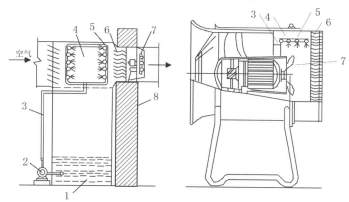

图4-18 喷雾降温系统设备

1.水池;2.水泵;3.输水管;4.喷雾室;5.喷头;6.挡水板;7.风机;8.墙体

喷雾降温系统一般是间歇式工作。由于降温系统喷出的雾粒直径非常小,只有50~90 μm,所以可在空气中直接汽化,雾滴不落到地面。雾粒汽化时吸收热量,降低室内温度,系统工作时一般喷雾10~30 s,然后停止工作3 min,以便雾粒汽化。喷雾降温时须配套强制通风设备,以便及时排出高湿气体,使雾粒持续汽化。喷雾降温系统的缺点是喷嘴易堵,雾化不好可能造成作物叶片打湿,容易发生病害;另外,整个系统较复杂,运行费用较高。

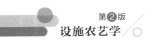

其他设备

一、卷帘设备

为调控棚室内的光照、温度、湿度、气体等环境因子,棚室的覆盖物(尤其半透明和不透明覆盖物)要适时地卷铺。如果依靠人力,一个长60 m的温室,一个壮劳力需要50~60 min才能完成保温覆盖物拉或卷,遇上雨雪天或大风天气则更费时费力,造成损失。采用电动(机械)卷帘机可在3~6 min完成1卷(铺)作业,不但大大减轻了劳动强度,还比人工提高功效10~20倍。根据基本工作原理,固定式卷帘机可分为三大类:绳拉式卷帘机、电动卷帘机和手动式卷膜机。

(一)绳拉式卷帘机

绳拉式卷帘机是第一代卷帘机,模拟人工卷帘的操作,将保温被连接成一体实现整体卷铺。绳拉式卷帘机将电机固定安装在温室的后墙或后墙一侧的地面上,用绳子、滑轮、卷绳轴、联轴器、减速机把保温被和电机连接在一起。电机转动带动卷绳轴转动把绳子缠绕在轴上,通过绳子拉紧使保温被卷起来,电机反转绳子放松则保温被放下来。此种卷帘机可用功率大的电机卷较重的保温被、草帘、蒲帘,长度可达100 m。但此类卷帘机的安装、施工比较复杂,风大时容易乱绳,对覆盖材料磨损较大,一般用于卷草帘和蒲帘。

(二)电动卷帘机

电动卷帘机有三种卷铺方式:牵引式、双跨悬臂式、侧置摆杆式(图4-19)。

1.牵引式卷帘机

牵引式卷帘机既能卷放草帘,又能卷放保温被,它是由卷帘机组、牵引轴、轴承座、轴承支架、牵引绳、卷帘杆等组成。卷帘机组安装在温室顶部中央,减速机输出轴的链轮、链条带动牵引轴转动,牵引轴沿温室纵长方向经轴承座、架固定在温室顶部。其优点:①减速机价格便宜;②使用灵活,卷帘可靠;③由于是多点拉绳卷帘带动卷帘轴,所以沿温室两边上升同步性能较好,适合于较长温室使用。不足之处:①安装复杂;②由于放帘时靠重力下放,造成放帘不可靠,尤其是遇到下雨、雪天就更加困难;③使用该机时就要考虑卷帘机、三角架及变速箱的固定,后坡建造要用水泥固定,并且后墙要坚固。

2.双跨悬臂式卷帘机

双跨悬臂式卷帘机是一种自驱动型卷帘机,适用于卷铺草帘等厚重覆盖材料。根据主机安置位置可分两种方式:一种双跨悬臂式卷帘机将主机置于温室后坡中央,一种主机安置在温室前方中央距温室1.3 m处的固定支架上。减速机的输出轴为双头,通过法兰盘分别与两边的卷帘轴连接,工作时电机转动通过减速器减速,带动卷帘轴转动,保温帘下端延轴外径缓慢卷起,贴棚面将帘卷至顶部。保温帘分为左右两部分,温室中央安装卷帘机的部位单放1块保温帘。该机优点是:卷帘、放帘安全可靠,操作方便,易安装。不足之处:①减速机价格太贵;②日光温室前坡沿温室长度方向,要求不平度要小,同步性较差,所以该机适合于60 m左右长的日光温室。

双悬臂式卷帘机

侧置摆杆式卷帘机

牵引式卷帘机

手动卷帘机

图4-19 卷帘机

3.侧置摆杆式卷帘机

侧置摆杆式卷帘机适用于卷铺以保温被为主的轻质覆盖材料。该机由卷帘机组、卷帘杆、伸缩支杆和铰接支座构成。卷帘机组固定在伸缩支杆上端的机座上,伸缩支杆下端安装在温室侧墙边的铰接支座上。减速机的输出通过法兰盘与横贯温室全长的卷帘轴相连,卷帘机组被吊挂在侧墙外面。

(三)手动卷膜机

手动卷膜机主要用于卷动温室大棚表面的塑料薄膜。日本产"通气多"系列产品制作精细、防尘防雨、质量可靠。使用卷膜机开启薄膜通风时,压膜线过紧易损伤薄膜,且操作费力。因此,为了减少薄膜的损伤,且操作轻松,每次卷放薄膜前要先放松压膜线。该装置由棘轮、棘爪、联轴器和轴组成,结构简单,操作方便。

二、补光照明设备

由于受覆盖材料透光率的影响,设施内的光照条件要比露地差,特别是冬春季节,日照时间短,设施内光照强度弱,大约为2000 lx,光照不足,导致作物的光合作用受到抑制,从而严重影响作物的产量品质。人工补光,可以弥补设施栽培中的光照不足问题。另外,人工补光还可调节光周期,抑制或促进花芽分化,调节开花期。目前,用于温室人工补光的光源根据其使用情况和性能,大致可分为普通光源、新型光源和专用光源三类。主要有白炽灯、荧光灯、高压气体放电灯、植物效应灯和LED灯等(图4-20)。

1.普通光源

常用的普通光源有白炽灯和荧光灯。白炽灯依靠高温钨丝发射连续光谱。其辐射光谱大部分是红外线,红外辐射的能量可达总能量的80%~90%,而红、橙光部分约占总辐射的10%~20%,蓝、紫光部分所占比例很少,几乎不含紫外线。生理辐射量仅占全部辐射光能的10%左右。白炽灯所辐射的红外线转化为热能,会使温室内的温度和植物的体温升高。白炽灯价格低,主要用于光周期补光。白炽灯安装高度一般距离植株40 cm(不低于30 cm)。

荧光灯的灯管内壁覆盖了一层荧光物质,由紫外线激发荧光物质而发光。根据荧光物质的不同,有蓝光荧光灯、绿光荧光灯、红光荧光灯、白光荧光灯、日光荧光灯以及卤素粉荧光灯和稀土元素粉荧光灯等。可根据栽培植物所需的光质选择相应的荧光灯。荧光灯的光谱成分中无红外线,红、橙光占44%~45%,绿、黄光占39%,蓝、紫光占16%。生理辐射量所占比例较大,能被植物吸收的光能占辐射光能的75%~80%,单灯功率小,适于组培补光。荧光灯的安装高度应距离植株5~10 cm,一般配置在植株行间。

2.新型光源

目前用于人工补光的新型光源有钠灯、镝灯、氖灯、氙灯、微波灯和发光二极管等。其中,高压钠灯和日色镝灯是发光效率和有效光合成效率较高的光源,目前在温室人工补光中应用较多。

(1)高压钠灯

高压钠灯的红、橙光占39%~40%,绿、黄光占51%~52%,蓝、紫光占9%。因含有较多的红、橙光,补光效率较高,适宜于温室叶菜类作物的补光。高压钠灯的安装高度与植株的垂直距离保持1 m较合适。

(2)日色镝灯

日色镝灯又称生物效应灯,是新型的金属卤化物放电灯。其光谱能量分布为:红、橙光22%~23%,绿、黄光38%~39%,蓝、紫光38%~39%。虽然日色镝灯的蓝、紫光比红、橙光强,但光谱能量分布近似日光,具有光效高、显色性好、寿命长等特点,是较理想的人工补光光源。植物效应灯的安装高度应与植株的垂直距离保持1.2 m,为使光强分布均匀,补光灯应布置在作物的正上方。

(3)氖灯和氙灯

这两种灯均属于气体放电灯。氖灯的辐射主要是红、橙光,其光谱能量分布主要集中在600~700 nm的波长范围内。氙灯主要辐射红、橙光和紫光,各占总辐射的50%左右,叶片内色素可吸收的辐射能占总辐射能的90%,其中80%为叶绿素所吸收,这对于植物生理过程的正常进行极为有利。

（4）微波灯

微波灯是用波长 10 mm~1 m 的微波（微波炉所用）照射封入真空管的物质，促使其发光，可以获得很高的照度。用现有的生物灯，即使多盏灯并用，在其下 2 m 位置平面的光合有效光量子密度（PPFD）最大也不过 500 $\mu mol \cdot m^{-2} \cdot s^{-1}$，而微波等即使开启一盏灯，2 m 下方的平面可以有 1200 $\mu mol \cdot m^{-2} \cdot s^{-1}$ 的 PPFD，这个强度相当于上海夏天早晨 10 点的光强值。微波灯的特征除了强度大外，其光谱能量分布与太阳辐射相近，但光合有效辐射比例高达 85%，比太阳辐射还高，而且辐射强度可以连续控制，寿命也长，是今后最具推广价值的新光源。

（5）发光二极管（light emitting diode，LED）

发光二极管是近年来出现的新型光源。LED 的特征是输出光谱较窄，接近单色光。LED 可选择红外、红、橙、黄、绿、蓝等发光光谱，可根据作物需要进行组合，对作物均衡照射。LED 本身发热少，光谱中不含光合成不需要的红外光，近距离照射植物也不会改变植物温度。单个 LED 发射的光强低，将数个 LED 灯安装在板上，近距离照射，效果好。LED 抗机械冲击力强，寿命长，节能。

3. 专用光源

这类光源是专为植物光照而开发的。其生理辐射能的分布和配比较合理，红、橙光的有效生理辐射能占 58%，蓝、紫光的有效生理辐射能占 32%，有效生理辐射能比率高达 90%。由于其光谱能量分布曲线和植物叶绿素光合作用的光谱特性曲线很相似，所以该灯的光能利用率和光合效应均较高。

人工补光光源很多（图 4-20），要根据实际需要来选择。选择人工补光光源时，首先必须满足光谱能量分布和光照强度的要求。光谱能量分布应符合植物的需用光谱；而光照强度方面，当要求的光照强度很大时，要求其体积小、功率大，以减少灯遮挡自然光面积。此外，还应选择有较高的发光效率，较长的使用寿命和比较合理的价格的人工补光光源。

荧光灯

植物效应灯

白炽灯

LED 灯

高压气体放电灯

图 4-20　人工补光光源

三、配电设备

设施内配电设计应保证电源质量、做到供电可靠、运行安全、操作简单、维修方便,同时应尽量降低成本。

设施配电系统包括配电室和各个配电箱、低压配电线路、用电设备三个部分。从电器上讲,由开关电器、保险电器、计量电器及用电电器等组成。其中,用电设备主要有照明灯具、灌溉设备、采暖设备、遮阳设备、开窗设备、通风设备、保温设备及降温设备等。计量电装置包括总熔断丝盒、总线、电流互感器及其二次回路以及电度表、电流表、电压表等。配电箱内设总断路器和照明、插座、驱动电机等支路断路器,插座回路应装设漏电断路器。

复习思考题

一简答题

1.简述移动式育苗架的结构组成与特点。

2.简述吸嘴式、板式、齿盘转动式播种机的特点。

3.简述磁性播种机的工作原理。

4.简述滴头类型及各类型的特点。

5.简述湿帘风机降温系统和温室喷雾降温系统的特点。

6.简述三种电动卷帘机的特点。

二、论述题

1.谈谈液肥施肥设备的种类、各种施肥设备的组成及工作原理。

2.谈谈温室人工补光光源的种类及特点。

主要参考文献

[1] 陈国元.园艺设施[M].苏州:苏州大学出版社,2009.

[2] 陈贵林.蔬菜温室建造与管理手册[M].北京:中国农业出版社,2000.

[3] 王双喜.设施农业装备[M].北京:中国农业大学出版社,2010.

[4] 张志轩.园艺设施[M].重庆:重庆大学出版社,2014.

第五章
设施环境及其调控

学习目标：了解作物对光、温、水、气和土壤的要求及设施环境综合调控的原理和方式方法，掌握设施内光照、温度、湿度、气体和土壤环境特点、设施环境对作物的影响以及设施环境调控技术。

重点难点：设施光照、温度、湿度、气体、土壤环境的特征及调控技术，影响设施光环境的因素，温室的热平衡原理。

▶▶▶▶ 第一节

设施光环境及其调控

光是温室作物进行光合作用，形成温室内温度、湿度环境条件的能源。光环境对设施栽培作物的生长发育会产生光效应、热效应和形态效应，直接影响其光合作用、光周期反应和器官形态建成，在设施农艺生产中，光对喜光、喜温作物的优质高产栽培具有决定性的影响。

一、设施内的太阳辐射

除少数地区和温室进行补光育苗或栽培时利用人工光源外，设施内的光照主要依靠太阳光能。太阳辐射的波长划分如图（5-1），其中可见光线（0.38~0.76 μm）、红外线（>0.76 μm）和紫外线（<0.38 μm），分别占50%、43%和7%，即集中于短波波段，故将太阳辐射称为短波辐射。

太阳光总辐射

不可见光 （红外区域）				可见光		不可见光 （紫外区域）		
无线电波	微波	远红外线	中红外线	远红外线	红 橙 黄 绿 青 蓝 紫 0.76 0.626 0.595 0.575 0.48 0.43 0.38	线外紫	X射线	Y射线
波长＞ 1毫米	波长： 1毫米～ 0.56微米		波长： 5.6～0.76微米		波长：0.76～0.38微米	波长:0.38～ 0.2微米	波长＜ 0.2微米	

图5-1　太阳光总辐射

国际单位制（SI）常用辐射通量密度（radiant flux density，RFD）表示太阳光辐射总量，即单位时间内通过单位面积的辐射能量，其中能被植物叶绿素吸收并参与光化学反应的太阳辐射称为光合有效辐射（photosynthetically active radiation，PAR）。RFD 和 PAR 的单位均为 $W \cdot m^{-2}$ 或 $J \cdot cm^{-2} \cdot min^{-1}$，或 $kJ \cdot cm^{-2} \cdot min^{-1}$（$1\ W \cdot m^{-2}=3.60\ kJ \cdot cm^{-2} \cdot min^{-1}=0.86\ kcal \cdot cm^{-2} \cdot min^{-1}$），PAR 也可用 $\mu mol \cdot m^{-2} \cdot s^{-1}$ 表示，太阳辐射下 $1\ W \cdot m^{-2} \approx 4.56\ \mu mol \cdot m^{-2} \cdot s^{-1}$，PAR（$W \cdot m^{-2}$）$\approx 0.45\ RFD$（$W \cdot m^{-2}$）。当涉及与植物生理中光合作用有关的光能物理量时，则采用光通量密度（photon flux density，PFD，又称光量子通量密度），即单位时间内通过单位面积入射的光量子，以摩尔数表示；或以光合有效波长范围内的光量子通量密度，即光合有效光量子通量密度（PPFD）来表示，它们的单位均为 $\mu mol \cdot m^{-2} \cdot s^{-1}$。lx 与 $W \cdot m^{-2}$ 的换算系数为 $1\ W \cdot m^{-2} \approx 250\ lx$。

二、设施光环境特征

温室光环境包括光照强度、光质、光照时数和光分布四个方面，它们分别对温室作物生长发育有不同的影响。

1.光照强度

设施内的光照强度受覆盖材料的种类、老化程度、洁净度的影响。由于覆盖材料对自然光的吸收、反射、覆盖材料内表面结露的水珠折射、吸收等而降低设施内总辐射量，尤其在寒冷的冬、春季节或阴雪天，设施内光照强度只有室外的50%~70%，如果透明覆盖材料染尘而不清洁，使用时间长而老化，透光率甚至会降到自然光强的50%以下。

不同天气条件下设施内光照强度的日变化与外界基本同步，从早晨开始逐渐上升，中午12:00~13:00达到最大值，然后逐渐下降；另外，从上午10:00左右开始，随着外界光照强度增加，连栋温室内的光照分布曲线开始明显分化；晴天连栋温室内光照强度明显比多云天气条件下高而且晴天的曲线分化比阴天明显（图5-2,5-3）。

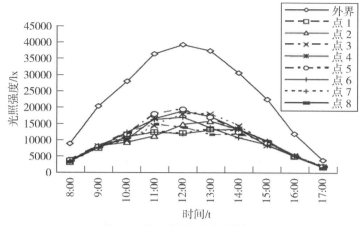

图5-2 晴天连栋温室光照分布图

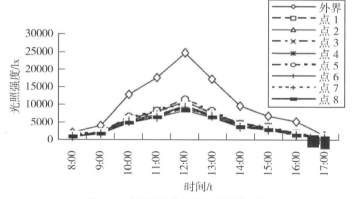

图5-3 多云天气连栋温室光照分布图

2.光照时数

温室内的光照时数受到温室类型的影响。塑料大棚和大型连栋温室因全面透光、无外覆盖,温室内的光照时数与露地基本相同。日光温室等单屋面温室内的光照时数一般比露地要短。在寒冷季节为了防寒保温,覆盖的蒲席、草苫揭盖时间直接影响温室内光照时数。在寒冷的冬季或早春,一般在日出后才揭苫,而在日落前或刚刚日落就需盖上,1 d内作物受光照时间不过7~8 h,在高纬度地区冬季甚至不足6 h。

3.光质

棚室内光谱组成(光质)与自然光不同,这是由于透光覆盖材料对不同波长的光辐射透过率不同,大多数覆盖材料不能透过波长310 nm以下的紫外光。当太阳短波辐射进入设施内并被作物和土壤等吸收后,又以长波的形式向外辐射时,大多被覆盖的玻璃或薄膜所阻隔,很少透过覆盖物,从而使整个设施内的红外光长波辐射增多,使设施增温。此外,覆盖材料还会影响红光和远红光的比例。

4.光分布

温室内光照分布在时间和空间上极不均匀。高纬度地区冬季设施内光照强度弱、光照时间短;设施墙体、骨架以及覆盖材料也会导致光分布不均匀;温室内等光线与透光面

平行,栽培床的前排光照条件好,中排次之,后排最低;靠近温室顶部光照条件优于底部。

三、影响设施光环境的主要因素

影响设施内光环境的主要因素有温室的透光率、覆盖材料的光学特性、温室结构和室内作物的群体结构等。

(一)温室的透光率

指温室内地平面的光照强度与室外水平面光照强度之比,以百分率表示。太阳光由直射光和散射光两部分组成,温室内的直射光透光率(T_d)与散射光的透光率(T_s)不同,若温室内全天的太阳辐射量或全天光照为G,室外直射光量和散射光量分别为R_d、R_s的话,则$G = R_d \times T_d + R_s \times T_s$。一般$T_s$是温室固定系数,由温室结构与覆盖材料所决定,与太阳位置及设施方向无关。

1.散射光的透光率(T_s)

太阳光通过大气层时,因气体分子、尘埃、水滴等发生散射并吸收后到达地表的光线称为散射光。散射光与直射光一起称为全天光照,阴雨天时,全天光照量相当于散射光量。散射光是太阳辐射的重要组成部分,在温室设计和管理上要考虑充分利用散射光的问题,若Tso为洁净透明的覆盖材料水平放置时测得的散射光的透光率,Tso_1为设施构架材料等的遮光损失率(一般大型温室在5%以内,小型温室在10%以内),Tso_2为覆盖材料因老化的遮光损失率,Tso_3为水滴和尘染的透光损失率(一般水滴透光损失可达20%~30%,尘染可达15%~20%),则对某种类型的温室设施的散射光透光率$Ts = Ts_0(1 - Tso_1)(1 - Tso_2)(1 - Tso_3)$。

2.直射光的透光率(T_d)

直射光的透光率依纬度、季节、时间、温室建造方位、单栋或连栋、屋面角和覆盖材料的种类等而异。

(1)构架率

温室由透明覆盖材料和不透明的构架材料组成。温室全表面积内,直射光照射到结构骨架(或框架)材料的面积与全表面积之比,称构架率。构架率越大,说明构架的遮光面积越大,直射光透光率越小,简易大棚的构架率约为4%,普通钢架玻璃温室约为20%,芬洛(Venlo)型玻璃温室约为12%。

(2)屋面直射光入射角的影响

影响太阳直射光透光率的主要因素是直射光入射角。太阳直射光入射角是指直射光照射到水平透明覆盖物与法线所形成的夹角。入射角愈小,透光率愈大,入射角为0°时,光线垂直照射到透明覆盖物上,此时反射率为0。图5-4表示入射角的大小与透光率与反射率的关系。透光率随入射角的增大而减小。若入射角超过60°的话,反射率迅速增加,透光率急剧下降。而且透光率与入射角的关系还因覆盖材料种类的不同而异,例如硬质覆盖材料中的波形板透光率高于平面板材。

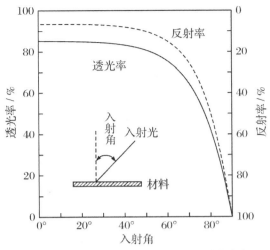

图5-4 玻璃的太阳入射角与透光率和反射率的关系

(二)覆盖材料的光学特性

覆盖材料对温室光照有着决定性的影响。除透光率外,覆盖材料还影响温室内的光谱组成。由于各种覆盖材料的光谱特性不同,对各个波段光的吸收、反射和透射能力各异,所以在某些情况下,虽然两种覆盖材料的平均透光率相同,但由于对各波长透光率不同,致使射入温室的光谱能量分布有很大差异。

覆盖材料对太阳辐射的透光率除了自身的物理特性外,还受其表面附着的尘埃、水汽和自身老化程度的影响。覆盖材料的内外表面很容易吸附空气中的尘埃颗粒,使透光率大为减弱,光质也发生改变。如普通PVC膜使用半年后,透光率有时会降低到70%左右,其中因附着水滴而使透光率降低20%左右,因灰尘等污染使透光率降低15%~20%,因本身老化透光率降低20%~40%。

温室内的水汽冷凝到覆盖材料内侧,形成水珠,对太阳直射光产生折射,使直射光的透过率大大降低,光质也会改变。防雾膜、无滴膜就是在膜的表面涂抹亲水材料,使冷凝的水汽不能形成珠状,以减少其影响(图5-5)。

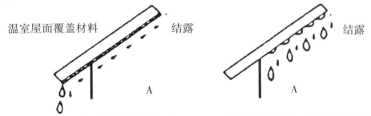

A:防雾、流滴性膜,露水成膜状顺膜流下 　 B:PVC等塑料膜,露水成滴,滴入室内

图5-5 温室覆盖材料的结露状态

(三)温室结构方位的影响

温室内直射光透光率与温室结构、建筑方位、连栋数、覆盖材料、纬度、季节等有密切关系。一般而言,单栋温室的透光率均高于连栋温室。在我国中高纬度地区,冬季以东

西单栋温室的透光率最高,其次是东西连栋温室;夏季,南北向优于东西向。因此,从光透过率的角度看,东西向优于南北向,但从室内光分布状况来看,南北向较东西向均匀(图5-6)。

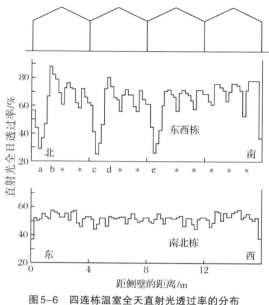

图5-6 四连栋温室全天直射光透过率的分布

注:*部分是构造温室架材的阴影;a、c、e部分是北侧屋面下的弱光带;b、d部分是反射所形成的强光带。

就屋面角与透光率的关系而言,一般东西向单栋温室透光率随屋面角的增大而增大。而南北栋温室的透光率与屋面角的大小关系不大。

此外,邻栋温室间距以及室内作物的群体结构和畦向等都会影响温室内床面的透光率。通常塑料温室拱圆形较屋脊形透光要好。南北向温室长10 m的比50 m的透光率高约5%,而东西栋的透光率与温室长度几乎没有关系。对南北向温室来说,连栋数目与透光率关系不大,而东西向连栋温室连栋数越多,其透光率越低。作物群体结构对透光率的影响依作物种类品种而异,且与畦向有关,通常南北畦向受光均匀,日平均透射总量大于东西向。

四、设施内光环境调控

(一)光照强度的调控

1.增加光照

(1)选择适宜的建筑场地

温室场地要求地势高燥、背风向阳、南面开阔、无遮阴的规整地块。近海、山口、多台风、多雹地区不宜建温室。场区外围水、电、路三通。

(2)合理的温室方位和布局

温室方位决定温室光照环境的优劣。温室朝向的选择应以室内获得尽可能多的日照时间、日照面积和太阳辐射热量为原则。日光温室东西走向坐北朝南偏东或偏西5°~10°，以充分利用上午或下午的阳光。同时温室之间的距离应根据合理采光时段理论进行计算预留。温室方位的确定还应考虑当地冬季主导风向，避免强风吹袭前屋面。

如果是下挖式温室，室内产生的阴影对温室南部作物的影响很大，因此必须综合考虑下挖式日光温室的保温与采光的关系，不能盲目下挖过深。以寿光为例，下挖1.0 m日光温室在室内距前底角0.5 m处遮阴高度0.69 m，距前地角0.8 m处遮阴高度0.51 m，因此如果将0.8 m宽的过道设置在温室南部，室内作物生长发育基本不受遮阴的影响。

（3）采光屋面角的合理设计

采光屋面角决定着太阳直射光透过采光屋面透明覆盖材料的透过率，是节能日光温室设计和建造中的关键。太阳光线入射角i越小，透光率越大，所以确定节能日光温室合理采光时段屋面角以保证日光能有合理的入射角i是采光设计的关键之一。

（4）选择合理的材料

在能够满足温室结构荷载的条件下，宜选择尺寸小和反光性能良好的骨架材料，减少其在温室内形成阴影。透明覆盖材料宜选择高透光率的长寿无滴防尘膜，以保证更多的光照进入温室。

（5）科学管理

经常清洗温室透光面上的尘土，使内表面尽量不结露以降低光的折射。在保温前提下，尽可能早揭晚盖保温覆盖物，增加光照时间。阴雨雪天也应尽量打开保温覆盖物增加散射光透光率。作物布局以南北向为宜，大行距小株距，合理密植，并对高秆作物及时整枝打杈，吊蔓立体栽培以免相互遮阴。也可在日光温室北墙张挂反光幕，地面铺设地膜或反光膜以增强温室北部或植株下层光照强度。

2. 人工补光

人工补光是根据作物对光照的需求，采用人工光源改善温室的光照条件，调节对作物的光照。人工补光包括光强补光、光周期补光和光质调控，其效果取决于光照强度和补光光源的生理辐射特性。不同的补光光源，其生理辐射特性不同。在光源的可见光光谱（380~760 nm）中，植物吸收的光能约占生理辐射光能的60%~65%。其中，主要是波长为610~720 nm的红、橙光辐射，用富含红、橙光的光源进行人工补光，会使植物的发育显著加速，引起植物较早开花、结实；促使植物体内干物质的积累，促使鳞茎、块根、叶球以及其他植物器官的形成。其次是波长为400~510 nm的蓝、紫光辐射，用蓝、紫光补光，可延迟植物开花，使以获取营养器官为目的的植物充分生长。所以，通常把波长范围在610~720 nm和400~510 nm两波段的辐射能称为有效生理辐射能。

用于温室人工补光的光源，必须具备设施作物必需的光谱成分（光质）和较高的发光效率（发出的PAR与消耗功率之比），且经济耐用，使用方便。目前，用于温室人工补光的光源有普通光源（包括白炽灯、荧光灯）、新型光源（包括钠灯、镝灯、氙灯、氦灯、微波灯和发光二极管等）和专用光源。

人工补光光源很多，要根据实际需要来选择（表5-1）。选择人工光源时：第一，要满足补光的光谱要求；第二，光源的发光效率高；第三，要求光源使用寿命长、价格低、安装维护简单；第四，要其体积小、功率大，以减小光源遮挡自然光的面积。

表5-1 人工光源选用参考

用途	目的	选用光源
一般栽培设施(光周期与光质调控)	菊花等花卉开花期的调控	白炽灯
	防止草莓休眠	白炽灯
	蘑菇培养	荧光灯
	促进果实着色补光	金属卤化物灯、高压钠灯、荧光灯、LED
日光兼用型植物工厂(光合补光)	叶菜、果菜栽培补光	高压钠灯、LED
	育苗补光	高压钠灯、LED
	秋海棠、兰花补光	金属卤化物灯、高压钠灯
生物试验研究设施	人工气候箱	金属卤化物灯、高压钠灯、LED
	植物育种	荧光灯+白炽灯、氙灯、LED
	组织培养	荧光灯、LED
	需强光照射的植物栽培研究(如水稻)	微波灯

3.遮光

蔬菜软化栽培、芽苗菜、观叶植物、花卉和茶叶等进行设施栽培或育苗时,往往需要通过遮光措施来减弱光照,抑制气温、土温和叶温的上升,以促进作物生长发育、改善品质。遮光程度依作物不同而异。

遮光用资材依覆盖位置可分为外覆盖与内覆盖两类(图5-7),也可在玻璃温室表面涂白或在玻璃面流水进行遮光降温。外覆盖的遮光降温效果好,但易受风害等外界环境的影响;内覆盖受外界环境影响小,但易吸热再放出,抑制升温的效果不如外覆盖。

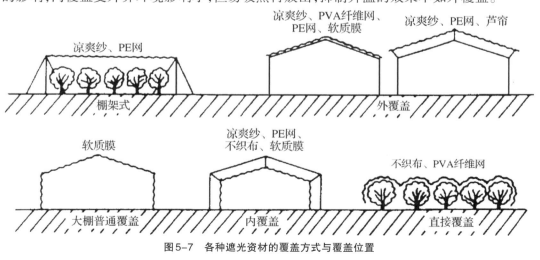

图5-7 各种遮光资材的覆盖方式与覆盖位置

遮光资材种类多,其中遮阳网有维尼纶、聚酯等编制而成的白色、黑色、银灰和灰色等种类,强度和耐候性均强。但以维尼纶为原料的遮阳网,干燥时收缩率达2%~6%,覆盖时不能拉得太紧;PE网以PE为材料编压成网,通气性、强度、耐候性均佳。PVA纤维网是以聚乙烯醇为原料,有黑色和银灰色两种。不织布光滑柔软,不易与作物发生缠绕牵挂。软质塑料膜以PE或PVC涂黑或涂铝箔,适于内覆盖(表5-2)。

表5-2 遮光资材特性比较

种类	颜色	用途		适宜的覆盖方式						性能						
		降温	日长处理	搭遮阴棚	外部遮阴	外覆盖	内覆盖	隧道式覆盖	贴面覆盖	遮光率/%	通气性	被覆性能	开闭性能	伸缩性能	强度	耐候性
遮阴纱	白	○	×	○	○	×	○	○	○	18—29	○	○	○	△	◎	◎
	黑	○	×	○	○	○	○	○	○	35—70	○	○	○	○	◎	◎
	灰	○	×	○	○	×	○	○	○	66	○	○	○	○	◎	◎
	银	○	×	○	○	×	○	○	○	40—50	○	◎	○	△	○	◎
聚乙烯网	黑	○	×	○	○	△	○	○	○	45—95	○	○	○	○	◎	◎
	银	○	×	○	○	△	○	○	○	40—80	○	◎	○	○	◎	◎
PVA撕裂纤维膜	黑	○	×	△	○	△	○	○	○	50—70	○	○	○	○	○	◎
	银	○	×	△	○	△	○	○	○	30—50	○	◎	○	○	○	◎
无纺布(不织布)	白	△	×	△	○	△	○	○	○	20—50	△	○	○	○	◎	◎
	黑	○	×	△	○	△	○	○	○	75—90	△	○	○	○	◎	◎
PVC软质膜	黑	×①	○	×	△	○	○	○	×	100	×	◎	◎	○	◎	◎
	银	△①	○	×	△	○	○	○	×	100	×	◎	◎	○	◎	◎
	半透光银	○	×	×	△	○	○	○	×	30—50	×	◎	◎	○	◎	◎
PE软质膜	银	△①	×	×	△	△	○	○	×	100	×	◎	◎	○	△	×
	半透光银	○	×	×	△	△	○	○	×	30	×	◎	◎	○	△	×
PP等铝箔膜		○	×	×	△	○	○	○	×	55—92	×	◎	◎	○	◎	◎
苇帘		○	×	○	×	×	△	×	×	70—90	○	◎	△	○	◎	△
(注):◎ 优秀,○ 良好,△ 稍差,× 差;① 日长处理密闭时。																

(二)光照长度的调控

为了控制作物光周期反应,诱导成花、打破休眠或延缓花芽分化,要进行长日照处理和短日照处理。短日照处理的遮光一般叫黑暗处理,遮光率必须达到100%。黑暗处理在菊花和草莓栽培中应用较多,如菊花遮光处理,可促进提早开花。

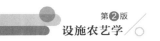

进行长日处理的补光栽培一般叫电照处理,在菊花、草莓等植物的栽培中广泛应用,如菊花电照处理可延长秋菊开花期至冬季三大节日期间开花,实现反季节栽培,增加淡季供应,提高效益。而草莓电照处理,可阻止休眠或打破休眠,提早上市。

补光强度、方法依作物种类而异。一般长日照处理用几十勒的光照强度即可满足要求,光源多以 5~10 W/m² 的白炽灯。如是栽培补光,弱光时以 100~400 W/m² 为宜,采用高压气体放电灯、荧光灯,或以荧光灯加 10%~30% 白炽灯。

一般照光方法有:1)从日落到日出连续照明的彻夜照明法;2)日落后连续照明 4~8 h 的日长延长法;3)在夜间连续照明 2~5 h 的黑暗中断法;4)在夜间 4~5 h 内交替进行开灯和关灯的间歇照明法。间歇照明法一般在 1 h 内开灯数分钟到 20 min,电力消耗少,但需要反复开关电源的定时器,并会影响光源的寿命。

(三)光质的调控

植物的光合作用、形态建成等与光质关系密切,因此了解各波长光的作用,为作物生育配置适当光谱比例的光非常重要。由于覆盖材料的不同,各种光波域的透过率也不同。以聚丙烯树脂为原料的薄膜中混入能遮断红光和远红光的色素制成的转光膜,可调节室内 600~700 nm 的红光(R)和 700~800 nm 的远红光(FR)的光量子比(R/FR),控制茎节的伸长。

覆盖材料的光波透过率中另一重要波长域为紫外线,紫外线和茄子、葡萄、花卉等园艺作物的着色关系密切,对蜜蜂等昆虫的活动也非常重要。例如紫茄子温室栽培若无紫外线就着色不好,月季花的着色与紫外线也有关系。温室草莓、甜瓜栽培放蜂传粉的话,用遮断紫外线的薄膜覆盖会影响蜂传粉,但是能抑制蚜虫的发生,并促进茎叶的伸长。

▶▶▶ 第二节 ◦◦◦

设施温度环境及其调控

温度是作物设施栽培的首要环境条件,任何作物的生长发育和维持生命活动都要求在一定的温度范围,即所谓最适、最高、最低界限的"温度三基点"。当温度超过生长发育的最高、最低界限,则生育停止。如再超过维持生命的最高、最低界限,就会死亡。

一、设施温度的特点

太阳辐射是地球表层能量的主要来源。在无加温条件下,设施内温度的来源主要靠太阳辐射,太阳光透过透明覆盖物照射到地面,提高室内气温和土温。由于反射出来的是长波辐射,能量较小,大多数被覆盖物阻挡,所以温室内进入的太阳能多,反射出去的少。再加上覆盖物阻挡了外界风流作用,室内的温度比外界高,这就是"温室效应"。温室的温度是随外界的温度变化而变化,它不仅有季节性变化,而且也有日变化,不仅昼夜温差大,而且也有局部温差。

1. 气温的季节变化

太阳辐射随季节变化呈现有规律的变化,形成了四季。在设施内同样存在着明显的四季变化。日光温室内冬季天数可比露地缩短3~5个月,夏天可延长2~3个月,春秋季也可延长20~30 d,所以北纬41°以南至33°以北地区,高效节能日光温室(室内外温差保持30 ℃左右)可四季生产喜温果菜。而大棚冬季只比露地缩短50 d左右,春秋比露地只增加20 d左右,夏天很少增加,所以果菜只能进行春提前和秋延后栽培,只有多重覆盖下,才有可能进行冬春季果菜生产。

2. 气温的日变化

在不同天气条件下,温室内外气温的日变化趋势比较一致,昼高夜低(图5-8)。晴天、多云天和阴雨天,温室内外气温的最低值均出现在5:00;晴天和阴雨天最高气温均出现在14:00,多云天出现在13:00。气温日较差是指气温在一昼夜内最高值与最低值之差。晴天,气温日较差在温室内为15.7 ℃,温室外为11.5 ℃;11:00~16:00温室内的气温常常高达31~33 ℃,易造成高温热害,抑制作物的正常生长。多云天,气温日较差在温室内为12.0 ℃,温室外为8.5 ℃。阴雨天,气温日较差在温室内为6.5 ℃,温室外为3.8 ℃。

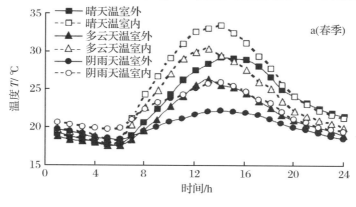

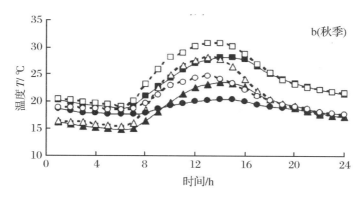

图5-8 不同天气下温室内外气温的日变化

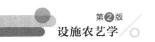

3.设施内"逆温"现象

通常温室内温度高于外界,但在无多重覆盖的塑料拱棚或玻璃温室中,日落后的降温速度往往比露地快,如再遇冷空气入侵,特别是有较大北风后的第一个晴朗微风夜晚,温室大棚夜晚通过覆盖物向外辐射放热更剧烈。室内得不到热量补充,常常出现室内气温反而低于室外气温1~2 ℃的逆温现象。逆温一般出现在凌晨,从10月至翌年3月都有可能出现,尤以春季逆温的危害最大。

此外室内气温的分布存在不均匀状况,一般室温上部高于下部,中部高于四周,日光温室夜间北侧高于南侧,保护设施面积越小,低温区比例越大,分布也越不均匀。而地温的变化,不论季节与日变化,均比气温变化小。

二、设施内热平衡原理

1.设施的热量平衡方程

设施从外界得到的热量与自身向外界散失的热量的收支状态称为设施的热量平衡。在不加温条件下,温室表面主要从太阳的辐射获得能量,也从周围物体的长波辐射中获得少量的热量;另一方面,温室的覆盖物表面向外界以长波辐射散热,地面或作物本身也向周围物体发射长波辐射散热,并通过与周围空气对流交换散热以及通过土壤水分蒸发和作物蒸腾作用散失潜热。此外,温室通风时内外空气的热交换也参加热量收支。

设施环境作为一个整体系统,各种传热方式往往是同时发生的,有时是彼此连贯的。图5-9为表示温室的热收支模式图,图中箭头到达的方向表示热流的正方向。

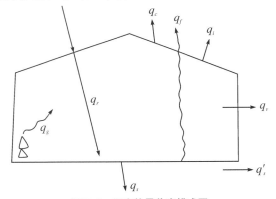

图5-9 温室热量收支模式图

设施内热量的来源,一是太阳总辐射(包括直射光与散射光,以q_r表示),另一部分是人工加热量(用q_g表示)。而热量的支出则包括:①地面、覆盖物、作物表面有效辐射失热(q_f);②以对流方式,温室内土壤表面与空气之间、空气与覆盖物之间热量交换,并通过覆盖物表面失热(q_c);③温室内土壤覆盖表面蒸发、作物蒸腾、覆盖物表面蒸发,以潜热形式失热(q_i);④通过排气将显热和潜热排出(q_v);⑤土壤传导失热(q_s)。因此,在忽略室内灯具的加热量,作物生理活动的加热或耗热,覆盖物、空气和构架材料的热容等的条件下,温室的热量平衡方程式可概括如下:

$$q_r+q_g= q_f + q_i + q_c + q_v + q_s \tag{5.1}$$

2.设施热支出的各种途径

（1）贯流放热

把透过覆盖材料或围护结构放出的热量叫作设施表面的贯流放热量（Q_t），贯流放热量占设施全部放热量的80%以上。设施贯流放热量的大小与设施内外气温差、覆盖物及围护结构面积、覆盖物及围护结构材料的热贯流系数成正比。热贯流系数是指每平方米的覆盖物或围护结构表面积，在设施内外温差为1℃的情况下每小时放出的热量，它是一项和建筑材料的导热率及材料厚度等有关的数值。

贯流传热主要分为三个过程（图5-10）：首先，温室的内表面A吸收了从其他方面来的辐射热和空气中来的对流热，在覆盖物内表面A与外表面B之间形成温差；其次，通过传导方式，将上述A面的热量传至B面；最后，在设施外表面B，又以对流辐射方式将热量传至外界空气之中。

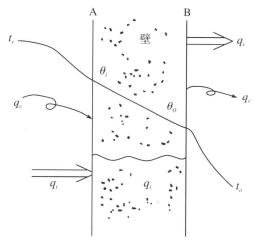

图5-10　热贯流传热模式图

贯流传热量的表达式如下：

$$Q_t = A_w h_t (t_r - t_o) \tag{5.2}$$

式中：Q_t——贯流传热量，$kJ \cdot h^{-1}$；A_w——温室表面积，m^2；h_t——热贯流率，$kJ \cdot m^{-2} \cdot h^{-1} \cdot ℃^{-1}$；$t_r$——温室内气温，℃；$t_o$——温室外气温，℃。

热贯流率的大小，除了与物质的导热率λ（即导热系数）、对流传热率和辐射传热率有关外，还受室外风速大小的影响。风能吹散覆盖物外表面的空气层，刮走热空气，使室内的热量不断向外散失。风速$1\ m \cdot s^{-1}$时，热贯流率为$33.47\ kJ \cdot m^{-2} \cdot h^{-1} \cdot ℃^{-1}$；风速$7\ m \cdot s^{-1}$时，热贯流率大约$100.41\ kJ \cdot m^{-2} \cdot h^{-1} \cdot ℃^{-1}$，较风速$1 m \cdot s^{-2}$的热贯流率增加了2倍。所以保护设施外围的防风设备对保温很重要。表5-3列出若干物质的热贯流率。

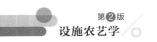

表5-3 各种物质的热贯流率

(热贯流率/kJ·m⁻²·h⁻¹·℃⁻¹)

种类	规格/mm	热贯流率	种类	规格/cm	热贯流率
玻璃	2.5	20.92	木条	厚8	3.77
玻璃	3~3.5	20.08	砖墙(面抹灰)	厚38	5.77
聚氯乙烯	单层	23.01	钢管	—	47.84~53.97
聚氯乙烯	双层	12.55	土墙	厚50	4.18
聚乙烯	单层	24.29	草苫	厚40~50	12.55
合成树脂板	FRP,FRA,MMA	20.92	钢筋混凝土	厚5	18.41
合成树脂板	双层	14.64	钢筋混凝土	厚10	15.90

（2）换气放热

设施内的热量通过覆盖物及围护结构的缝隙,如门窗、墙体裂缝、放风口等,以对流的方式将热量传至室外,这种放热称为换气放热或缝隙放热。温室内通过通风换气散失的热量包括显热失热和潜热失热两部分,显热失热是指由温差引起的热量散失,潜热失热是指由水的相变引起的热量散失。显热失热量的表达式如下:

$$Q_v = R \cdot V \cdot F(t_r - t_o) \tag{5.3}$$

式中,Q_v — 整个设施单位时间的换气失热量;R — 每小时换气次数;F — 空气比热,为 1.3 kJ·m⁻³·℃⁻¹;V — 设施的体积,m³。

由于换气方式或缝隙大小不同,引起的换气放热差异很大。在设施密闭情况下,换气放热只有贯流放热量的10%左右。在温室建造和生产管理中,应尽量减少缝隙放热,建造中注意温室门的朝向,避免将门设置在与季风方向垂直的方向,如华北地区冬春季多刮西北风,一般将温室的门设置在东部,设置西部时需要加盖缓冲间。覆盖薄膜时应密封塑料薄膜与墙体、后屋面、前屋面地角的连接处,并保持薄膜的完好无损,风口设置处两块薄膜搭接不宜过窄,以便把缝隙放热减少到最小限度。

换气失热量与换气次数有关,因此,缝隙大小不同,其传热量差异很大。表5-4列出了温室、塑料棚密闭不通风时,仅因结构不严引起的每小时换气次数。

表5-4 每小时换气次数(温室密闭时)

保护地类型	覆盖形式	R/次
玻璃温室	单层	1.5
玻璃温室	双层	1.0
塑料大棚	单层	2.0
塑料大棚	双层	1.1

此外,换气传热量还与室外风速有关,风速增大时换气失热量增大。因此应尽量减

少缝隙,注意防风。由于通风时必有一部分水汽自室内流向室外,所以通风换气时除有显热失热以外,还有潜热失热。通常在实际计算时,往往将潜热失热忽略。

（3）土壤传导失热

白天透入设施内的太阳辐射能,除了一部分用于长波辐射和传导,使室内的空气升温外,大部分热量是纵向传入地下,成为土壤贮热。夜间温室土壤是一个"热岛",它向四周、土壤下部、温室空间等温度低的地方传热,这种热量在土壤中的横向和纵向传导的方式称为土壤传热。土壤传热包括土壤上下层之间的传热和土壤横向传热(图5-11),其中土壤横向传热约占温室总失热的5%~10%。

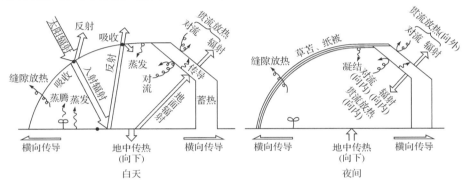

图5-11 日光温室内热收支平衡示意图

三、设施温度环境调控

1.设施保温措施

设施保温措施主要从减少贯流放热、换气放热和地中传导失热三方面考虑。

（1）设施常用保温方式

常用保温方式主要包括日光温室前屋面的外保温和设施内覆盖保温。前屋面的外保温常用草苫、纸被和保温被等。连栋温室的保温多是通过内覆盖实现的,温室内设置保温幕容易实现自动化操作,不损伤薄膜,但保温效果不如草苫。

（2）采用多层覆盖,减少贯流放热量

多层覆盖是保温最经济有效的方法(图5-12)。多层覆盖的保温效果如表5-5所示。

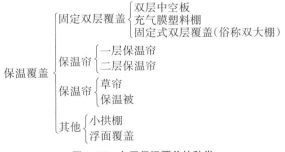

图5-12 多层保温覆盖的种类

表5-5 无加温温室多层覆盖室内外温差

温差	单层覆盖	双层覆盖	三层覆盖		四层覆盖
			无小棚	一重为小棚	
平均(℃)	+2.3	+4.8	+6.3	+9.0	+9.0
标准差	±1.1	±1.4	±1.4	±0.7	±0.7
最小(℃)	−1.7	+1.7	+4.1	—	+8.0
最大(℃)	+4.5	+7.0	+7.6	—	+9.0

注:单层为一重固定膜,双层为一重固定、一层保温幕;三层为一重固定+2层保温幕,或二重固定膜、一层保温幕(含一重小拱棚膜);四层为一重固定+2层保温幕+小棚膜,或二重固定膜、二层保温幕。

我国长江流域一带的塑料温室(大棚)近年推广"三棚五幕"多重覆盖保温方式,是利用大棚加中棚加小棚,再加地膜,并在小拱棚外面覆盖一层幕帘或厚无纺布的保温方式。该地区喜温果菜原来只有春提早和秋延后栽培,发展到能进行冬春茬栽培,显著提高大棚利用率和经济效益。我国北方高效节能日光温室,不仅采光性、密封性好,而且由于采用外覆盖保温被、草帘等方式,保温性显著提高,北方可以基本不加温也能在深冬生产出喜温果菜。高效节能日光温室内多层覆盖,可使室内气温在原有基础上又提高3~5 ℃,节能30%~40%(图5-13)。

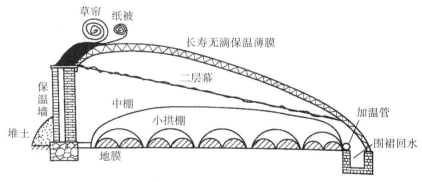

图5-13 日光温室多层覆盖

(3)增大温室透光率

选择科学合理的日光温室建造方位和场地,选用高透光率、无滴、防雾、防尘的透明覆盖材料,经常清洁屋面,尽量争取获得最大透光率,使室内积累更多热能。

(4)增大保温比

保温比是指土地面积与保护设施覆盖及围护材料表面积之比,保护设施越高,保温比越小,保温越差;反之保温比越大,保温越好。但日光温室由于后墙和后坡较厚(类似土地),因此增加日光温室的高度对保温比的影响较小。而且,在一定范围内,适当增加日光温室的高度,有利于调整屋面角度、改善透光、增加室内太阳辐射、起到增温的作用。

(5)设置防寒沟,防止地中横向传热

在温室建造过程中,在前底角处设置防寒沟,以切断室内土壤与外界的联系,减少地中热量横向散出,尤其可以防止靠近南部土壤温度过低对作物造成的冷害。其规格根据当地冻土层深度而定,一般为宽30 cm,深50 cm,沟内填充稻壳、蒿草等导热率低的材料。据测定,防寒沟可使温室内5 cm地温提高4 ℃左右。

(6)增加墙体保温材料

日光温室的墙体和后屋面要求既能承重、隔热,又能载热,即白天蓄热,夜间放热。为增加墙体和后屋面的保温蓄热能力:一是需设计异质复合墙体,内层要选择蓄热系数大的建筑材料,外层要选择导热率小的建筑材料,在温室砖墙体内部填充相变材料和炉渣、秸秆等保温材料;二是要增加厚度,具体厚度视建材和外界温度状况以及作物需要的适温而定。

(7)改变墙体建筑材料形状与结构

利用空心炉渣砖和表面凹凸不平的内墙砖建造温室,可以大大增强白天太阳光能的吸收,加大墙体热量贮存能力,可提高室温2~3 ℃。

2.设施加温措施

加温技术是现代设施农艺最基本的环控技术。由于投入的设备费和运营费用大,要求采用高效、节能、实用的加温技术。设施常用的采暖方式有热风采暖、热水采暖、蒸汽采暖、电热采暖、辐射采暖、火炉采暖等,其采暖效果、控制性能、维修管理等见表5-6。

表5-6 采暖方式的种类与特点

采暖方式	方式要点	采暖效果	控制性能	维修管理	设备费用	适用对象	其他
热风采暖	直接加热空气	停机后缺少保温性,温度不稳定	预热时间短,升温快	因不用水,容易操作	比热水采暖便宜	各种温室	不用配管和散热器,作业性好,燃气由室内补充时,必须通风换气
热水采暖	用60~80 ℃的热水循环,或由热水变换成热气吹入室内	因水暖加热温度低,加热缓和,余热多,停机后保温性好	预热时间长,可根据负荷的变动改变热水温度	对锅炉要求比蒸汽采暖的低,水质处理较容易	需用配管和散热器,成本较高	大型温室	在寒冷地方管道怕冻,需充分保护
蒸汽采暖	用100~110 ℃蒸汽采暖,可转换成热水和热风采暖	余热少,停机后缺少保温性	预热时间短,自动控制稍难	对锅炉要求高,水质处理不严格时,输水管易被腐蚀	比热水采暖成本高	大型温室群,在高差大的地形上建造的温室	可作土壤消毒,散热管较难配置适当,容易产生局部高温

（续表）

采暖方式	方式要点	采暖效果	控制性能	维修管理	设备费用	适用对象	其他
电热采暖	用电热线和电暖风加热采暖器	停机后缺少保温性	预热时间短，控制性最好	操作最容易	设备费用低	温床育苗土壤加温	耗电多，生产用不经济
辐射采暖	用液化石油气红外燃烧取暖炉	停机后缺少保温性，可提高植物体温	预热时间短，容易控制	使用方便容易	设备费用低	临时辅助采暖	耗气多，大量用不经济，有二氧化碳施用效果
火炉采暖	用地炉或铁炉烧煤，用烟囱散热取暖	封火后仍有一定保温性，有辐射加温效果	预热时间长，烧火费劳力，不易控制	较容易维护，但操作费工	设备费用低	土温室	必须注意通风，防止煤气中毒

（1）热风采暖

从设备费用看，热风采暖是最低的。如果把热风炉设置在温室内，直接向温室内吹出热风，这种系统的热利用率一般可达70%~80%，国外的燃油热风机，有的热利用率可达90%。

热风炉设置在温室内时，要注意室内新鲜空气的补充。日光温室密闭性较强或采用多层覆盖保温时，冷风渗入量很少，温室内就容易发生缺氧或逆火倒烟、煤气中毒等危险。因此，这种温室需要在热风炉处安装补充新鲜空气用的硬质通风管道。

（2）热水采暖

热水采暖系统是由热水锅炉、供热管道和散热设备三个基本部分组成。热水采暖的热稳定性好，温度分布均匀、波动小、生产安全可靠、供热负荷大，适合于大中型连栋温室加热或日光温室群短时间加热。其缺点是系统复杂、设备多、造价高、设备一次性投资较大。

（3）炉火加温

日光温室临时加温可用火炉、火墙、土暖气等。炉火加温用煤作燃料，以地面烟道做放热器，其加温系统包括炉坑、炉火、出火口、烟道及烟筒五个部分。

（4）土壤加温

土壤加温常见的有酿热物加温、电热加温和水暖加温三种方法。

酿热物加温是将马粪、厩肥和稻草、落叶等加入栽培床内，在其发酵过程中产生热量的加温方式，其产热时间短，不易控制。

电热加温目前采用得较多，需要使用专用的地热线，采用控温仪实现对地温的精确控制，对于用电方便的地区或冬季温度较低的地区的苗床使用效果良好。

水暖加温一般是在温室内地下20~35 cm深处埋设管道，用40~50 ℃温水循环，对提高地温有明显效果。

3.设施降温措施

设施降温一般可从增大温室的通风换气量、减少进入温室的太阳辐射能和增加温室的潜热消耗三个方面入手。

（1）遮阴降温

遮阴降温就是利用不透光或透光率低的材料遮住阳光，阻止多余的太阳辐射能量进入温室，既保证作物能够正常生长，又降低了棚室内的气温。由于遮阴的材料不同和安装方式的差异，一般遮阴之后可降低温度3~10 ℃。遮阴方法有室外遮阴、室内遮阴和屋面喷白降温。遮阴材料有苇帘、黑色遮阳网、银色遮阳网、缀铝条遮阳网、镀铝膜遮阳网、石灰水等。

①室外遮阴降温。室外遮阴是在温室骨架外另外安装一遮阴骨架，将遮阳网安装在骨架上，用拉幕机构或卷膜机构带动，自由开闭。驱动装置使用时可根据需要进行手动控制、电动控制或与计算机控制系统连接进行自动控制。

②室内遮阴。室内遮阴是将遮阳网安装在温室内，在温室骨架上拉接一些金属或塑料的网线作为支撑系统，将遮阳网安装在支撑系统上，整个系统简单轻巧，不用另制金属支架，造价较室外遮阴低。室内遮阳网一般采用电动控制或电动加手动控制。室内遮阴的效果主要取决于遮阳网的反射能力，不同材料制成的遮阳网使用效果差别很大，缀铝条的遮阳网效果最好。

另外，室内遮阴系统一般还与室内保温幕系统共设，夏天使用遮阳网，降低室温，冬季将遮阳网换成保温幕，夜间使用，可以节约能耗20%以上。

③屋面喷白降温。屋面喷白降温是温室特有的降温方法，尤其是玻璃温室。它是在夏天将白色涂料喷在温室的外表面，阻止太阳辐射进入温室内，其遮阴率最高可达85%，可以通过人工喷涂的疏密来调节其遮光率，到冬天再将涂料清洗掉。

（2）自然通风降温

自然通风降温可使室内外温差达到3~5 ℃。一般自然通风降温主要有以下四种方式。

①底窗通风型。这种类型从门和边窗进入的气流沿着地面流动，大量冷空气随之进入室内，形成室内不稳定气层，把室内原有的热空气顶向设施的上部，在顶部就形成了一个高温区。这种通风类型在夏季对作物的生长没多大的影响，但如果是寒冷的冬天，就会对作物造成危害。因为在棚四周或温室的底部和门口附近的秧苗会受到"扫地风"的影响，因此在初春，应避免底窗、门通风。冬春通风可在肩部开缝（即肩部通风）。

②天窗通风型。天窗通风包括开天窗和顶部扒缝，天窗面积是固定的，通风效果有限，不如扒缝的好。扒缝通风的面积可随室温和湿度高低调节，控制效果好。

③底窗（侧窗）结合天窗通风型。天窗主要起排气作用，底窗或扒缝主要是进气，从侧面进风，冷气流进室内，将热空气向上顶，排气效果明显。在5月中旬以后，最高气温可以达到40 ℃左右，此时开窗或扒缝面积要占到围护结构总面积的25%~30%。

④屋面全开式通风型。全开启式温室可完全开启顶部，使温室内外完全相通，通风效果良好，通风效率近100%。白天当温室温度偏高时，顶窗开启后，配合内遮阴的遮阴效果和温室开侧窗的通风，达到有效降温的目的；当晚上温度偏低时，将温室顶部关闭，再

配合内保温遮阴系统,提高保温效果。

（3）强制通风降温

强制通风降温也称机械通风降温,一般只用于连栋温室。即在通风的出口和入口处增设动力扇,吸气口对面装排风扇,或排气口对面装送风扇,使室内外产生压力差,形成冷热空气的对流,从而达到通风换气的目的。强制通风降温是由控温仪按照作物生长需要的温度及实际室内温度高低发出信号,排风扇自动开关,高温、高湿及有害气体随时排除,但强制通风存在耗电高的缺点。强制通风的方式主要有三种。

①低吸高排型。即吸气口在温室的下部,排风扇在上部。这种通风方式通风快,但温度分布不均匀,在顶部及边角常出现高温区。

②高吸高排型。即吸气口和排风扇都在温室上部,这种配置方式往往使下部热空气不易排出,常在下部存在一个高温区域,对作物生长不利。

③高吸低排型。即吸气口在上部,排风扇位于下部。这种通风方式室内温度分布较均匀,只有顶部小范围内的高温区。

（4）屋面喷淋降温法

屋面喷淋降温法即在屋脊的顶端设置水管、喷头,利用微喷系统将水直接喷洒在温室屋顶,利用水的传导冷却、水吸收红外辐射和水的汽化蒸发达到温室内的降温效果,采用这种方法可使室温降低3~4 ℃。此种方法在芬洛型玻璃温室中应用较多,但需要考虑安装费和清除玻璃表面的水垢污染问题,且水质硬的地区需对水进行软化处理后再使用。

（5）雾帘降温法

雾帘降温法是在温室内距屋面一定距离铺设一层水膜材料,在其上用水喷淋,依靠水的蒸发吸热以及空气和水膜之间的热对流交换来降温。实验证明,与屋面喷淋降温法相比,室内水膜的降温效果更好,温室内水膜下方的平均气温可以降低到比外界气温低2 ℃左右。

（6）湿帘–风机降温

这种降温设施是现代化大型温室内的通用设备,利用水的蒸发吸热原理达到降温的目的。该系统的核心是能让水均匀地淋湿帘墙,当空气穿透湿帘介质时,与湿润介质表面进行水汽交换,将空气的显热转化为汽化潜热,从而实现对空气的加湿与降温。一般湿帘安装在温室的北侧,风机安装在温室的南侧,当需要降温时,通过控制系统的指令启动风机,将室内的空气强行抽出,造成负压,同时水泵将水打在对面的湿帘上。室外空气被负压吸入室内,以一定的速度从湿帘的缝隙穿过,导致水分蒸发、降温,冷空气流经温室,吸收室内热量后,经风机排出,从而达到降温的目的。在湿帘–风机降温系统的设计中,温室通风量的确定要考虑温室所在地的海拔高度、室内太阳辐射强度和湿帘与风机之间的距离等因素。风机湿帘之间的最大距离小于或等于30 m时,温室通风量达到2.5 m³/(min·m²)即可满足温室夏季降温的要求。使用该系统时,要求温室的密封性好,否则会由于热风渗透而影响湿帘的降温效果,并且对水质的要求比较高,硬水要经过软化处理后才能使用,以免在湿帘缝隙中结垢堵塞湿帘。

（7）室内喷雾降温法

喷雾降温是利用加压的水通过喷头以后形成细小的雾滴，飘散在温室内的空气中并与空气发生热湿交换，达到蒸发降温的效果。

（8）其他降温技术

①太阳能降温技术。即温室的东西北三面墙上均装有 15 cm 厚的带玻璃罩的太阳能聚脂电池板，能将热储存在两边的水墙里，使水温上升 15~27 ℃，从而使温室达到高温时能降温、低温时能增温的目的。

②温室地热降温系统。即将室内的热空气抽入地中热交换器，使其与周围温度较低的土壤进行热交换，待其降温后从地下抽入室内，以达到降温目的。

▶▶▶
第三节

设施湿度环境及其调控

水是作物体的基本组成成分，设施作物的一切生命活动如光合作用、呼吸作用及蒸腾作用等均在水的参与下进行。空气湿度和土壤湿度共同构成设施作物的水分环境，影响设施作物的生长发育。

一、设施湿度环境特征

由于栽培设施是一种封闭或半封闭的系统，空间相对较小，气流相对稳定，使得内部的空气湿度和土壤湿度有着与露地不同的特性。

（一）设施内空气湿度的形成

空气湿度常用相对湿度或绝对湿度来表示。绝对湿度（AH）是指单位体积空气内水汽的含量，以每立方米空气中水汽克数（g/m³）表示。相对湿度（RH）是在一定温度条件下空气中水汽压与该温度下饱和水汽压之比，用百分比表示。

设施内的空气湿度是由土壤水分的蒸发和植物体的蒸腾在设施密闭情况下形成的。设施内作物生长势强，代谢旺盛，作物叶面积指数高，通过蒸腾作用释放出大量水蒸气，在密闭情况下会使棚室内水蒸气很快达到饱和形成高湿环境。在白天通风换气时，水分移动的主要途径是土壤→作物→室内空气→外界空气。早晨或傍晚温室密闭时，外界气温低，引起室内空气骤冷而形成"雾"。白天通风换气时，室内空气饱和差上升，作物容易发生暂时缺水。室内湿度条件与作物蒸腾、土壤表面和室内壁面的蒸发强度有密切关系。

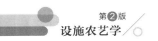

（二）设施内湿度特点

1.空气湿度相对较大

一般情况下,设施内相对湿度和绝对湿度均高于露地,平均相对湿度一般在90%左右,经常出现100%的饱和状态。对于日光温室及大、中、小棚,由于设施内空间相对较小,冬春季节为保温又很少通风,空气湿度经常达到100%。

2.空气湿度季节变化和日变化明显

设施内湿度环境的另一个特点是季节变化和日变化明显。季节变化一般是低温季节相对湿度高,高温季节相对湿度低。如在长江中下游地区,冬季(1~2月)各旬平均空气相对湿度都在90%以上,比露地高20%左右;春季(3~5月)则由于温度的上升,设施内空气相对湿度有所下降,一般在80%左右,仅比露地高10%左右。因此,日光温室和塑料大棚在冬春季节生产,作物多处于高湿环境,对其生长发育不利。

空气湿度日变化为夜晚湿度高,白天湿度低,白天的中午前后湿度最低。设施空间越小,这种变化越明显。一般在春季,白天温度高,光照好,可进行通风,相对湿度较低;夜间温度下降,不能进行通风,相对湿度迅速上升。由于湿度过高,当局部温度低于露点温度时,会导致结露现象出现。

设施内的空气湿度随天气情况不同也发生变化。一般晴天白天设施内的空气相对湿度较低为70%~80%。阴天,特别是雨天设施内空气相对湿度较高,可达80%~90%,甚至100%。

3.湿度分布不均匀

由于设施内温度分布存在差异,导致相对湿度分布也存在差异。一般情况下,温度较低的部位,相对湿度较高,而且经常产生结露现象,对设施环境及植物生长发育造成不利影响。

4.设施土壤相对较湿润

设施内的土壤湿度与灌溉量、土壤毛细管上升水量、土壤蒸发量、作物蒸腾量及空气湿度有关。与露地相比,由于设施内空气湿度高于室外,土壤蒸发量和作物蒸腾量均小于室外,因而设施土壤相对较湿润。

（三）设施内湿度的影响因素

在非灌溉条件下,设施内部空气中水分来源主要有四个方面:土壤水分的蒸发、植物叶面蒸腾和设施围护结构及栽培作物表面的结露。影响设施内空气湿度变化的主要因素是:

1.设施的密闭性

在相同条件下,设施环境密闭性越好,空气中的水分越不易排出,内部空气湿度越高。因此,在设施作物生产的冬春季节,由于通风不足,常常导致空气湿度过高,病虫害发生严重。

2.设施内温度状况

在光照充足的白天,设施内温度升高会导致土壤蒸发量和植物蒸腾量增加,但由于温度升高使空气饱和水汽压增加更大,总体上空气相对湿度仍然下降。在夜间或温度低的时候,虽然蒸发和蒸腾量减小甚至完全消失,但由于空气中饱和水汽压大幅度下降,仍会导致空气湿度明显升高。

3.设施内水分收支

设施内由于降水被阻截,空气交换受到抑制,设施内的水分收支与露地不同。其收支关系可用下式表示:

$$Ir + G + C = ET$$

式中,Ir—灌水量;G—地下水补给量;C—凝结水量;ET—土壤蒸发与作物蒸腾量,即蒸散量。

一般而言,设施内的蒸腾量与蒸发量均为露地的70%左右,甚至更小。据测定,太阳辐射较强时,平均日蒸散量为2~3 mm,可见设施农艺是一种节水型农业生产方式。设施内的水分收支状况决定了土壤湿度,而土壤湿度直接影响到作物根系对水分、养分的吸收,进而影响到作物的生长发育和产量品质。设施内水分移动途径见图5-14。

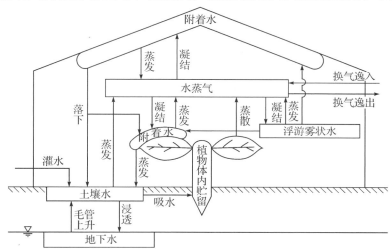

图5-14 温室内水分移动模式图

二、湿度环境对设施作物生育的影响

(一)不同作物和同一作物不同生育期对水分的要求不同

不同作物和同一作物在不同生育期都要求有一个最适宜的空气湿度和土壤水分范围,过高或不足都会对作物生理代谢和生长发育带来不利影响,导致产量和品质下降。不同种类或品种的作物以及作物的不同生育时期对湿度要求不尽相同,但基本要求大体如表5-7。

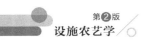

表5-7　蔬菜作物对空气湿度的基本要求

类型	蔬菜种类	适宜相对湿度/%
较高湿型	黄瓜、白菜类、绿叶菜类、水生蔬菜	85~90
中等湿型	马铃薯、豌豆、蚕豆、根菜类（胡萝卜除外）	70~80
较低湿型	茄果类（豌豆、蚕豆除外）	55~65
较干湿型	西瓜、甜瓜、胡萝卜、葱蒜类、南瓜	45~55

（二）设施湿度环境与作物生育的关系

设施内湿度会对作物生长发育产生影响。空气湿度主要影响作物的气孔开闭和叶片蒸腾。空气湿度过低，则蒸腾速率提高，作物失水也相应增加，导致植株叶片过小、过厚，机械组织增多，开花坐果差，果实膨大速度慢。空气湿度过高，极易造成作物发生徒长，茎叶生长过旺，开花结实变差，生理功能减弱，抗性不强。湿度过高还会导致番茄、黄瓜等蔬菜作物叶片缺钙、缺镁，造成叶片失绿，光合性能下降，产量和品质受到不良影响。一般情况下，大多数蔬菜作物生长发育适宜的空气相对湿度在50%~85%。

土壤水分适宜，根系吸水正常，体内水分平衡得以维持，有利于作物生长发育。土壤含水量过大，易使作物茎叶生长过旺，造成徒长，影响作物的开花结果。水分不足，影响作物细胞分裂或伸长，造成叶片气孔开度减少，蒸腾速率下降，直接影响光合性能和体内水分吸收和运输，影响干物质积累和分配，以及作物产量和品质。当植物体内水分严重不足时，可导致气孔关闭，妨碍二氧化碳交换，使光合作用显著下降，植株失水萎蔫甚至叶片失水干枯。通常大多数作物适宜的土壤湿度为60%~80%。

（三）设施内湿度环境与病虫害发生的关系

高湿条件会导致多数病害发生。因此，当设施环境处于高湿状态时（RH>90%）常导致病害发生严重。尤其在高湿低温条件下，水汽易发生凝结，不论是直接在植株上结露，还是在覆盖材料上结露滴到植株上，都会加剧病害的发生和传播。在高湿条件下易发生的蔬菜病害有黄瓜霜霉病，甜椒和番茄的灰霉病、菌核病、疫病等。有些病害在低湿条件下，特别是高温干旱条件下容易发生，如各种作物的病毒病。在干旱条件下还容易导致蚜虫、红蜘蛛等虫害发生。几种主要蔬菜病虫害的发生与湿度的关系见表5-7。

表5-7　几种主要蔬菜病虫害与湿度的关系

蔬菜种类	病虫害种类	要求相对湿度/%
黄瓜	炭疽病、疫病、细菌性病害等	>95
	枯萎病、黑星病、灰霉病、细菌性角斑病	>90
	霜霉病	>85

(续表)

蔬菜种类	病虫害种类	要求相对湿度/%
	白粉病	25~85
	病毒性花叶病	干燥(旱)
	瓜蚜	干燥(旱)
番茄	绵疫病、软腐病等	>95
	炭疽病、灰霉病等	>90
	晚疫病	>85
	叶霉病	>80
	早疫病	>60
	枯萎病	土壤潮湿
	病毒性花叶病、病毒性蕨叶病	干燥(旱)
茄子	褐纹病	>80
	枯萎病、黄萎病	土壤潮湿
	红蜘蛛	干燥(旱)
辣椒	疫病、炭疽病	>95
	细菌性疮痂病	>95
	病毒病	干燥(旱)
韭菜	疫病	>95
	灰霉病	>90
芹菜	斑点病、斑枯病	高湿

因此,从创造植株生长发育的适宜条件、控制病害发生、节约能源、提高产量和品质、增加经济效益等综合方面考虑,设施内空气湿度以控制在70%~85%为宜。

三、设施湿度环境的调控

设施湿度调控包括空气湿度调控和土壤含水量调控。

(一)设施内空气湿度调控

空气湿度调控包括除湿和增湿两方面。降低空气湿度即除湿是设施空气湿度调控的主要内容。

1.除湿目的

除湿的直接目的主要是防止作物沾湿并降低空气湿度,最终目的是抑制病害发生和直接调整植株生理状态。设施环境除湿目的见表5-9。

表5-9　设施内除湿目的

直接目的		发生时间	最终目的
防止作物沾湿	1　防止作物结露	早晨、夜间	防止病害
	2　防止屋面、保温幕上水滴下降	全天	防止病害
	3　防止发生水雾	早晨、傍晚	防止病害
	4　防止溢液残留	夜间	防止病害
调控空气湿度	1　调控饱和差(叶温或空气饱和差)	全天	促进蒸发蒸腾、控制徒长、增加着花率、防止裂果、促进养分吸收、防止生理障碍
	2　调控相对湿度	全天	促进蒸发蒸腾、防止徒长、改善植株生长势、防止病害
调控空气湿度	3　调控露点温度、绝对湿度	全天	防止结露
	4　调控湿球温度、焓(潜热与显热之和)	白天	调控叶温

2.除湿方法

根据除湿过程是否使用动力(如电力能源),空气除湿方法可分为被动除湿和主动除湿两类。

(1)被动除湿

被动除湿指不需要人工动力(电力等)的除湿方法,被动除湿方法很多,目前使用较多的有如下五种方法。

①自然通风。通过打开通风窗、揭薄膜、扒缝等方式通风,达到降低设施内湿度的目的。目前亚热带地区使用一种无动力自动锅陀状排风扇并安置于大棚温室顶部,靠棚内热气流作用使风扇转动通风。

②覆盖地膜。覆盖地膜可以减少地表水分蒸发,降低相对湿度。没有地膜覆盖,温室大棚内夜间相对湿度达95%~100%,覆盖地膜后则可降至75%~80%。

③科学灌溉。采用滴灌、渗灌,特别是膜下滴灌,可有效降低空气湿度。减少土壤灌水量,限制土壤水分过分蒸发,也可降低空气湿度。

④采用吸湿材料。覆盖材料选用无滴长寿膜,在设施内张挂或铺设吸湿性良好的材料,用以吸收空气中的湿气或者承接薄膜滴落的水滴,可有效防止空气湿度过高和作物沾湿,特别是可防止水滴直接滴落到植物上。如在大型温室和连栋大棚内部顶端设置的具有良好透湿和吸湿性能的保温幕,在普通钢管大棚或竹木结构大棚内部张挂的无纺布幕,也可以在地面覆盖稻草、稻壳、麦秸等吸湿性材料,达到自然吸湿降湿的目的。

⑤农业技术措施。适时中耕,通过切断土壤毛细管阻止地下水分通过毛细管上升到地表,蒸发到空间。通过植株调整、去掉多余侧枝、摘除老叶,提高株行间的通风透光、减少蒸腾量、降低湿度。

（2）主动除湿

主动除湿主要指通过加热升温强制通风换气、热交换型除湿换气、强制空气流动等方法降低室内湿度。其中热交换型除湿换气是用热交换型除湿机的吸气和排气两台换气扇使室内得到高温低湿的空气，同时排出室内高温高湿的空气，还可以从室外空气中补充 CO_2，也可防止随通风而产生的室温下降。

设施环境湿度过高，常导致作物表面沾湿，设施除湿和防止作物沾湿的方法见表5-10。

表5-10 温室作物沾湿的防止方法

方法		效果
设施资材防湿法（被动）	地膜覆盖	防止土壤水分蒸发
	秸秆覆盖	防止土壤水分蒸发、吸湿
	提高透光率	室内保持干燥
	内覆盖透湿性保温幕	防止屋顶水滴落下
	防雾滴膜的使用	通过薄膜内面结露除湿
	围护部使用隔热性强的资材	防止作物直接结露
除湿操作（主动）	控制灌水	减少蒸发、蒸腾
	通风换气	降低相对湿度
	加温供暖	降低相对湿度、促进除去覆盖面结露
除湿操作（主动）	室内空气流动	促进作物植株表面干燥
	冷冻机、热泵	冷却部结露除湿
	吸湿性材料的利用	吸湿（可再生利用）

3.增加空气湿度

增加空气湿度方法常见的有喷雾加湿、湿帘加湿和喷灌等。

（二）设施土壤含水量调控

设施土壤含水量调控一般是指设施灌溉。目前，我国栽培设施已开始普及推广以管道输水灌溉为基础的各种灌溉方式，包括直接利用管道进行的管道输水灌溉，以及具有节水、省工等优点的滴灌、微喷灌等先进的灌溉方式。

设施中使用的灌溉系统有多种，可依据温室灌溉系统中所用灌水器的形式进行区分。

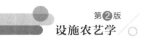
1. 管道灌溉

管道灌溉系统是直接在田间供水管道上安装一定数量的控制阀门和灌水软管(图5-15),手动打开阀门用灌水软管进行灌溉的系统。管道灌溉是目前温室中最常用的灌溉方法之一,如土壤栽培温室中的沟灌和其他温室栽培中的人工灌溉。多数情况下,一根灌水软管可以在几个控制阀门之间移动使用以节约投资。灌水软管一般采用软质塑料管或橡胶管、涂塑软管等。如果需要,还可以在软管末端加上喷洒器或喷水枪以获得特殊的喷洒灌溉效果。

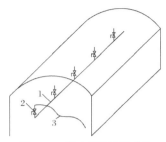

图5-15 温室管道灌溉系统

1.供水管;2.控制阀门;3.灌水软管

管道灌溉系统具有适应性强、安装使用简单、管理方便、投资低等优点,而且几乎不存在灌溉系统堵塞问题,只需要对灌溉水进行简单的净化过滤即可,因此,该系统在温室中被广泛采用。但单纯依靠管道灌溉系统进行灌溉,存在劳动强度大、灌溉效率低、难以准确控制灌水量、无法随灌溉施肥和加药等不足,因此温室生产中常将管道灌溉与滴灌等其他灌溉系统结合使用,以获得更好的灌溉效果。

2. 滴灌

滴灌系统是指所用灌水器以点滴状或连续细小水流等形式出流浇灌作物的灌溉系统(图5-16)。滴灌系统的灌水器常见的有滴头、滴箭、发丝管、滴灌管、滴灌带、多孔管等。温室生产中,宜将滴灌系统与微喷灌或管道灌溉结合使用,低温季节采用滴灌系统进行灌溉,高温干燥季节结合微喷灌或管道灌溉进行降温加湿、调节温室田间气候,才能获得更好的收获。

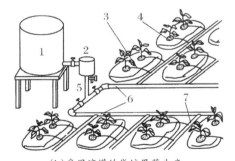

(a)采用滴灌的盆栽花卉

(b)采用滴灌的袋培果菜生产

1.营养液灌;2.过滤器;3.水阴管
4.滴头;5.主管;6.支管;7.毛管

图5-16 温室滴灌系统

3. 微喷灌

微喷灌系统是指所用灌水器以喷洒水流状浇灌作物的灌溉系统(图5-17)。温室中采用微喷头的微喷灌系统,一般将微喷头倒挂在温室骨架上实施灌溉,以避免微喷灌系统影响田间其他作业。

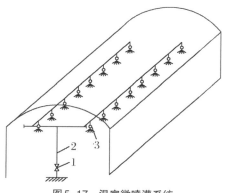

图5-17 温室微喷灌系统

1.控制阀门;2.供水管;3.微喷头

4.自行走式喷灌机

温室用自行走式喷灌机实质上也是一种微喷灌系统,但自行走式喷灌机是一种灌水均匀度高、可移动使用的微喷灌系统。工作时,自行走式喷灌机沿悬挂在温室骨架上的行走轨道运行,通过安装在喷灌机两侧喷灌管上的多个微喷头实施灌溉作业(图5-18)。

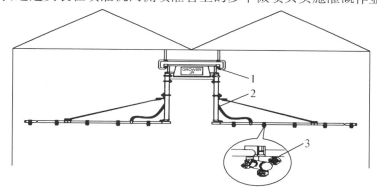

图5-18 温室自行走式喷灌机

1.喷灌机行走轨道;2.喷灌机主计;3.三喷嘴微喷头

温室自行走式喷灌机通常还配有施肥或加药设备,以便利用其对作物进行施肥或喷药作业;同时采用可更换喷嘴的微喷头,可根据作物或喷洒目的不同,选择合适的喷嘴进行喷洒作业。

由于投资较高,温室自行走式喷灌机多用于穴盘育苗、观赏植物栽培等温室生产中。

5.微喷带微灌

微喷带微灌系统是采用薄壁多孔管作为灌水器的灌溉系统。多孔管是一种直接在可压扁的薄壁塑料软管上加工出水小孔进行灌溉的灌水器。这种微灌技术的特点之一是可用作滴灌,也可用作微喷灌。将其覆盖在地膜下,利用地膜对水流折射可以使多孔管出水形成类似滴灌的效果;将其直接铺设在地面,多孔管出水可形成类似细雨的微喷灌效果。温室中,低温季节将其覆盖在地膜下作为滴灌用,高温季节揭开地膜就可作为微喷灌用,是一种经济实用的温室灌溉设备,尤其适合在塑料大棚、日光温室等对灌溉要

求不高的生产型温室中使用。微喷带微灌系统的优点是抗堵塞性能好,不需要用很精细的水源净化过滤设备,能滴能喷,投资低,缺点是其灌水均匀度较低,使用年限短。

此外,设施灌溉还有潮汐灌溉、水培灌溉(即水培栽培)和喷雾灌溉(即雾培)等。

第四节

设施气体环境及其调控

CO_2是作物进行光合作用的必需原料,O_2是作物有氧呼吸的前提。在设施栽培条件下,设施内外的空气流动受到限制,在没有人工补充CO_2的情况下,容易造成棚室内CO_2的匮乏,限制作物光合效率。大气中CO_2和O_2含量发生变化,将影响到作物的生长发育、生理生化特性等一系列生命过程。与此同时,空气中的有害气体虽然含量甚微,但它们的存在仍有可能对农作物造成不可逆的副作用。

一、设施内的空气流动与调控

在田间自然条件下,由于空气的流动,作物群体冠层风速一般可达 1 m/s 以上,从而促进田间作物群体内水蒸气、CO_2和热量等的扩散。在设施条件下,尤其是冬季温室密闭状态下,室内气流速度较低。为了促进设施内气温分布均匀,缓解群体内低CO_2浓度和高相对湿度,必须促进室内空气的流动,以实现温室作物的优质高产。

(一)空气流动速度与作物的生长发育

空气流动达到作物的叶片表面时,气流与叶片摩擦产生黏滞切应力,形成一个气流速度较低的边界层,称为叶面边界层。由于进行光合作用的CO_2和水汽分子进出叶面时,都要穿过这一边界层,因而其厚度、阻力和气流,都对叶片的光合、蒸腾作用构成重要影响,从而影响作物的生长发育。研究表明,叶面边界层厚度和阻力的大小与气流速度的大小密切相关,当气流速度在0.5 m/s 以下时,叶面边界层阻力和厚度均增大;而在0.5~1 m/s 的微风条件下,叶面边界层阻力厚度显著降低,有利于CO_2和水汽分子进入气孔,促进光合作用,这是设施作物生长的最适气流速度。风速过大,叶面气孔开度变小,光合强度受抑制,如能增加空气湿度,则光合强度还能增强一些;但低相对湿度、高光强和高气流速度,都会使光合强度下降(图5-19,图5-20)。

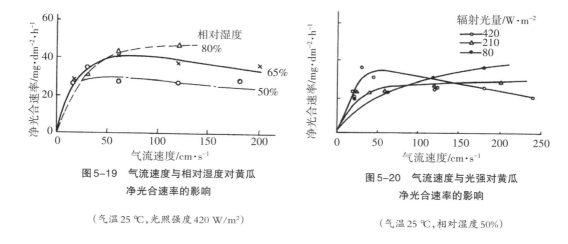

图5-19 气流速度与相对湿度对黄瓜
净光合速率的影响

（气温25 ℃,光照强度420 W/m²）

图5-20 气流速度与光强对黄瓜
净光合速率的影响

（气温25 ℃,相对湿度50%）

（二）换气与室内气流

为调控温室内气温、湿度和CO_2而进行换气时,温室内会产生气流。研究表明,温室内栽培番茄时,温室面积200 m²,番茄叶面积指数为3.5,开启天窗进行自然通风换气时,室内绝大部分部位的气流速度都是10 cm/s以下,开启排风扇进行强制通风（105 m³/min排风量）时,室内气流速度不超过30 cm/s,群体内的风速大部分低于10 cm/s。可见靠这些换气方式,都达不到温室番茄最适的室内气流50~100 cm/s的要求。

（三）气流环境的调节

通常在温室内设置排风扇进行强制通风,以求产生风,并使室内环境条件均一化,提高净光合速率和蒸腾强度,促进温室作物的生育。冬季温室密闭时,为促进温室内空气流动,将安装在室内的环流风扇启动,搅拌空气使其流动,可使室内大部分部位的气流速度达到50~100 cm/s,为温室作物生长提供适宜的气流速度。

二、设施内二氧化碳环境及其调控

CO_2是由人类活动引起的最重要的温室气体之一,全球大气CO_2浓度已从工业革命前的280 μmol/mol上升到2018年的400 μmol/mol。随着世界人口和经济活动的增加,预计至21世纪末,大气CO_2浓度将增加一倍。

（一）CO_2浓度升高对植物的影响

1.对植物生长发育和产量的影响

高CO_2浓度能够促进植物地上部与根系（包括根重、根长及根表面积）的生长,提高生物量及产量,缩短植物的生育期,使植物开花期提早。

2.对植物叶片形态结构的影响

CO_2浓度倍增使C_3植物叶片近轴面气孔密度减少,叶片厚度增加,表皮细胞密度下

降,叶绿体淀粉粒积累增多,基粒和基粒类囊体膜发育良好,而且数目均增多。

3.对植物光合生理生态特性的影响

大气 CO_2 浓度升高使植物光合作用发生变化(图5-21)。CO_2 浓度升高不仅能够显著提高植物的碳同化速率,同时还能通过扩大光源利用范围,促进植物的光合作用。

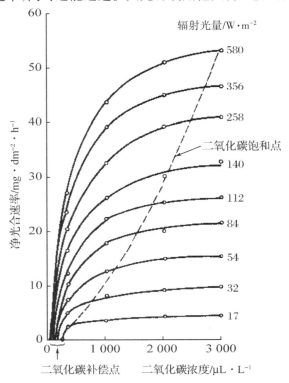

图5-21 不同光强下黄瓜净光合速率与二氧化碳浓度的关系

4.对植物蒸腾作用及水分利用效率的影响

环境中 CO_2 浓度升高会导致植物气孔关闭,从而使气孔导度降低。大量研究表明,随着空气中 CO_2 浓度增加,植物叶片净光合速率和水分利用效率增加,蒸腾速率降低,且 C_3 植物比 C_4 植物更明显。

(二)设施内 CO_2 浓度特点

设施处于相对封闭状态,内部 CO_2 浓度日变化幅度远远高于外界,而且 CO_2 浓度垂直分布也呈明显的日变化(图5-22)。夜间,设施内由于植物呼吸、土壤微生物活动和有机质分解,导致室内 CO_2 不断积累,早晨揭苫之前浓度最高,超过 1 000 μL/L;揭苫之后,随光温条件的改善,植物光合作用不断增强,CO_2 浓度迅速降低,揭苫后约 2 h CO_2 浓度开始低于外界。通风前,CO_2 浓度降至一日中最低值;通风后,外界 CO_2 进入室内,浓度有所上升,但由于通风量不足,补充 CO_2 数量有限,因此,一直到16:00左右,室内 CO_2 浓度依然低于外界。16:00以后,随着光照减弱和温度降低,植物光合作用随之减弱,CO_2 浓度开始回升。盖苫后及前半夜的室内温度较高,植物和土壤呼吸旺盛,释放出的 CO_2 多,因此 CO_2 浓度升高很快。第二天早晨揭苫之前,CO_2浓度又达到一日中的最高值。

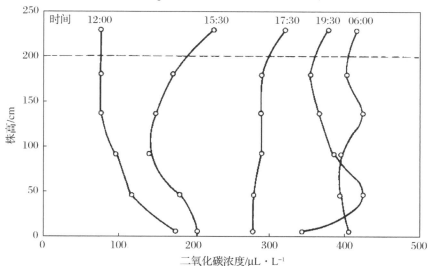

图5-22　温室内砾培番茄二氧化碳浓度垂直分布日变化

设施内不同部位的CO_2浓度分布不均匀。中午群体生育层上部以及靠近通道和地表面的空气中CO_2浓度较高,生育层内部浓度较低。夜间靠近地表面的CO_2浓度相当高,生育层内CO_2浓度较高,而上层浓度较低。设施内部CO_2浓度分布不均匀,会造成作物光合强度的差异,从而使各部位的产量和质量不一致。

(三)提高设施内CO_2浓度的方法

1.通风换气

当设施内CO_2浓度低于外界大气水平时,采用强制通风或自然通风可迅速补充设施内的CO_2。此法简单易行,但CO_2浓度的升高有限。

2.增加土壤有机质

增施有机肥不仅提供作物生长必需的营养物质,改善土壤理化性质,而且可释放出大量的CO_2。但是有机质释放CO_2的持续时间短,产气速度受外界环境和微生物活动影响较大,不易调控,而且未腐熟厩肥在分解过程中还可能产生氨气、二氧化硫、二氧化氮等有害气体。

3.生物生态法

将作物和食用菌间套作,在菌料发酵、食用菌呼吸过程中释放出CO_2,或者在大棚、温室内发展种养一体,利用畜禽新陈代谢产生CO_2。此法易相互污染,无法控制CO_2释放量。

4.CO_2施肥

冬季棚室密闭严,通气少,室内CO_2亏缺严重,施用CO_2是目前设施栽培中的一项增产效果显著的措施。一般黄瓜、番茄、辣椒等果菜类施用CO_2气肥的比不施肥的平均增产20%~30%,并能提高品质;鲜切花施用CO_2可增加花数,促进开花,增加和增粗侧枝,提高花的质量。

（1）CO_2施肥方法

设施内增施CO_2主要采用以下四种方式：一是固体CO_2施肥法；二是采用CO_2发生器于棚内施用CO_2气肥；三是采用燃料燃烧法；四是液态CO_2施用法。

1）固体CO_2施肥法

固体CO_2施肥法较简单，买来配好的固体CO_2气肥或CO_2颗粒剂，按说明使用即可。一般将固体CO_2气肥按2穴/m^2，每穴10 g施入土壤表层，并与土混匀，保持土层疏松。施用时勿靠近根部，使用后不要用大水漫灌，以免影响CO_2气体的释放。

2）CO_2发生器施肥法

该方法施肥的反应物主要有碳酸氢铵加硫酸、小苏打加硫酸、石灰石加盐酸等。一般使用硫酸和碳酸氢铵发生化学反应产生CO_2气体，通常667 m^2标准棚用量为：每天称取3.6 kg碳酸氢铵加2.25 kg浓硫酸（1:3稀释），均匀放入30个容器内（最好采用CO_2发生器）进行反应（常用塑料桶，挂高1.5 m），晴天日出后0.5~1 h使用，通风前半小时停用，使棚室内CO_2浓度达到1000 mg/kg左右，一般连施30 d以上，阴雨天不施。表5-11列出了施用CO_2气肥的用料参考表。在实际操作过程中，可一次配2~3 d的硫酸量，每天上午只需向挂桶内定量撒碳酸氢铵即可。施用一般从植株的初花期开始到盛果期结束，施用时关闭温室，反应后废液（主要成分为硫酸铵和水）加10倍水稀释作土壤追肥。

表5-11　667 m^2标准棚（1300 m^3）内施用CO_2气肥用料参考表

反应物	单位	数量				
CO_2增加量	%	0.010	0.025	0.055	0.075	0.100
CO_2达到量	%	0.040	0.055	0.085	0.105	0.130
液态CO_2	kg	0.240	0.600	1.300	1.790	2.400
浓硫酸	kg	0.275	0.685	1.480	2.040	2.750
碳酸氢氨	kg	0.465	1.165	2.515	3.470	4.650
浓硫酸	kg	0.275	0.690	1.495	2.060	2.760
碳酸氢钠	kg	0.465	1.160	2.515	3.455	4.650
浓盐酸	kg	1.075	2.690	5.825	8.020	10.750
90%碳酸钙	kg	0.605	0.520	1.860	4.530	6.050

3）燃料燃烧法

在欧美、日本等国家，常利用低硫燃料如天然气、白煤油、石蜡、丙烷等燃料释放CO_2，应用方便，易于控制。我国主要将燃煤炉具改造，增加对烟道尾气的净化处理装置，滤除其中的二氧化氮、二氧化硫、粉尘、煤焦油等有害成分，输出纯净的CO_2进入设施内部。

配合生态型日光温室建设，利用沼气来进行CO_2施肥是目前大棚蔬菜最值得推广的CO_2施肥技术。具体方法是：选用燃烧比较完全的沼气灯或沼气炉作为施气器具，大棚内按每50 m^2设置一盏沼气灯，或每100 m^2设置一台沼气灶。每天日出后燃放，燃烧1 m^3沼气可获得大约0.9 m^3 CO_2。一般棚内沼气池寒冷季节产沼气量为0.5~1.0 m^3/d，它可使333 m^2

大棚(容积为 600 m³)内的 CO_2 浓度达到 1000~1600 μmol/mol。在棚内 CO_2 浓度到 1000~1200 μmol/mol时停燃,并关闭大棚 1.5~2 h,棚温升至 30 ℃时,开棚降温。

4)液态 CO_2(气瓶)

液态 CO_2 为酒精工业、化肥工业的副产品,经压缩装在钢瓶内,可直接在棚内释放。常在大型温室内应用。具体方法是:根据气瓶的压力不同确定释放时间长短,最好配合 CO_2 测定仪及时了解室内 CO_2 浓度状态,达到测定量浓度就可以停止施用。根据经验,一般 333 m² 的温室需要释放 0.5 h 左右。

(2)CO_2 增施时间

CO_2 施肥应在作物一生中光合作用最旺盛的时期和一日中光照条件最好的时间进行。苗期 CO_2 施肥利于缩短苗龄,培育壮苗,提早花芽分化,提高早期产量。定植后的 CO_2 施肥时间取决于作物种类、栽培季节、设施状况和肥源类型。以蔬菜为例,果菜类定植后到开花前一般不施肥,待开花坐果后开始施肥,主要是防止营养生长过旺和植株徒长;叶菜类则在定植后立即施肥。

一天中,CO_2 施肥时间应根据设施 CO_2 变化规律和植物的光合特点安排。在中国和日本,CO_2 施肥多从日出或日出后 0.5~1 h 开始,通风换气之前结束。在北欧、荷兰等国家,CO_2 施肥则全天候进行,中午通风开窗至一定大小时自动停止。

(3)CO_2 施用期间的栽培管理

①光照管理。当光照强度一定时,增加 CO_2 浓度会增加光合量。强光下增加 CO_2 浓度对提高作物的光合速率更加有利,因此,CO_2 施肥的同时应注意改善群体受光条件。

②温度管理。在 CO_2 施肥的同时,提高管理温度是必要的。一般将 CO_2 施肥条件下的通风温度提高 2~4 ℃,同时将夜温降低 1~2 ℃,加大昼夜温差,以保证植株健壮生长,防止徒长。

③湿度管理。各种作物要求不同的空气相对湿度,只有相对湿度适宜,CO_2 施肥效果才能发挥作用。如黄瓜适宜的相对湿度为 80%,辣椒为 85%,番茄为 45%~50%。

④灌水和施肥管理。CO_2 施肥促进作物生长发育,增加对水分、矿质营养的需求。因此,在 CO_2 施肥的同时,必须增加水分和营养的供给,满足作物生理代谢需要,但又要注意避免肥水过大造成徒长。

(4)CO_2 施肥浓度

从光合作用的角度,接近饱和点的 CO_2 浓度为最适施肥浓度,但在经济方面却不合算。通常,800~1500 μL/L 作为多数作物推荐的施肥浓度,具体浓度依作物种类、生育时期、光照及温度等条件而定,如晴天和春夏季节光照强时施肥浓度宜高,阴天和秋冬低温弱光季节施肥浓度宜低。

三、设施内有害气体及其预防措施

(一)设施常见有害气体的产生及其危害

1.氨气

在密闭的温室地面撒施碳铵、尿素、鸡粪、饼肥,或在温室内发酵鸡粪及饼肥等,都会直接或间接释放氨气。对氨气敏感的蔬菜有黄瓜、番茄、辣椒等。当温室内氨气浓度达

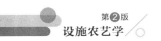
到 5 g/m³时,生长旺盛的中部叶片就会不同程度的受害,叶肉组织白化、变褐,最后枯死,如果通风换气排除氨气后,新发生的叶片可正常生长。当浓度达到 40 g/m³时,经过 24 h,几乎各种植物都会受害而枯死。

2.二氧化氮

连作 3 年以上的温室由于土壤呈酸性(pH 值小于 5)及氮肥施用量过大,在土壤硝化细菌的作用下,铵态氮向亚硝酸态转化,使亚硝酸在土壤中大量积累。在土壤强酸性条件下,亚硝酸气化,二氧化氮气体积累。对二氧化氮反应敏感的蔬菜有茄子、番茄、辣椒、芹菜、莴苣等。当温室内二氧化氮的浓度达到 2 g/m³时,叶片的叶缘和叶脉间形成灰白色或褐色坏死的小斑点,严重时导致整叶凋萎枯死。

3.二氧化硫

温室生产过程中,用硫黄粉熏蒸消毒,或深冬季节用燃煤加热升温不当,引起二氧化硫在温室内聚积。对二氧化硫敏感的蔬菜有黄瓜、番茄、辣椒、茄子、西葫芦等。当浓度超过 1 g/m³时,在叶片上就会出现界限分明的点状或块状水渍斑。

4.邻苯二甲酸二丁酯

该物质是塑料薄膜增塑剂,使用掺有该增塑剂的薄膜,当温室内白天温度高于 30 ℃时,邻苯二甲酸二丁酯便不断地游离出来,在不注意通风换气的情况下,积累到一定浓度,便对瓜菜造成伤害。其受害症状为:在心叶和叶尖的幼嫩部位,沿着叶脉两侧的叶肉褪绿、变白、生长受阻。

5.乙烯

温室前屋面覆盖劣质塑料薄膜或采用乙烯催熟后,不及时通风即会释放出乙烯。乙烯浓度达到 0.1 g/m³时,敏感作物便开始出现叶片下垂弯曲,严重时叶片枯死,植株畸形。对乙烯敏感的作物有黄瓜、番茄等。

(二)对设施内有害气体的预防措施

1.施用充分腐熟的有机肥料

一般在有机肥施入前 2~3 个月,将其加水拌湿堆积后,盖严薄膜,经充分发酵后再施用即可防止氨气和二氧化氮等有害气体的产生。

2.合理使用化肥

温室内使用化肥应注意以下几点:①温室内不施氨水、碳铵、硝铵等易挥发的肥料;②用尿素、三元复合肥等不易挥发的化肥作基肥时,要与过磷酸钙和部分腐熟的有机肥混合后沟施或翻耕深埋;③用尿素、硫酸钾三元复合肥等追肥时,一定要随施随埋严,追施后及时浇水,严禁在温室追施或冲施未经发酵的人粪尿。

3.通风换气排除温室内有害气体

根据温室内温度高低及外界天气情况,每天中午前后,可适当通风换气,避免有害气体大量积累。用硫磺消毒要在温室生产前进行,待充分排除二氧化硫气体后再栽植作物。深冬加温时要选用优质煤,并架设烟道排烟。

4.选用适宜的塑料薄膜

使用的地膜、防水膜和前屋面膜,都必须是安全无毒的,不用再生塑料薄膜。

> ▶▶▶▶
> ## 第五节
> ° ° °

设施土壤环境及其调控

土壤是作物赖以生存的基础,作物生长发育所需要的养分与水分都需从土壤中获得,土壤营养状况直接关系作物的产量和品质。

栽培设施内温度高,空气湿度大,气体流动性差,光照较弱,而设施内作物复种指数高,生长期长,施肥量大,根系残留也较多,再加上多年连作造成设施内养分不平衡,因而设施内土壤与露地土壤有很大的区别。

一、设施土壤特征

设施栽培由于倒茬困难、病虫害和土壤次生盐渍化等连作障碍问题不断加剧,最终导致设施土壤不同于露地。

1.设施土壤养分含量相对较高,并且出现表聚现象

由于设施内土壤有机质矿化率高,氮肥用量大,淋溶又少,所以残留量高。设施内土壤全磷的转化率比露地高两倍,对磷吸附和解吸量也明显高于露地,磷大量富集,而钾的含量相对不足,氮钾比例失衡,对作物生育不利。

设施内土壤有机质含量是露地菜田的1~3倍,尤其腐殖质和胡敏酸比例高。随着温室棚龄的增加,温室土壤有机质含量升高,并明显高于露地。研究表明,8年、5年和3年棚龄土壤有机肥质含量分别为6.34%、4.55%、3.43%,明显高于露地的3.12%。

2.土壤酸化

土壤中盐基离子被淋失而氢离子增加、酸度增高的过程称为土壤酸化(图5-23)。引起设施栽培土壤酸化的原因:一是施用酸性和生理酸性肥料,如氯化钾、过磷酸钙、硝酸铵等;二是大量施用氮肥,土壤的缓冲能力和离子平衡能力遭到破坏而导致土壤pH值下降,从而出现土壤酸化。土壤pH值的变化将会影响到土壤养分的有效性。在石灰性土壤上,pH值的降低能够活化铁、锰、铜、锌等微量元素以及磷的有效性,但是在酸性土壤上,pH值的降低会加重氢离子、铝、锰的毒害作用,磷、钙、镁、锌、钼等元素也容易缺乏。

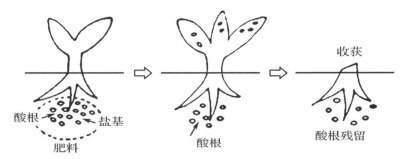

图 5-23　土壤酸化示意图

3.土壤次生盐渍化

土壤次生盐渍化是指土壤中可溶性盐类随水向表层运移而累积,含量超过0.1%或0.2%的过程。设施内施肥量大,并且长年或季节性覆盖,土壤得不到雨水的充分淋洗,加之设施中由下到上的水分运动形式,致使盐分在土壤表层聚集。土壤盐类积累后,造成土壤溶液浓度增加使土壤的渗透势加大,作物种子的发芽、根系的吸水吸肥均不能正常进行。而且由于土壤溶液浓度过高,营养元素之间的拮抗作用常影响到作物对某些元素的吸收,从而出现缺素症状,最终使生育受阻,产量及品质下降。造成设施土壤盐分积累的主要原因如下:

（1）化肥用量过高

温室积盐的主要原因是氮素化肥施用过量,其利用率不足10%,其余90%以上被积累在土壤或进入地下水。也就是说,过量施用肥料和偏施氮肥是引起温室土壤发生次生盐渍化的直接原因。

（2）设施内土壤水分与盐分运移方向与露地不同

由于地面蒸发强烈,设施内土壤水分在耕层内的主流运移方向是由下而上,盐随水走,使盐分向表土积聚。

（3）缺少雨水淋溶和土壤矿化度高

由于设施的封闭特性以及特殊的覆盖结构,使得土壤盐分得不到雨水冲洗,造成盐分逐年积累。同时,设施土壤的积温显著高于露地,土壤的矿化作用加剧,土壤自身矿化的离子和人为施入的肥料结合起来而使土壤盐分浓度在短短2~3年内就会明显上升。

4.土壤物理性状不良

随着设施种植年限增加,土壤水稳性团粒结构(0.25~2 mm)增加,毛细管孔隙发达,持水性好;但非活性孔隙比例相对下降,土壤通气透水性差,物理性状不良。连作引起的盐类积累会使土壤板结,通透性变差,需氧微生物的活性下降,土壤熟化慢。

5.土壤微生物发生变化,病虫害严重

由于设施栽培作物种类比较单一,形成了特殊的土壤环境,使硝化细菌、氨化细菌等有益微生物受到抑制,而对作物有害的微生物大量发展,土壤微生物区系发生变化。而且由于设施内的环境比较温暖湿润,为一些病虫害提供了越冬场所。此外,连续种植同一作物或同科作物会使特定的病原菌繁殖,而使土传病害、虫害严重。随着连作年限的增加,真菌的数量减少,但有害真菌的种类和数量增加。

6.设施土壤易发生自毒作用

自毒作用是指一些植物可通过地上部淋溶、根系分泌物和植株残茬等途径来释放一些物质,从而对同茬或下茬同种或同科植物生长产生抑制的现象。番茄、茄子、西瓜、甜瓜和黄瓜等作物极易产生自毒作用,而与西瓜同科的丝瓜、南瓜、瓠瓜和黑籽南瓜则不易产生自毒作用,其生长有时反而被其他瓜类的根系分泌物所促进。

二、设施土壤环境的调节与控制

1.增施有机肥

设施内宜使用有机肥,因为其肥效缓慢,腐熟的有机肥不易引起盐类浓度上升,还可改进土壤的理化性状,疏松透气,提高含氧量,提高地温,还能向棚室内放出大量的 CO_2 气体,减轻或防止土壤盐类浓度过高。

2.轮作

轮作或休闲是减轻土壤次生盐渍化程度、改良土壤的一种简易措施。如蔬菜保护设施连续使用几年以后,种一季露地蔬菜或一茬水稻,对恢复地力、减少生理病害和病菌引起的病害都有显著作用。

3.平衡配方施肥

配方施肥是在施用有机肥的基础上,根据作物的需肥规律,土壤的供肥特性和肥料效应,提出氮、磷、钾和微量元素肥料的适宜用量以及相应的施用技术。该项技术可减少土壤中盐分的积累,是防止设施土壤次生盐渍化的有效途径,也是设施生产的关键技术之一。

4.合理灌溉

合理灌溉可以降低土壤水分蒸发量,有利于防止土壤表层盐分积聚。目前设施内的灌溉方法主要有膜下沟灌、喷灌、膜下滴灌和涌泉灌等,其中滴灌是较好的灌溉方式,可防止土壤下层盐分向表层积聚。

5.土壤消毒

土壤中有病原菌、害虫等有害生物,也有微生物、硝化细菌、亚硝化细菌、固氮菌等有益生物。正常情况下这些微生物在土壤中保持一定的平衡,但连作时由于作物根系分泌物质的不同或病株的残留,引起土壤中生物条件的变化而打破了平衡状况,造成连作的危害。为了消灭病原菌和害虫等有害生物,可以进行土壤消毒。

(1)药剂消毒

根据药剂的性质,有的灌入土壤中,也有的洒在土壤表面。使用时应注意药品的特性,目前生产上常用药剂有甲醛、硫磺粉、氯化苦等。在施用时都需提高室内温度,使土壤温度达到15~20 ℃以上,10 ℃以下不易气化,效果较差。采用药剂消毒时,可使用土壤消毒机,使药液直接注入土壤一定深度,并使其汽化和扩散。

另外,还可以用甲霜灵、福美双、多菌灵等4~5 kg/667 m²进行土壤药剂消毒。

(2)蒸汽消毒

蒸汽消毒是土壤热处理消毒中最有效的方法,以杀灭土壤中有害微生物为目的。大多数土壤病原菌用 60 ℃蒸汽消毒 30 min 即可杀死,但对烟草花叶病毒(tobacco mosaic viru,TMV)等病毒,需要 90 ℃蒸汽消毒 10 min。多数杂草种子,需要 80 ℃左右的蒸汽消毒 10 min 才能杀死。土壤中除病原菌之外,还存在很多氨化细菌和硝化细菌等有益微生物,若消毒方法不当,也会引起作物生育障碍,必须掌握好消毒时间和温度。

在土壤或基质消毒之前,需将消毒的土壤或基质疏松好,用帆布或耐高温的厚塑料布覆盖在待消毒的土壤或基质表面上,四周要密封,并将高温蒸汽输送管放置到覆盖物之下。每次消毒的面积与消毒机锅炉的能力有关,要达到较好的消毒效果,每平方米土壤每小时通 50 m³ 的高温蒸汽比较适宜。

(3)太阳能消毒

在炎热的夏季,利用设施的休闲期进行太阳能消毒,消毒效果较好。先把土壤翻松,然后灌水,用塑料薄膜覆盖,使设施封闭 15~20 d,棚室内达到 60 ℃,甚至 70 ℃高温杀灭病菌,但这种方法温度不够高,消毒效果有限。

6.施用微生物菌肥

微生物菌肥对改良设施土壤有良好的作用。研究表明,在棚室中每 667 m² 施 6000 kg 腐熟有机肥的基础上,施用生物复合菌肥 6 kg,磷酸二铵 10 kg,硫酸钾 20 kg,可明显增加土壤肥力的持效性,至生育后期土壤中速效钾为单施有机肥的 117.6%,速效磷含量增加 21.2%,碱解氮含量增加 24.5%,能改善土壤微生物区系,提高植株抗病能力,尤其土传病害如菌核病、枯萎病的发病率比单纯施化肥时明显降低,而且土壤盐分浓度降低。

另外,近年来研究结果表明,微生物可以缓解自毒物质对作物生长发育的抑制作用,从而改善设施土壤状况,提高作物对水分和养分的吸收能力,促进根际微生物活力,增加有益菌群。

7.利用化感作用

许多植物和微生物可释放一些化学物质来促进或抑制同种或异种植物及微生物生长,这种现象称为化学他感作用,简称化感作用。已证明利用农作物间的化学他感作用原理进行有益组合,不仅可有效地提高作物产量,并且在减少根部病害方面也可取得令人满意的效果。例如,一些十字花科作物分解过程中会产生含硫化合物,因此向土壤中施入这种作物的残渣能减少下茬作物根部病害的发生。生产上,由于许多葱蒜类蔬菜的根系分泌物对多种细菌和真菌具有较强的抑制作用,而常被用于间作或套种。

8.以水化盐

即利用自然降雨淋溶与合理的灌溉技术以水化盐。

9.增施有机改良剂

用壳质粗粉、植物残体、蚓粪、绿肥、饼肥、稻草、堆肥和粪肥等有机改良剂处理土壤,能改良土壤结构,改善土壤微生物的营养条件,提高土壤微生物多样性,抑制病原菌的生长。

10.其他措施

采用嫁接、换土和无土栽培技术克服连作障碍。

▶▶▶▶

第六节

设施环境综合调控

一、设施环境综合调控的意义

在实际生产中,设施内的光照、温度、湿度、养分、CO_2等环境因子互相影响、相互制约、相互协调,形成综合动态环境,共同作用于作物生长发育及生理生化等生命活动过程。如温室内光照充足时,温度也会升高,土壤水分蒸发和植物蒸腾加速,使得空气湿度加大,此时若开窗通风,各个环境因子则会出现一系列的改变。因此,要实现设施栽培的高产、优质、高效生产,就不能只考虑单一因子,而应考虑多种环境因子的综合影响,采用综合环境调控措施,把多种环境因子都维持在一个相对最佳组合下,并以最少限度的环控设备,实现节能、省工省力,实现设施农业的可持续发展。

环境综合调控就是以实现作物的增产、稳产为目标,使用省工节能、便于生产人员管理的最少量的环境调节装置(通风、保温、加温、灌水、遮光等各种装置),把关系到作物生长的多种环境要素(室温、湿度、CO_2浓度、气流速度、光照等)都维持在适于作物生长的水平的一种环境控制方法。这种环境控制方法的前提条件是依据作物的生长发育状态、环境状况、外界的气象条件以及环境调节措施的成本、调控设备运行状况的实时监测结果综合考虑,设定控制目标值,配置各种数据资料的记录分析,根据效益分析来进行有效的综合环境调控。

设施内不同作物以及同一作物的不同生长发育阶段对环境因子的要求不同,所以在设施生产中,要结合实际的栽培作物来合理控制环境条件。如日光温室黄瓜生产环境因子调控可以采取如下措施:冬季清晨温度较低,而CO_2浓度较高,此时低温就成为黄瓜叶片光合作用的限制因子,如果将温度提高到15 ℃,黄瓜叶片的净光合速率会明显提高,此时适当加温是比较经济的方法(表5-12)。随着光合作用的进行,室内CO_2不断消耗,此时可人工增施CO_2至1500 $\mu L \cdot L^{-1}$。冬春季节温度较低的时间里,可以尽量缩短放风时间,保持较高的CO_2浓度来促进黄瓜叶片的光合作用,有利于提高黄瓜的产量。

表5-12 黄瓜叶片光合速率的最适环境因子组合

温度/℃	CO_2/$\mu L \cdot L^{-1}$	光量子通量密度/$\mu mol \cdot m^{-2} \cdot s^{-1}$	净光合速率/$\mu mol \cdot m^{-2} \cdot s^{-1}$
12	1000~1200	100~400	6.29~13.22
15	1200~1500	200~600	13.22~21.39
20	1500	400~800	14.45~27.26
25	1500	600~800	30.93~34.43
30	1500	600~1000	29.56~38.06
33	300	800~1200	17.92~20.72
35	300	800~1200	17.41~21.23

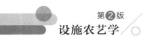

二、设施环境综合调控的方式

设施环境综合调控有三个不同的层次,即人工控制、自动控制和智能控制。这三种控制方法在我国设施农艺生产中均有应用,其中自动控制在现代温室环境控制中应用较多。

(一)设施环境的人工控制

人工控制是单纯依靠生产者的经验和头脑进行的综合管理,是初级阶段,也是采用计算机进行综合环境管理的基础。有经验的菜农非常善于综合考虑多种环境要素,并根据生产资料成本、产品市场价格、劳力、资金等情况统筹计划,通过合理安排茬口、调节上市期和上市量进行温室大棚的环境调节。

生产能手对温室内环境的管理,都是基于综合环境调控。比如采用年前耕翻、晾垡晒土,多次翻土、晒土提高地温,多施有机肥提高地力,选用良种、营养土提早育苗,用大温差育苗法培育成龄壮苗,看天、看地、看苗掌握放风量和时间,浇水和光温配合等,都是综合考虑了温室内多个环境要素的相互作用及其对作物生育的影响。

依靠经验进行的设施环境综合调控,要求管理人员具备丰富的知识,善于并勤于观察情况,随时掌握情况变化,善于分析思考,能根据情况做出正确的判断,让作业人员准确无误地完成所应采取的措施。

(二)设施环境的自动控制

所谓自动控制,是指在没有人直接参与的情况下,利用控制装置或控制器,使机器、设备或生产过程的某个工作状态或参数自动地按照预定的规律运行。例如温室内浇灌系统自动适时地给作物灌溉补水。自动控制方式很多,但是对每一类系统的被控量变化全过程提出的基本要求都是一样的,可归结为稳定性、快速性和准确性,即稳、快、准。

1.稳定性

稳定性是保证控制系统正常工作的先决条件。一个稳定的控制系统,其被控量偏离期望值的初始偏差应随时间的增长逐渐减小或趋于零。具体来说,对于稳定的恒值控制系统,其被控量因扰动而偏离期望值后,经过一个过渡过程时间,应恢复到原来的期望值;对于稳定的随动系统,被控量应能始终跟踪参据量的变化而变化。反之,不稳定的控制系统,其被控量偏离期望值的初始偏差将随时间的增长而发散。因此,不稳定的控制系统无法实现预定的控制任务。

2.快速性

为了更好完成控制任务,控制系统要求过渡过程要快速。例如,对用于稳定的高射炮射角随动系统,虽然炮身最终能跟踪目标,但如果目标变动迅速,而炮身跟踪目标所需过渡时间过长,就不可能击中目标。

3.准确性

理想情况下,当过渡过程结束后,被控量达到的稳态值(即平衡状态)应与期望值一致。但实际上,由于系统结构、外作用形式以及摩擦、间隙等非线性因素的影响,被控量的稳态值与期望值之间会存在误差,称为稳态误差。稳态误差是衡量控制系统控制精度的重要标志,在技术指标中一般都有具体要求。

(三)设施环境的智能控制

智能控制是一种建立在启发、经验和专家知识等基础上,应用人工智能、控制论、运筹学和信息论等学科相关理论,驱动控制系统执行机构实现预期控制目标的控制系统。

设施环境智能控制系统是通过传感器采集温室内环境和室内作物生长发育状况等信息,采用一定的控制算法,由智能控制器根据采集到的信息和作物生长模型等比较,决策各执行机构合理动作,创造出温室内动植物最适宜的生长发育环境,实现优质、高产、低成本和低能耗的目标,实现对温室内环境智能控制的目的。

1. 设施环境智能控制系统工作原理

植物生长发育要求有适宜的温度、湿度、土壤含水量、光照度和CO_2浓度等。设施环境智能控制系统的任务就是有效地调节上述环境因子使其在要求的范围内变化。环境因子调节的控制手段有暖气阀门、东/西侧窗、排风扇、气泵、水帘、遮阴帘、水泵阀门等。根据不同季节的气候特点,环境因子调节的手段不同,因此控制模式也不同。

设施环境因子参考模型的建立以温度控制为核心,即根据设施作物在不同生长阶段对温度的要求和作物一天中生理活动中心的转移进行温度调节。调节温度使作物在白天通过光合作用能制造更多的碳水化合物,在夜间减少呼吸对营养物质的消耗。调节的原则是以白天适温上限作为上午和中午增进光合作用时间段的适宜温度,下限作为下午的控制温度,傍晚4~5 h内比夜间适宜温度的上限提高1~2 ℃,以促进运转,其后以下限为通夜控制温度,最低界限温度作为后半夜抑制呼吸消耗时间段的目标温度。调节方法一天分成四个时间段,不同时间段控制不同温度,这也叫四段变温控制,如图5-24所示。

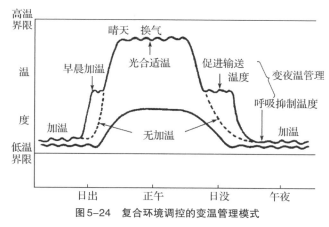

图5-24 复合环境调控的变温管理模式

2. 温室环境智能控制系统的结构

温室环境智能控制系统包括硬件结构和控制算法等。拓扑结构如图5-25所示。

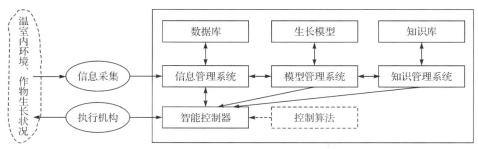

图5-25　温室环境智能控制系统拓扑结构

（1）温室环境智能控制硬件结构

现代化温室环境智能控制多采用分布式控制系统结构。整个控制系统不存在中心处理系统，由许多分布在各温室中的可编程控制器或子处理器组成，每一控制器连接到中心监控计算机或主处理器上。各子处理器处理所采集的数据，并完成实时控制功能，主处理器存储和显示子处理器传送来的数据，并向各子处理器发送控制设定值和其他控制参数。分布式控制系统有系统网络、现场控制站、操作员站和工程师站等四个基本组成部分，完成数据采集、控制和管理等特定功能。这些特定功能模块通过网络连接，组成完整的控制系统，实现分时控制、集中管理和集中监视的目标。

（2）温室环境智能控制算法

温室环境智能控制系统是在系统硬件的支持下执行软件（包括控制算法）的过程，控制算法在很大程度上决定了智能控制系统的性能。近年来，对温室环境智能控制系统控制算法的研究方兴未艾。

比例积分微控（Proportion integration differentiation control，PID）算法在温室环境控制中应用最早。它根据输入的偏差值，按比例、积分和微分的函数关系运算，将其结果用以输出控制。常规PID控制器的参数不易在线调整，抗干扰能力差，不能满足现代温室环境智能控制的要求。在温室控制实际应用中，为了提高控制系统的动态调节品质和控制精度，通常需要对常规的PID控制算法进行改进。

模糊控制算法将温室内环境和作物生长状况等参数综合起来分析考虑，借助模糊数学和模糊控制相关理论，实现温室环境的智能控制。模糊控制算法不需要被控对象的精确数学模型，根据实验结果和经验总结出模糊控制规则，经过模糊控制器的模糊化、模糊推理和去模糊化等过程，使被控环境因子参数相互影响耦合到最适宜状态。模糊控制具有响应速度快和过渡时间短等优点，但当系统输入、输出数目和模糊语言变量划分等级增大时，模糊规则数目以幂级数增加，导致控制系统的性能降低。

神经网络是由许多神经元按照一定的拓扑结构相互连接的网络结构。它具有多种模型，如反向传播BP模型（Back Propagation）、自适应线性元件ADALine模型（Adaptive Linear Element）和汉明网络模型（Hamming Network）等。神经网络算法不需要精确的数学模型，其网络结构具有自组织、自学习和非线性动态处理能力，适于温室环境智能控制的要求。

由于现代温室环境智能控制系统是一个非线性大滞后、多输入和多输出的复杂系统,单一的控制算法很难满足现代温室环境智能控制的要求,将多种控制算法交叉与融合的混合控制算法在温室环境智能控制方面的应用和研究异常活跃。

3.设施环境智能控制系统的设计原则及组成

（1）设计原则

通过对我国温室产业的发展现状和国外先进监控系统的分析研究,并考虑到我国温室产业的特殊性和我国的国情,温室环境智能控制系统的设计应遵循简单、灵活、实用、价廉的原则。

简单指结构和操作简单,系统的现场安装简单,用户使用方便,且具有一定的智能化程度,能通过对室内环境参数的测量进行自动控制。

灵活指系统可以随时根据季节的变化和农作物种类的改变进行重新配置和参数设定,以满足不同用户生产的需求。

实用指所设计的系统应充分考虑我国农业生产的实际情况,特别是我国东北的寒冷地区,保证对环境的适应性强、工作可靠、测量准确、控制及时。

价廉指开发的系统应保持在一般农户可以接受的价格水平上。

（2）设施环境智能控制系统的组成

为实现对温室环境因子（湿度、温度、光照、CO_2、土壤水势等）的有效控制,设施环境智能控制系统采取数据采集和实时控制的硬件结构。该系统可以独立地完成温室环境信息的采集、处理和显示（图5-26）。该系统设计由数模转换（digital-to-along conversion, D/A）、D/A的多功能数据采集板、上位机、下位机、继电器驱动板及电磁阀、接触器等执行元件组成。这些执行元件形成测量模块、控制输出模块及中心控制模块三大部分。

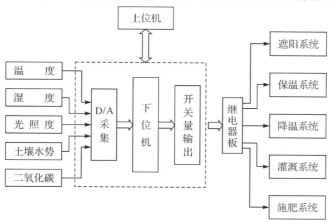

图5-26 设施环境智能控制系统结构框图

①测量模块。该模块是由传感器把作物生长的有关参量采集过来,经过变送器变换成标准的电压信号送入D/A采集板,供计算机进行数据采集。传感器包括温度传感器、湿度传感器、土壤水分传感器、光照传感器以及CO_2传感器等。

②控制输出模块。该模块实现了对温室各环境参数的控制,采用计算机实现环境参数的巡回检测,并对环境参数进行分析,当温室某环境因子超出设置的适宜参数范围时,自动打开或关闭通风、遮阳、保温、降温、灌溉、施肥等控制设备,调节相应的环境因子。

③中心控制模块。中心控制模块由下位机为控制机,检测现场参数并可直接控制现场调节设备,下位机也有人机对话界面以便于单机独立使用。上位机为管理机,针对地区性差异、季节性差异、种植类差异,负责控制模型的调度和设置,使整个系统更具有灵活性和适应性。同时,上位机还具有远程现场监测,远程数据抄录以及远程现场控制的功能,在上位机就有身临现场的感觉。另外,上位机还有数据库、知识库,用于对植物生长周期内综合生长环境的跟踪记录、查询、分析和打印报表,以及为种植人员提供技术咨询。

复习思考题

一、名词解释

1.温室效应　2.生理干旱　3.土壤次生盐渍化　4.水分临界期　5.相对湿度(RH)
6.毛管水　7.自毒作用

二、填空题

1.全世界最高水平的园艺设施形式是(　　　),其环境控制准确先进。

2.设施光环境包括(　　　)、(　　　)、(　　　)和(　　　)四个方面,它们分别给予温室作物的生长发育以不同的影响。

3.太阳辐射能在(　　　)(0.4~0.76 μm)、(　　　)(＞0.76 μm)和(　　　)(＜0.4 μm)分别占44%、53%和3%,即集中于短波波段,故将太阳辐射称为(　　　)。

4.(　　　)是由人类活动引起的最重要的温室气体。

5.短日照处理的遮光一般叫(　　　)处理,可用来调节花卉的花期。例如,对(　　　)进行遮光处理,可促进提早开花。

6.植物的生长必须在一定范围内进行,其生长温度三基点指的是(　　　)、(　　　)和(　　　)。

7.设施内空气中的水汽来源主要是植物叶片(　　　)、土壤(　　　)和(　　　)。

三、判断题

1.日光温室等单屋面温室内的光照时数一般与露地相同。(　　)

2.一般而言,我国中高纬度地区,冬季以东西单栋温室的透光率最高,其次是东西连栋温室。(　　)

3.干湿球温度计中湿球和干球温度相差度数越大,表明空气中相对湿度越大。(　　)

4.设施内最高温出现在午后,最低温出现在日出前,日温差比露地要大得多。(　　)

5.设施土壤养分含量的特点为"氮过剩、磷富积、钾缺乏"。(　　)

6.设施遮阴时,外覆盖的遮光降温效果比内覆盖差。(　　)

7.设施内部CO_2浓度日变化幅度远远高于外界,CO_2浓度垂直分布也呈明显的日变化。(　　)

8.日光温室栽培床的前、中、后排光照分布有很大的差异,前排光照条件好,中排次之,后排最低,反映了光照分布不均匀。(　　)

四、简答题

1.简述土壤温度低而减弱植物根系吸水能力的原因。

2.设施内空气湿度的特点是什么?

3.简述提高设施内CO_2浓度的方法。

4.什么是滴灌?有何优缺点?

5.简述设施土壤特征及设施土壤调控措施。

五、论述题

你认为如何通过日光温室内各环境因子的协调控制,实现作物的优质高产?

主要参考文献

1.李式军,郭世荣.设施园艺学(第2版)[M].北京:中国农业出版社,2012.

2.邹志荣,邵孝侯.设施农业环境工程学[M].北京:中国农业出版社,2008.

3.张福墁.设施园艺学(第2版)[M].北京:中国农业大学出版社,2010.

4.邹志荣.园艺设施学[M].北京:中国农业出版社,2002.

第六章
农艺设施的规划设计与建造

学习目标:了解农艺设施规划的意义、基本原则和主要内容,农艺设施荷载概念和类型,理解农艺设施设计的主要内容、基本要求,掌握温室、大棚的设计和建造施工。

重点难点:农艺设施场地的选择和布局,大棚和温室的设计建造与施工。

>>>> ————————
第一节
———————— ○○○

农艺设施的规划

近年来,在农业现代化和产业化的推动下,我国农艺设施发展迅猛,特别是以节能日光温室为代表的具有中国特色的农艺设施建设愈加成熟。越来越多地区的农艺设施呈现规模化、园区化和高端化趋势,但如果不了解设施栽培特点及要求,规划设计容易造成设施区布局不合理,设施方位错误,建筑材料使用不科学,附属设备设计超量或不足等,造成极大的浪费。因此,搞好农艺设施的规划设计非常必要。

一、农艺设施规划的意义和原则

农艺设施规划是指对农艺设施种植区的厂址选择、设施平面布置、物流路线、物料搬运方法与设备选择等进行规划选择,使各生产要素和各子系统实现系统整体优化,提高设施生产的整体效益。通过合理的规划,便于充分利用土地资源,建造采光保温性能好的设施结构,创造适宜的内部环境条件,使设施生产高产、高效、优质、生态、安全。

农艺设施规划应遵循以下几个原则:

①效益综合性原则。坚持经济效益优先,兼顾社会效益和生态效益。避免"假大空"的项目盲目上马,避免项目开发过程中肆意扩大建设规模、破坏生态环境的事件发生,提高设施种植区经营管理者的环保意识和责任意识。

②可持续发展原则。即设施规划要考虑长远利益,兼顾自身发展和示范带动。

>138◄

③开发与保护相结合原则。在保护中开发,在开发中保护,要进行保护、开发和利用兼顾。

④因地制宜、突出特色原则。每个地区的地理特征和气候特性都有差异,农艺设施在规划设计时一定要结合当地优势,因势利导,因地制宜,突出当地特色。有利于在生产上节能增效,提高效率;有利于在市场竞争中独树一帜,提高市场竞争力。

⑤近期规划和远期规划相结合原则。农艺设施是不断发展进步的,规划设计既要结合实际突出可操作性,也要有一定的前瞻性。前期规划注重总体规划,分步实施,远期规划结合优势产业,相互补充和相互促进。

⑥"农旅"结合和系统开发原则。随着人民生活水平不断提高,各种农艺设施在提升农业文化旅游方面的重要性愈来愈突出。在满足农艺设施基本功能的基础上,农艺设施设计还应该加强观光农业的发展,完善相关配套设施建设。

二、农艺设施规划的内容

农艺设施的规划包括对建造设施地区、地点的选择,对建筑物、设备、运输通道、场地进行合理配置,对电力、照明、排水、通风等进行规划,对信息通信传输系统规划,对物料产品、生产资料、搬运路线及储存场地做合理安排,以满足栽培设施的功能、空间、经济、生态等需要。

三、农艺设施场地的选择与布局

(一)场地的选择

农艺设施建筑场地与结构性能、环境调控、经营管理等方面关系很大,因此在建造前要慎重选择场地。

①为了充分采光,要选择南面开阔、干燥向阳、无遮阴的平坦矩形地块。向南或东南有小于10°的缓坡地较好,利于设置排灌系统。

②为了减少温室覆盖层的散热和风压对结构的影响,要选择避风地带。冬季有季风的地方,最好选在上风向有丘陵、山地、防风林或高大建筑物等挡风的地方,但这些地方又往往形成风口或积雪过大,必须事先进行调查研究。另外,要求场地四周不要有障碍物,以利于高温季节通风换气和促进作物的光合作用。在农村宜将温室建在村南或村东,不宜与住宅区混建。为了利于保温和减少风沙的袭击,还要注意避开河谷、山川等风道。

③为适宜作物的生长发育,应选择土壤肥沃疏松、有机质含量高、无盐渍化和其他污染源的地块。一般要求壤土或沙壤土,最好3~5年未种过瓜果、茄果类蔬菜的土壤,以减少病虫害发生。但用于无土栽培的温室,在建筑场地选择时,可不考虑土壤条件。

④为使基础牢固,要选择地基土质坚实的地方。否则,地基土质松软,如新填土的地方或沙丘地带,基础容易下沉。避免因加大基础或加固地基而增加造价。

⑤为了利于人工灌水,需要选择靠近水源、水量充足、水质好的地方。温室主要是利用人工灌水,要求灌溉水无有害元素,pH值中性或微酸性,冬季水温高(最好是深井水),有利于地温回升;地下水位低,排水良好。

⑥为了便于运输和用电,应选离公路、电源等较近且交通运输便利的地方。为了使物料和产品运输方便,通向温室区的主干道宽度要保证足够宽。

⑦设施场地要避免建在有污染源的下风向,减少对薄膜的污染和积尘。

此外,温室群最好能靠近有大量有机肥供应的场所,如工厂化养鸡场、养猪场、养牛场和养羊场等,以满足温室生产对有机肥的大量需求。

(二)场地的布局

设施生产一般采取集中管理,各种类型相结合的布局方式。小规模设施场地布局要考虑设施之间以及它们与外部之间的联系;规模大的还要考虑锅炉附属建筑物、办公室和休息室等非生产用房的布局。

①设施群的布局首先要考虑方向,其次考虑大门的位置、道路的设置和每两栋间隔距离等。场内道路应该便于产品的运输和机械通行,主干道路要6 m,允许两辆汽车对开,设施间支路宽最好能在3 m左右。主路面根据具体条件选用沥青或水泥路面,保证雨雪季节畅通。

②大型连栋温室或日光温室群应规划为若干个小区,每个小区成一个独立体系,安排生产不同作物种类或品种。所有公共设施,如管理服务部门的办公室、仓库、料场、机井、水塔等应集中设置,集中管理。每个小区之间的交通道路实际规划中应在保证合理的交通路线的前提下,最大限度地提高土地利用率。

③规划使用频率高的路线及搬运重物的路线应该短,且尽量不要交错。因此,应该把和每个设施都发生联系的作业室、锅炉房等共用附属建筑物放在中心部位,将农艺设施生产场地分布在周围,便于运输。

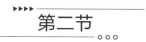

▶▶▶▶ 第二节

农艺设施的设计

一、农艺设施设计的要求

农艺设施的设计必须符合作物设施栽培的特点,与一般工业及民用建筑的设计不同,农艺设施的设计主要有以下七个要求。

1.功能要求

温室的平、剖面应根据功能的需要建造,根据功能把温室分为生产性温室、科研试验性温室和观赏展览性温室等类型,各种温室平、剖面的设计都有所不同。

2.节能要求

设施的建筑构造除满足各自的使用功能外,还应满足节能方面的要求。通过选用合理的结构和覆盖材料,增加透光率,使温室最大限度地吸收太阳能;通过降低屋面和墙体的传热系数,减少内部热量的流失,达到节约能源的目的。

3.环境要求

设施环境必须适于作物的生长和发育,为取得高产、优质的产品,要随着作物的生育和天气的变化,不断地调控设施内小气候。所以要求具有灵敏度高,容易调控的结构和设备。如为调节土壤水分,应有性能良好的排灌设备。

设施环境不仅要适于作物生育,而且要保护劳动者的身体健康。此外,还要考虑废旧薄膜和营养液栽培时废液的处理问题,否则易造成公害。

4.可靠性要求

设施在使用过程中结构会承受到各种各样的荷载作用,如风荷载、雪荷载、作物荷载、设备荷载等。设施的结构应能够承受各种可能发生的荷载作用,不会发生影响使用的变形和破坏。

5.耐久性要求

设施在正常使用和正常维护的情况下,所有的主体结构、围护构件以及各种设备都具有规定的耐久性。设施的结构构件和设备所处的环境是温度较高,湿度较大,光辐射强烈,空气的酸碱度也较高,这些都将影响设施的耐久性。温室主体结构和连接件的防腐处理一般应保证耐久年限10~20年。

6.标准化和装配化要求

随着现代化温室的发展,温室的形式日益多样化,不同形式的温室,其体型、尺寸差别比较大。同时,目前我国各温室企业的温室设计、制造生产,其构件互不通用,无法实现资源共享,生产效率低下。只有通过温室的标准化,不同的温室采用系列化、标准化的构件和配件组装而成,实现温室的工厂化、装配化生产,才能使温室的制作和安装简化,缩短建设周期,降低生产和维护成本,提高生产效率。

7.建造成本要求

农艺设施生产的产品是农产品,价格低,所以要求尽量降低设施建筑费和管理费,这与坚固的结构、灵敏度高的环境调控设备等要求引起费用增加的事实相矛盾。因此,要根据经济情况考虑建筑规模和设计标准,一般应根据当地的气候条件选择适用的农艺设施类型。

二、农艺设施设计应考虑的荷载

(一)农艺设施的荷载类型

荷载也称载荷或负荷,是指施加在建筑结构上的各种作用。结构上的作用是指能使结构产生效应(结构或构件的内力、应力、应变、位移、裂缝等)的各种原因的总称。农艺设施建筑设计的基础就是荷载的计算和校核。荷载类型很多,可从不同方面来分类。

1.按荷载的性质分类

直接作用在温室结构上的荷载有永久荷载、可变荷载和偶然荷载三类。

①永久荷载。又称恒载,是指结构使用期间,其值不随时间变化,或其变化与平均值相比可忽略不计,或其变化是单调的并能趋于极限的荷载,如温室、大棚结构的自重、温室透光覆盖材料的自重、温室结构上安装的各种附属设备(包括加热、降温、遮阳、灌溉、通风、补光等永久性设备)的自重、土压力、水压力等。

②可变荷载。又称活载,是指结构使用期间,其值随时间变化,且其变化与平均值相比不可忽略的荷载,主要有风荷载、雪荷载、作物荷载、屋面活荷载、竖向集中荷载(维修荷载)、可变设备荷载等。

③偶然荷载。指结构使用期间不一定出现,一旦出现,其值很大且持续时间很短的荷载,如爆炸力、撞击力、地震力等。

2.按荷载分布状况分类

荷载分为集中荷载和分布荷载。

①当作用荷载在结构构件上分布范围远小于构件的长度时,便可简化为作用于一点的集中力,这个集中力称为集中荷载,如悬挂在温室屋架下弦杆上的环流风机对下弦杆形成的作用力、检修人员在温室天沟上行走时对天沟的作用力等。

②分布荷载是沿结构构件的长度或部分长度连续分布的荷载。分布荷载按荷载在构件长度上的分布是否等于常量而分别称为非均布荷载和均布荷载。

(二)农艺设施的主要荷载

1.作物荷载

作物荷载指悬挂在温室结构上的作物自重对温室结构所产生的荷载。由于温室内经常种植一些无限生长型的作物,需要用绳子或钢丝等柔性材料将其悬挂到温室屋面或屋架结构等部位;也有一些育苗或花卉生产温室经常将盆花直接悬挂在温室的结构上。不论采用什么样的悬挂方式,植物的自重都将对温室结构产生荷载。

(1)盆栽作物独立吊挂

花卉生产温室或育苗温室中,经常在温室的下弦杆上吊挂花盆等盆栽植物。如果是吊挂轻质容器,可以将作物荷载转化为线荷载均匀分布在温室的下弦杆上;如果是吊挂重质容器,则应将荷载转化为集中荷载,作用在下弦杆或设计吊挂点上,必要时应对吊挂点进行加强设计。

(2)垄栽作物吊线悬挂

番茄、黄瓜等垄栽作物在温室中生产时,经常采用水平吊线悬挂。对南北走向连栋温室采用南北走向垄栽时,一般将水平吊线的两端固定在两侧山墙的水平横梁上,对于长度较长或作物荷载较大的温室,为了避免两侧山墙上水平横梁承受过大的拉力引起横梁甚至整个山墙产生过大的变形,往往在两侧山墙上单独设计作物吊挂梁。

（3）树式栽培作物荷载

近年来，在示范园现代化连栋温室中经常种植番茄树、黄瓜树等各种树式栽培作物，由于每株栽培作物占用面积较大，且荷载分布很不均匀，目前还没有统一的荷载取值方法，设计中应根据经验取值，并单独设计支撑体系，避免将其直接吊挂在温室主体结构上。

2. 永久设备荷载

永久设备荷载指诸如采暖、通风、降温、补光、遮阳、灌溉等永久性设备的荷载。

（1）压力水管

采暖系统和灌溉系统中供回水主管如果悬挂于结构上时，其荷载标准值取水管装满水时的自重。

（2）遮阳保温系统

遮阳保温系统的荷载按材料自重计算竖直荷载，并按压/托幕线或驱动线数量计算拉线张力，并分解为水平和竖直集中作用力作用到拉幕梁上。材料的自重应按供货商提供的数据采用，一般室外遮阳网的重量为 0.25 N/m²，室内遮阳幕的重量为 0.1 N/m²，托幕线的重量为 0.1 N/m。荷载计算中要考虑遮阳保温幕展开和收拢两种状态下的荷载组合。

（3）喷灌系统

喷灌系统采用水平钢丝绳悬挂时，除考虑供水管装满水和空管两种状态下的竖直荷载外，还应计算每根钢丝的张力对结构的作用力。在资料不充分时，水平方向最小作用力按 2500 N 计算。当采用自行走式喷灌机灌溉时要考虑将荷载的作用点运动到结构承载最不利的位置。喷灌机的自重咨询供货商，资料不足时每台机按 2 kN 的竖向荷载计算。

（4）人工补光系统

补光系统设备的自重由供货商提供。400 W 农用钠灯（含镇流器和灯罩）的重量按 0.1 kN 计算。

（5）通风降温系统

通风及降温系统设备自重由供货商提供。湿帘安装在温室骨架上时，按全部湿帘打湿考虑；风机安装在屋顶或由墙面构件承载时，除考虑静态荷载外，还要考虑风机启动时的振动荷载。温室内永久设备荷载难以确定时，可以按照 70 N/m² 的竖向均布荷载采用。

3. 屋面可变荷载

我国 GB 50009—2012 规定，不上人屋面水平投影面上的屋面均布可变荷载为 0.5 kN/m²，上人屋面为 2.0 kN/m²。这一规定适合于日光温室的操作间和后屋面设计。

连栋温室的屋面，一般为不上人屋面，其屋面均布荷载是一种控制荷载，其水平投影面上的屋面均布可变荷载，可取 0.3 kN/m² 的标准值。

4. 施工和检修荷载

设计屋面板、檩条、天沟、钢筋混凝土挑檐、雨篷和预制小梁时，施工或检修荷载（人和小工具的自重）应取 1.0 kN，并应在最不利位置处进行验算。

5. 风荷载

垂直于温室大棚等建筑物表面、单位面积上作用的风压力称为风荷载。风荷载与风速的平方成正比,也与作用高度、建筑物的形状、尺寸以及设施周围地面的粗糙程度,包括自然地形、植被以及现有建筑物有关。

6.雪荷载

雪荷载的大小主要取决于依据气象资料而得的各地区降雪量、屋面的几何尺寸等因素。在确定温室的雪荷载时,应考虑已建成温室的设计与使用实践经验,查明并分析其他温室因积雪过多而坍塌或发生永久性变形过大的原因,实测各种情况下积雪量多少与积雪分布的情况,为确定基本雪荷载提供资料。

温室屋面上的雪荷载除直接降落到温室自身屋面的积雪形成的屋面基本雪荷载外,还可能有高层屋面向温室低层屋面的漂移积雪和滑落积雪形成的局部附加雪荷载。

三、农艺设施建筑计划的制订

农艺设施一次性投资较大,使用年限较长,为取得较高的经济效益,除了考虑地理、气象等自然条件外,还要考虑劳动力、资金等经济条件。所以在工程设计前须作投资计划,进行成本核算,做好建造计划。设施的建筑计划可分为生产性建筑计划和非生产性建筑计划。

(一)生产性建筑计划的制订

生产性建筑计划应根据设施的建造设计来制订,建造设计一般要考虑设施类型和规模、门窗的形式、数量和造价等问题。

1.设施方位

为了保证设施的采光,一般单屋面温室布局均为坐北朝南,但对高纬度(北纬40°以北)地区和晨雾大、气温低的地区,日出时不能立即揭帘受光,方位可适当偏西,以便更多的利用下午的弱光;相反,对于冬季不太寒冷且大雾不多的地区,方位应适当偏东,以充分利用上午的阳光,提高光合效率。无论方位偏西还是偏东,偏离角度一般为5°~10°为宜。全光连栋温室或塑料棚方位多为南北延长,屋面东西朝向,防止骨架产生死阴影。

2.设施(温室)的排列与间距

从保温方面考虑,在风大的地方,为避免道路变成风口,温室或大棚要错开排列。

温室群中每栋温室前后间距的确定应以前栋温室不影响后栋温室采光为基本原则。丘陵地区可采用阶梯式建造,以缩短温室间距;平原地区也应保证在种植季节的上午十时到下午四时的阳光能照射到温室的前沿。也就是说,温室在光照最弱的时候至少要保证六个小时以上的连续有效光照。

以日光温室为例(图6-1),前栋温室屋脊至后温室前沿之间的水平距离计算公式如下:

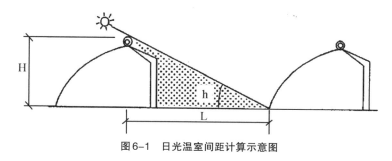

图6-1 日光温室间距计算示意图

$$L = H/tgh \tag{6.1}$$

式中:H—温室屋脊卷帘到室外地面的距离;L—前栋温室屋脊至后温室前沿之间的水平距离;h—冬至日某一时刻太阳高度角。

根据计算,不同纬度地区一般保证作物冬至日最少获得日照四小时的温室间距可参考表6-1。

表6-1　保证作物冬至日光照最少四小时的温室间距

纬度/N	日光温室屋脊高度/m							
	2.5	2.6	2.7	2.8	2.9	3.0	3.1	3.2
30°	3.79	3.94	4.10	4.25	4.40	4.55	4.70	4.85
31°	3.94	4.10	4.26	4.41	4.57	4.73	4.89	5.04
32°	4.10	4.26	4.42	4.59	4.75	4.92	5.08	5.24
33°	4.26	4.43	4.60	4.77	4.94	5.11	5.28	5.46
34°	4.44	4.62	4.79	4.97	5.15	5.33	5.50	5.68
35°	4.62	4.81	4.99	5.18	5.36	5.55	5.73	5.92
36°	4.82	5.02	5.21	5.40	5.60	5.79	5.98	6.17
37°	5.04	5.24	5.44	5.64	5.84	6.04	6.25	6.45
38°	5.26	5.48	5.69	5.90	6.11	6.32	6.53	6.74
39°	5.51	5.73	5.95	6.17	6.39	6.62	6.82	7.06
40°	5.78	6.01	6.24	6.47	6.70	6.93	7.17	7.40
41°	6.07	6.31	6.55	6.80	7.04	7.28	7.52	7.77
42°	6.38	6.64	6.89	7.15	7.40	7.66	7.91	8.17
43°	6.72	6.99	7.26	7.53	7.80	8.07	8.34	8.61

注:1)表中温室间距指前一栋温室屋脊至后一栋温室前沿之间的距离。

2)表中数据是以冬至日(12月21日)10时的太阳高度角为依据计算的。

3.长度

单屋面日光温室或塑料大棚的长度一般以50~60 m为宜。过长易造成通风困难,现代化温室一般强制通风有效距离在30~40 m,也不宜过长。灌水水道过长浇水不均匀,管道灌水一般在50 m以内。塑料大棚和连栋温室的屋顶走向多为南北延长,因此主要靠东西侧墙透光,长度越短,即长(L)、宽(B)比L/B越小,光照越好,东西延长的日光温室则相反,因东西两侧山墙不透明,L/B越小,山墙阴影占的比率越大,光照越差。

4.宽度

宽度又称"跨度"。单屋面温室的跨度若加大,高度也相应增加,必然需要增加建材;若高度不变则屋面角度必相对变小,特别是大棚几乎接近平顶,导致棚顶外面容易积水,屋内湿度易升高;若改为连栋式,则要增加柱子,给管理带来不便。宽度对光线分布也有影响,宽度过大,内部光线减少,光线分布不均匀程度也随之增加,特别是连栋温室的天沟下更明显。日光温室或塑料大棚跨度过宽影响通风效果,夏天不易降温,但保暖性能好。塑料大棚的宽度一般为高度的2~4倍。

大型连栋温室的跨度,是指每一单栋的宽度,多为3.2 m的倍数。近年来,现代化温室有跨度减小而高度增加的趋势,跨度达6.4 m,脊高达6 m以上,成为"瘦高形",目的是产生"烟囱"效应,夏季高温时,只利用顶窗自然通风,排除顶部热空气,而4 m以下作物生育层温度并不太高,可不用安装湿帘风机强制通风设备,降低造价且节约能源。

5.高度

设施的高度一是指脊高(B),即指脊部(最高点)到地面的垂直高度;另一是指侧高,即侧墙顶部到地面的垂直高度,也称檐高(H)。檐高的室内空气流通好,温度分布较均匀,有利栽培。但采暖费用和建造费用增加,所以高度要适当。

根据风压高度变化系数,农艺设施的高度由2 m增到4 m,每增高1 m,风压约增加10%,影响不明显。所以目前钢架塑料大棚侧高多在1.5 m以上,脊高3 m左右;大型现代化温室侧高多在3 m以上,甚至大于4 m,脊高多在4.5 m以上。

6.温室内地面标高

为了防止室外雨水聚集倒灌入温室,一般温室内地面比室外地面高15 cm。但是,许多日光温室为了保温的需要,采取室内地面低于室外地面的做法,以提高地温和室内的气温。在北纬43°~50°地区,宜将室内地面降低0.3~0.5 m,即采用半地下式温室。

7.屋面坡度和形状

塑料大棚或温室的屋面坡度越大,光照、温度、湿度条件越好,对栽培越有利,但建筑费、采暖费也随之增加。从结构力学来看,屋面坡度大的棚室骨架更稳定,雨雪容易滑落。屋面形状有平面和拱圆形两种,一般玻璃、塑料板材屋面多为平面屋脊形,塑料薄膜多为拱圆形。拱圆形屋面更有利于太阳光线透入。

8.设施面积

对设施面积的确定可从设施类型、生产需求、场地条件和投资规模等因素来综合考虑。一般日光温室净跨度为6.0~8.0 m,长度为50~100 m,一栋温室面积最好为300~667 m²,这样基本可以满足生产及管理上的需要。但有时受用地限制,面积也可适当减小,如庭院建造温室面积可小些,但不宜小于50 m²。自然通风的温室在通风方向不宜大于40 m,单栋建筑面积宜在1000~3000 m²;机械通风温室进排气口的距离宜小于60 m,呈"工"或"王"字型等布局,单栋建筑面积宜在3000~5000 m²。如果需要温室面积大于以上数字,可以分为若干单体,采用廊道相连。陈列和观赏温室的面积还需从内部空间需求和外形要求来考虑,规模可以更大。

9.总体规模

建设总体规模的确定,一方面与生产用地面积有关,另一方面也与经济实力、技术力量以及经营管理能力有关。更为重要的是要做好充分的市场调查,合理确定产品的定位(内销、外销、出口)。如果市场需求好,产品定位较高,回报率也高,能在短期内获得较高的经济效益,自身经济实力强,能保证一次性投资费用和后续资金,企业或单位人才技术也有保证时可较大规模地规划设计。如果不具备以上条件,则可逐步运作,滚动发展,不要贪多贪大。如果建设规模很大,建成之后没有流动资金保证,且缺乏管理和生产技术及营销人才,那么规模越大,损失也越大。

(二)非生产性建筑计划的制订

生产性建筑规模较大时,生产上必需的附属建筑物的建筑面积,如锅炉房、水井(水泵室)、变电所、作业室、仓库、煤场、集中控制室等,应根据设施的栽培面积及各种机械设备的容量而定。非生产性建筑计划可根据生产经营规模设办公室、田间实验室、接待室、会议室、休息室、更衣室、值班室、浴室、厨房、厕所等,这些房子可以单独修建也可以一室多用。设施内易形成高温、高湿环境,与外部温度、湿度差异很大,多在门口处修缓冲室,不仅可缓冲温度、湿度差的剧烈变动对作物和人体健康的不良影响,还能兼作休息室。

▶▶▶▶ ────
第三节
○○○

大棚和温室的设计与建造

农艺设施的设计建造是一个系统工程,不同类型的农艺设施在设计建造和施工时区别很大,需要根据实际情况结合设施规划和具体设施类型的荷载计算进行详细的设计和校核,然后根据建筑设计计划完成详细设计,在详细设计的基础上按照建造施工规范安排施工建设。

一、塑料大棚的设计与建造

塑料大棚是进行春提前和秋延后生产的保护地设施。与日光温室相比,结构简单、建造容易、造价较低、作业方便、土地利用率高。与露地相比,能大大改善室内作物的温度、湿度环境条件,更有效地提早和延迟作物栽培时间。

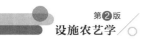

（一）塑料大棚的设计

1.大棚的方向

选择好棚址后,要确定大棚的方向。研究证明,春、秋季节,南北向大棚抗风能力强,日照均匀,棚内两侧温差小。确定棚向方位也受地形和地块大小等条件的限制,需要因地制宜加以确定,但最好选择正向方位,不宜斜向建棚。

2.大棚的规模

大棚全长以 40~60 m 为宜,最长不宜超过 100 m,太长管理不方便。棚宽 6~12 m,过宽影响通风。

棚的高度以单棚中高 1.8~2.4 m、中边高 1.6~2.0 m、边高 1.3~1.5 m 为宜。设计大棚的高度以能满足作物生长的要求和便于操作管理为原则,尽可能矮,以减少风害。

3.棚架与基础

棚架的结构设计应力求简单,尽量使用轻便、坚固的材料,以减轻棚体的重量,为降低成本,可选择钢管加竹片作为骨架材料。

风对大棚的破坏,主要是受风的压力和引力作用。在棚架设计上,要考虑立柱和拱杆的间隔。施工时,立柱、拱杆、压杆要埋深、埋牢、捆紧,使大棚成为一体。

4.棚群的排列

为了便于管理,要求大棚的规格统一,建造集中,排列整齐。一般做法是棚群对称式排列,两棚东西间距不小于 2 m,棚头与棚头之间留 4 m 的作业道,为运苗、排水、通风等作业创造方便条件。

（二）塑料大棚的建造

1.竹木结构大棚的建造

（1）材料准备

竹木结构大棚用料及内覆盖材料见表6-2。

表6-2　建造竹木结构大棚用料(667 m²大棚用料)

材料	规格	用量	用途
细圆竹	长 4.5~5 m,中径 2.3 cm	650~700根	拱杆、拉杆
圆木或方木	直径 4~6 cm	60~80根	立柱
棚膜	聚乙烯长寿无滴膜	80 kg	外覆盖
压膜线	专用塑料线	10 kg	压膜固定棚体
竹杆或木杆	长 50 cm、粗 5 cm	500根	压膜线地锚
铁丝	8号	3 kg	绑线

（2）定位放样

按照大棚宽度和长度确定大棚四个角,使四个角均成直角。然后打下定位桩,在定位桩之间拉好定位线,把地基铲平夯实,最好用水平仪矫正,使地基在一个平面上,以保持拱架的整齐度。

（3）插立柱

立柱分中柱、侧柱和边柱。立柱基部可用砖、石或混凝土墩，也可用木柱直接插入土中30~40 cm。上端锯成缺刻，缺刻下钻孔，作固定棚架用。跨度10~12 m的南北延长大棚，根据立柱的承受能力埋南北向立柱4~5道，东西向为一排，每排间隔3~5 m，柱下放砖头和石块，以防柱下陷。

（4）搭拱架

按间距（60~80 cm），将作为拱架的竹竿或竹片依次垂直插入土中（竹竿粗头朝下），入土深度40 cm。入土部分要涂沥清防腐，另一侧按同样方法对应插好，然后，弯成弧形，对接处用绳或铁丝绑结实成拱架。若一根竹竿长度不够，可用多根竹竿或竹片绑接而成。

（5）连结拉杆

取作拉杆的木杆或竹竿，沿棚长方向安装3~5道纵向拉杆，用铁丝与立柱绑牢，固定大棚，使之连成一体。

（6）埋地锚

把用来固定压膜线的木扦或竹扦地锚埋入地下50 cm并夯实，位置设在大棚两侧每两条拱杆中间。

（7）盖膜

盖膜有两种方式。一是扣整幅10 m幅宽的棚膜，通过底脚式放风，即将底脚薄膜直接揭开放风。这种方法的优点是防风抗风性能较好。但早春气温较低，作物易受扫地风的危害，同时后期气温较高时热气不易排出。防止扫地风危害的办法是在底脚内侧挂棚裙，棚裙高度1.5 m。底脚通风时，外界空气可由裙的上沿进入棚内。二是用三幅膜，即顶棚膜一幅，裙膜（边膜）两幅。顶棚膜依照4 m、6 m、8 m宽的大棚分别选幅宽为6 m、8 m、10 m的棚膜。宽幅膜在上，窄幅膜在下，每幅膜的边缘穿上绳子，接口处重叠30 cm，两边拉紧，放风时把接缝扒开。这种放风方式不会产生扫地风危害，同时后期气温较高时能有效通风降温，但抗风性能与扣整幅膜的底脚通风相比略差，棚内的空气对流也略差。有大风天气时，最好在上幅宽膜的绳子上吊上重物（如砖头、石块等），有利于防风。

大棚盖膜最好选晴朗无风的天气，先从棚的一边压膜，再把薄膜拉过棚的另一侧，多人一起拉，边拉边将薄膜弄平整，拉直绷紧，把薄膜两边埋在棚两侧宽20 cm、深20 cm左右的沟中。

（8）放压膜线

扣上塑料薄膜后，在两根拱杆之间放压膜线，压在薄膜上，使塑料薄膜绷平压紧，不能松动。压膜线要松紧适度，每个拱杆间绑缚一根，并牢牢固定在大棚两侧的地锚上。也可将压膜线两端绑在横木并埋实在土中。

（9）装门

在南端或南北两端设门，用方木或木杆作门杠，门杠上钉上薄膜。

2.钢管结构大棚的建造

（1）定位

同竹木结构大棚。

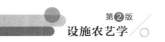
（2）安装拱杆

选用四分镀锌钢管作拱杆，拱杆间距1 m，在拱杆下部同一位置用石灰浆作标记，标出拱杆入土深度，后用与拱杆相同粗度的钢钎，在定位时所标出的拱杆插入位置处向地下打孔，深度与拱杆相同，而后将拱杆两端分别插入安装孔，并调整拱杆。

（3）安装拉杆

安装拉杆有两种方式，一是用卡具连接，安装时用木锤，用力不能过猛。另一种是用铁丝绑捆，绑捆时铁丝的尖端要朝向棚内并弯曲，以防它刺破棚膜以及在棚内操作的人。

（4）安装棚头

安装时要保持垂直，否则不能保持相同的间距，降低牢固性。

（5）安装棚门

将事先做好的棚门，安装在棚头的门框内，门与门框重叠。

（6）扣膜

将膜按计划裁好，用压膜槽卡在拱架上。压膜线可用事先埋地锚的方法固定，也可在覆膜后，用木橛固定在棚两侧。

二、节能日光温室的设计与建造

（一）节能日光温室的采光设计

节能日光温室在冬、春、秋三季进行反季节作物生产，以冬季生产为关键时期，特别是11月至翌年3月的光照和温度条件必须满足喜温作物生长发育的需要。

1.日光温室的最佳方位角

节能日光温室在冬季太阳高度角低，为了争取太阳辐射多进入室内，建造日光温室应采取东西延长，前屋面朝南，适当偏东或偏西5°~10°。

建造节能日光温室方位角是正南、正北，不是磁南、磁北。各地有不同的磁偏角，确定方位角时必须进行矫正。

2.日光温室的采光屋面角

为提高温室屋面的透光率，应尽量减小屋面的太阳光线入射角。入射角越小，透光率越大；反之透光率就越小。太阳光在日光温室前屋面的入射角θ，可以计算为：

$$\theta = 90° - \beta - \alpha \tag{6.2}$$

式中，α—太阳高度角；β—前屋面倾角。

如日光温室前屋面与太阳光线垂直，即入射角为0°时，理论上此时透光率最高。但这种情况在节能日光温室生产上并不实用，因为太阳高度角不断在变化，进行采光设计是考虑太阳高度角最小的冬至日正午时刻，并不适用于其他时间。况且这样设计温室，由上式可知，前屋面倾角β必然很大，非常陡峭，既浪费建材，又不利于保温（图6-2）。

由于透光率与入射角的关系并不是直线关系，入射角在0°~40°之间，透光率降低不超过5%；入射角大于40°后，随着入射角的加大，光线透过率显著降低。因此，可按入射角θ小于40°的要求设计屋面倾角，即取屋面倾角$\beta \geq 50° - \alpha$，这样不会发生屋面倾角很大的情况。但是如果只按正午时刻计算，则只是正午较短时间达到较高的透光率，午前和午后的绝大部分时间,阳光对温室采光面的入射角将大于40°,达不到合理的采光状态。

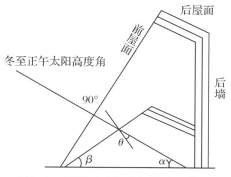

图6-2　太阳高度角和采光屋面角示意图
(张福墡等,2001)

张真和提出合理采光时段理论,即要求中午前后的4h内(一般为10:00~14:00),太阳对温室前屋面的入射角都能小于或等于40°。这样,对于北纬32°~43°地区,节能日光温室采光设计应以冬至日正午入射角40°为参数确定的屋面倾角基础上,再增加9.10°~9.28°,这是第二代节能日光温室的设计方法。这样10:00~14:00阳光在采光面上的入射角均小于40°,就能充分利用严冬季节的阳光资源。因此,屋面倾角可按下式计算:

$$\beta \geqslant 50° - \alpha + (5° \sim 10°) \tag{6.3}$$

式中,太阳高度角按冬至日正午时刻计算。例如,北京地区冬至日太阳高度角 α 为26.5°,则由上式可知合理的屋面倾角为28.5°~33.5°。

但如果是主要用于春季的温室,因太阳高度角比冬季大,则屋面倾角可以取小一些。

目前,日光温室前屋面多为半拱圆式,前屋面的屋面倾角(各部位的倾角为该部位的切平面与水平面的夹角)从底脚至屋脊是从大到小在不断变化的值,要求屋面任意部位都满足上述要求也是不现实的。实际上,只要屋面的大部分主要采光部位满足上述倾角的要求即可。例如,可取底脚处为50°~60°,距离底脚1 m处35°~40°,2 m处25°~30°,3 m处20°~25°,4 m以后15°~20°,最上部15°左右。

3.日光温室的跨度和高度

日光温室的跨度影响光能截获量、温室总体尺寸、土地利用率。跨度越大截获的直射光越多,如7 m跨度温室的地面截获光能为4 m跨度温室的1.75倍(图6-3)。

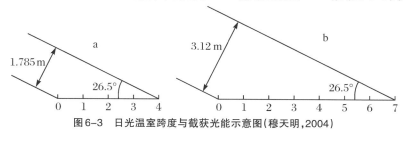

图6-3　日光温室跨度与截获光能示意图(穆天明,2004)

(a)跨度为4 m;　　　　　　　(b)跨度为7 m。

实际上,日光温室后墙也参与截获光能,其跨度和高度均影响光能截获量。在跨度相等的条件下,温室最高采光点的空间位置成为温室拦截光能多少的决定性因素。例如，一个8 m跨度温室，若将温室前缘与地面的交点作为直角坐标系的原点(图6-4中的0点)，然后在横坐标5.0 m和6.6 m处分别向上引垂线，如在相同高度3.6 m处设采光点，于是得坐标点K_1(5.0，3.6)和K_2(6.6，3.6)两个最高采光点。最高采光点K_2处的截获直射光量为K_1处的1.13倍。而将K_2点下降到高度2.6 m处时，所拦截的直射光量仅为3.6 m处的85.2%。可见，最高采光点越高对太阳光的截获量越大，当然，单纯提高采光点会导致温室造价增加。因此，日光温室节能设计中需找到各种要素、参数的最佳组合。

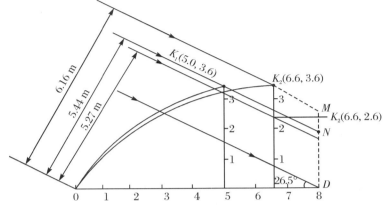

图6-4　跨度、最高采光点位置与拦截直射光的关系(穆天明，2004)

我国的日光温室经过半个多世纪的发展，各地均优选出一些构型，如山东、内蒙古、宁夏及京津冀地区等，其代表性的温室，跨度和最高采光点位置的相互关系有较佳的组合。例如，河北的冀优Ⅱ型和冀优改进型日光温室的跨度是6.0 m和8.0 m，相应的最高采光点为3.0 m和3.6 m(图6-5)。寒温带南缘的辽宁、吉林和黑龙江南部各地区一些代表性日光温室如鞍山Ⅱ型、改进型一斜一立式、辽沈Ⅰ型日光温室，其跨度依次为6.0 m、7.2 m和7.5 m，相对应的最高采光点依次为2.8 m、3.0 m、3.2~3.4 m。

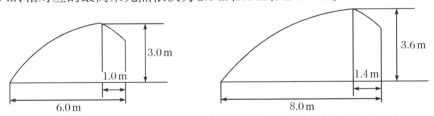

图6-5　冀优Ⅱ型和冀优改进型日光温室跨度与最高采光点位置参数(穆天明，2004)

数十年作物栽培实践的结果表明，在使用传统建筑材料、采光材料并采用草苫保温的条件下，在中温带地区建日光温室，其跨度以8 m左右为宜；在中温带与寒温带的过渡地带，跨度以6 m左右为宜；在寒温带地区，如黑龙江和内蒙古北部地区，跨度宜取6 m以下。这样的跨度有利于使日光温室同时具备造价低、高效节能和实现周年生产三大特性。

4.采光屋面形状

理想的采光屋面形状应能同时满足四个方面要求：①能透进更多的直射辐射能；②温室内部能容纳较多的空气；③室内空间有利于作业；④造价较低。

当跨度和最高采光点被设定之后,温室采光屋面形状就成为温室截获日光能量的决定性因素(此处不涉及塑料膜品种、老化程度、积尘厚度、磨损程度等因素)。

节能型日光温室屋面形状有两大类:一类是由一个或几个平面组成的折线型屋面,其剖面由直线组成;另一类是由一个或几个曲面组成的曲面型屋面,其剖面由曲线组成。折线型屋面的屋面倾角就是直线与水平线的夹角。曲面型屋面剖面曲线上各点的倾角都不相等,比较复杂,其各点在某时刻透入温室的太阳直接辐射照度是不相同的,整个屋面透入温室的太阳直接辐射量需要逐点分析进行累计,根据累计的辐射量,可对不同曲线形状屋面的透光性能进行比较。

实践证明,在我国中温带地区(指行政区划中的山西、河北、辽宁、宁夏,以及内蒙古、新疆的部分地区等)建设日光温室时,圆与抛物线组合式曲面比单圆、抛物线、椭圆线更好。圆与抛物线采光面不但比上述几种类型的入射光量都多,而且还比较易于操作管理,容易固定压膜线,大风时不致薄膜兜风,下雨时易于排走雨水。

5. 日光温室后坡面仰角

日光温室后坡面仰角是指日光温室后坡面与水平面之间的夹角。日光温室后坡面仰角的大小对日光温室的采光和保温性均有一定的影响。后坡面仰角应视温室的使用季节而定,至少应略大于当地冬至日正午的太阳高度角,在冬季生产时,尽可能使太阳直射光照到日光温室后坡面内侧;在夏季生产时,应避免太阳直射光照到后坡面内侧。一般后屋面角取当地冬至正午的太阳高度角再加5°~8°。

6. 日光温室的后坡水平投影长度

日光温室后坡的长短直接影响日光温室的保温性能及其内部的光照情况。当日光温室后坡长时保温性能提高,但这样当太阳高度角较大时,就会出现温室后坡遮光现象,使日光温室北部出现大面积阴影;而且日光温室后坡长,还会使前屋面的采光面减小,造成日光温室内部白天升温过慢。反之,当日光温室后坡面短时,日光温室内部采光较好,但保温性能却相应降低,形成日光温室白天升温快,夜间降温也快的情况。日光温室的后坡面水平投影长度一般以1.0~1.5 m为宜。

(二)节能日光温室的保温设计

节能日光温室在密闭的条件下,即使在严寒冬季,只要天气晴朗,在光照充足的午间室内气温可达到30 ℃以上。但是如果没有较好的保温措施,午后随着光照减弱,温度很快下降。特别是夜间,各种热量损失有可能使室温下降到作物生育适温以下,遇到灾害性天气,往往就会发生冷害、冻害。日光温室的保温性与温室墙体结构、后屋面及前屋面的覆盖物等有关。

1. 日光温室墙体的设计

日光温室的墙体和后坡,既可以支撑、承重,又具有保温蓄热的作用。因此,在设计建造墙体和后坡时,除了要考虑承重强度外,还要考虑材料的导热、蓄热性能和建造厚度、结构等。目前,日光温室墙体和后坡多采用多层复合构造,在墙体内层采用蓄热系数大的材料,外层为导热系数小的材料。这样就可以更加有效地保温蓄热,改善温室内环境条件。

(1)墙体厚度

鞍山市园艺研究所对墙体厚度与保温性能进行了研究,采用三种不同厚度的土墙:①土墙厚 50 cm,外覆一层薄膜;②土墙厚 100 cm;③土墙厚 150 cm。结果表明:自 1 月上旬至 2 月上旬,②比①室内的最低气温高 0.6~0.7 ℃,③比②室内最低气温高 0.1~0.2 ℃。由此可见,随着墙体厚度的增加,蓄热保温能力也增加,厚度由 50 cm 增至 100 cm,增温明显,但由 100 cm 增至 150 cm,增温幅度不大,也就是实用意义不大。根据经验,单质土墙厚度可比当地冻土层厚度增加 30 cm 左右为宜。据北京地区生产实践证明:节能型温室的墙体厚度,土墙以 70~80 cm 为宜,砖墙以 50~60 cm 为宜,有中间保温隔层则更好。

(2)墙体的材料与构造

节能型日光温室墙体有单质墙体(土墙、砖墙、石墙等)和异质复合墙体(内层为砖,中间有保温夹层,外层为砖或加气混凝土砖)。异质复合墙体较为合理,保温蓄热性能更好。研究表明,白天在太阳辐射加温的作用下,墙体成为吸热体,而当温室内气温下降时,墙体成为放热体。其中墙体内侧材料的蓄热和放热对温室内环境具有很大的影响。因此,墙体的构造最好由三层不同的材料构成。内层采用蓄热能力高的材料,如红砖、干土等,在白天能吸收更多的热并储存起来,到夜晚即可放出更多的热。外层应由导热性能差的材料,如砖、加气混凝土砌块等来加强保温。两层之间一般使用隔热材料填充,如珍珠岩、炉渣、木屑、干土和聚苯乙烯泡沫板等,阻隔室内热量向外流失。

墙体材料的吸热、蓄热和保温性能主要从其导热系数、比热容和蓄热系数等几个热工性能参数判断,导热系数小的材料保温性好,比热容和蓄热系数大的材料蓄热性能较好。表 6-3 列出温室常用墙体材料的热工性能参数。

表 6-3　日光温室墙体材料的热工性能参数

材料名称	密度 ρ /kg·m^{-3}	导热系数 λ /W·m^{-1}·℃$^{-1}$	蓄热系数 S_{24} /W·m^{-2}·℃$^{-1}$	比热容 c /kJ·kg^{-1}·℃$^{-1}$
钢筋混凝土	2500	1.74	17.20	0.92
碎石或卵石混凝土	2100~2300	1.28~1.51	13.50~15.36	0.92
粉煤灰陶粒混凝土	1100~1700	0.44~0.95	6.30~11.40	1.05
加气、泡沫混凝土	500~700	0.19~0.22	2.76~3.56	1.05
石灰水泥混合砂浆	1700	0.87	10.79	1.05
砂浆黏土砖砌体	1700~1800	0.76~0.81	9.86~10.53	1.05
空心黏土砖砌体	1400	0.58	7.52	1.05
夯实黏土墙或土坯墙	2000	1.10	13.30	1.10
石棉水泥板	1800	0.52	8.57	1.05
水泥膨胀珍珠岩	400~800	0.16~0.26	2.35~4.16	1.17
聚苯乙烯泡沫塑料	15~40	0.04	0.26~0.43	1.60
聚乙烯泡沫塑料	30~100	0.042~0.047	0.35~0.69	1.38

材料名称	密度ρ /kg·m^{-3}	导热系数λ /W·m^{-1}·℃$^{-1}$	蓄热系数S_{24} /W·m^{-2}·℃$^{-1}$	比热容c /kJ·kg^{-1}·℃$^{-1}$
木材（松和云杉）	550	0.175~0.350	3.90~5.50	2.20
胶合板	600	0.17	4.36	2.51
纤维板	600	0.23	5.04	2.51
锅炉炉渣	1000	0.29	4.40	0.92
锯末屑	250	0.093	1.84	2.01
稻壳	120	0.06	1.02	2.01

（马承伟，2008）

2.后屋面的设计

日光温室的后屋面结构与厚度也会对日光温室的保温性能产生影响。后屋面一般由多层组成，包括防水层、承重层和保温层。防水层在最顶层，承重层在最底层，中间为保温层。保温层的材料通常有秸秆、稻草、炉渣、珍珠岩、聚苯乙烯泡沫板等导热系数低的材料。此外，后屋面为保证有较好的保温性，应具有足够的厚度。在冬季较温暖的河南、山东和河北以及南部地区，厚度可在30~40 cm之间；东北、华北北部、内蒙古寒冷地区，厚度为60~70 cm。

3.前屋面保温覆盖

前屋面是日光温室的主要散热面，散热量占温室总散热量的73%~80%。所以前屋面的保温十分重要。节能型日光温室前屋面保温覆盖方式主要有两种。

一种是外覆盖，即在前屋面上覆盖轻型保温被、草苫、纸被等材料。覆盖草苫可减少60%的热损失。在冬季寒冷地区，常常在草苫下附加纸被，这样不仅增加了覆盖层，而且弥补了草苫稀松导致缝隙透气散热的缺点，提高了保温性。近年来研制出的保温被性能一般能达到或超过传统覆盖材料的保温性能。

另一种是内覆盖，即在室内张挂保温幕，又称二层幕、节能罩，白天揭晚上盖，可减少热损失10%~20%。保温幕多采用无纺布、银灰色反光膜或聚乙烯膜、缀铝膜等材料。

4.减少缝隙冷风渗透

在严寒冬季，日光温室的室内外温差很大，即使很小的缝隙，在大温差下也会形成强烈对流交换，导致大量散热。特别是靠门一侧，管理人员出入开闭过程中，难以避免冷风渗入，应设置缓冲间，室内靠门处张挂门帘。墙体、后屋面建造都要无缝隙，夯土墙时，应避免分段构筑垂直衔接，应采取斜接的方式。后屋面与后墙交接处，前屋面薄膜与后屋面及端墙的交接处都要不留缝隙。前屋面覆盖薄膜不用铁丝穿孔，薄膜接缝处、后墙的通风口等，在冬季严寒时都应注意封闭严密。

5.设置防寒沟

防寒沟一般设在温室南侧，挖一条宽30~40 cm、深度不小于当地冻土层厚度、略长于温室长度的沟，在沟中填充马粪、稻壳、麦糠或碎秸秆等，踩实后再盖土封严，盖土15 cm以上，可减少温室内热量通过土壤外传，阻止外面冻土对温室的影响，可使温室内土温提高

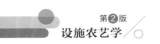

3 ℃以上。如果盖土不严或土层过薄均会影响防寒效果。也可在温室四周设置防寒沟或铺设聚苯板保温。

(三)日光温室的建造与施工

以砖石钢骨架结构日光温室为例介绍日光温室的建造。

1.场地定位及平地放线

场地定位就是依据设计图先将场内道路和边界方向位置定下来。道路和边线定位的方法是,首先用罗盘仪测出磁子午线,然后再根据当地磁偏角调正并测出真子午线,再测出垂直道路的东西方向线(即东西道路的方向线)。

场地道路定位后,要对温室建设用地进行平整,清除各种杂物,再对各栋温室定位。温室定位一般依据主干道路方位进行。按照设计的尺寸划定每个温室占地边界再预留出走道、取土和培土的地方,每栋温室都应依据统一规划布置的位置来修建。

2.做好温室基础

为防止土壤冻融的影响,温室基础的埋深应大于当地的冻土深度。在北纬38°~42°地区,基础一般埋深0.5~1.2 m;北纬43°~46°地区,埋深1.0~1.8 m;北纬47°~48°地区,埋深1.6~2.4 m;北纬49°~50°地区,埋深2.2~2.8 m。基础下部全部采用干沙垫层30 cm,可防止由于冻融引起墙体开裂。

3.建造墙体

传统温室墙体采用实心砖墙,但若想增加保温性能,可采用空心墙体。东农98-I型节能日光温室的墙体一般是内墙为24~37 cm,外墙为12~24 cm,中间为空心,内加聚苯乙烯泡沫板,两侧用塑料薄膜包紧;温室内墙里侧采取红砖勾缝,或采用蜂窝状墙体,都便于贮热;温室外墙外侧采取水泥砂浆抹面,上留防水沿,防止雨水直接淋蚀温室后墙;内外墙间采用拉筋连接。

4.建造前屋面

温室前屋面钢筋拱架多采用上弦 φ14~16,下弦 φ12~14,腹筋 φ8~10,拱架间距0.9~1 m,拱架间设置三道 φ10纵向水平拉筋。上下弦最大间距为250 mm。采光屋面为圆拱形,拱架底角65°。

5.建造后坡

后坡水平投影宽度1.3~1.5 m,通常采用聚苯乙烯发泡板作保温层,其厚度根据当地气温条件,在5~15 cm范围选取。后坡的组成为:下层为2~3 cm厚承重木板,往上依次为油毡纸或厚塑料膜(隔绝水汽)、聚苯乙烯泡沫板(保温)、油毡防水层、40 mm厚水泥砂浆面层(抹至后墙挑檐)。保温层也可以采用5~6 cm厚的聚苯乙烯发泡板,上铺10~20 cm厚的珍珠岩或炉渣,上面用铁丝网覆盖后,用水泥砂浆抹平,上面再做防水层。

6.设置通风口

通风口位置可设在后墙距最高点20 cm以下,规格为50 cm×50 cm,间距5 m。墙体厚如果超过1.5 m,通风口可设在后坡上,但要做好防水、防雨处理。

7.覆盖前屋面

前屋面的薄膜要在霜冻出现以前覆盖,尤其是日照率低的地方应提早覆盖,有利于冬前蓄热,安全越冬生产。覆盖前按所需宽度把薄膜进行烙合或剪裁。目前使用的薄膜主要是聚氯乙烯无滴膜和聚乙烯长寿无滴膜,前者幅宽多为3 m,后者幅宽为4 m。覆盖薄膜要考虑放风方法,一般用1.2 m宽的薄膜,一边卷入麻绳或塑料绳固定在拱架下部做围裙,其上部覆盖一整块薄膜,上边卷入细竹竿固定在后屋面上,下部超过围裙30 cm左右,用压膜线压紧。覆盖薄膜宜选晴暖无风天气中午进行,以便于把薄膜绷紧压平。

8.安装或修建辅助设备

①灌溉系统。日光温室的灌溉最好采用管道灌溉或滴灌。在每栋温室内安装自来水管,直接进行灌水或安装滴灌设备。地下水位比较浅的地区,可在温室内打小井,安装小水泵抽水灌溉。不论采取哪种灌溉系统,都应在田间规划时确定。

②作业间。每栋温室都应设作业间。作业间是管理人员的休息场所,又是放置小农具和部分生产资料的地方,更主要的是出入温室经过作业间起缓冲作用,可防止冷空气直接进入温室。

③卷帘机。节能日光温室利用卷帘机揭盖草苫,可以在很短时间内完成草苫的揭盖工作。卷帘机分为人工卷帘和电动卷帘两种。使用卷帘机的温室长度以50~60 m为宜。

④加温设备。在北纬43°以北地区,由于冬季寒冷,仅靠太阳热能是不能维持喜温作物生产的,须设有辅助热源进行临时加温。一般多采用砖砌炉加设烟道的加温方式。炉子由砖砌筑而成,烟道为缸瓦管,或由砖、瓦砌成,烟气经烟道由烟囱排走。有条件的地区可采用暖气统一供暖,或采用暖风机临时加温。

⑤反光幕。节能日光温室的北侧或靠后墙部位张挂反光幕,可改善后部弱光区的光照,有较好的增温补光作用。

⑥蓄水池。节能日光温室冬季灌溉由于水温低,灌水后常使地温下降,影响作物根系正常发育。在日光温室中建蓄水池用于蓄水灌溉,避免用地下水灌溉引起的不良后果(用明水灌溉的地区尤为重要)。采用1 m宽,4~5 m长,1 m深的半地下式蓄水池,内用防水水泥砂浆抹平,防止渗漏,池口白天揭开晒水,夜间盖上,既可提高水温又防水分蒸发。

⑦防寒沟与防寒裙。防寒沟设在温室前侧,防寒裙是设在温室里面前坡下面的一条纵向塑料薄膜,一般宽1 m,长与温室一致。上边与棚膜紧靠,下边埋入土中,可减少温室前部的散热。

三、现代化连栋温室的设计与建造

(一)总平面布置

在进行现代化温室群总体布置时,种植区应放在优先考虑的位置,使其处于场地上的采光、通风、运输等的最有利位置。一般情况下,要保证良好的采光,保证冬至的太阳光照射到温室外围1 m的范围以外;为保证通风,温室通风口周围3~5 m的范围内无遮挡,尤其是自然通风温室,通风方向还应与夏季主导风向一致,才能达到良好的自然通风效果。

辅助设施如库房、锅炉房、水塔、烟囱等应尽量布置在冬季主导风向的下方,并与温室保持合理间距,避免影响温室采光;各种工作室、化验室、消毒室等为避免遮阴,则应靠朝阴面布置;加工室、保鲜室、仓库等既要保证与种植区的联系,又要便于交通运输。

为减少占地,提高土地利用率,前后栋温室相邻的间距不宜过大,但必须保证在最不利情况下,不至于前后遮阴。道路和管线应尽量安排在阴影范围之内,在节约用地的前提下,保证生产和流通对道路数量和宽度的要求,同时综合考虑排水、绿化等方面的要求。

(二)方位

连栋温室的方位是指温室屋脊的走向,朝向为南的温室,其建筑方位为东西走向。随着所在地理位置的不同,一般纬度越高,东西方位连栋温室的日平均透光率比南北方位的连栋温室日平均透光率将越大。研究表明,中高纬度地区东西走向连栋温室直射光日总量平均透过率较南北走向连栋温室高5%~20%,纬度越高,差异越显著。但东西走向温室屋脊、天沟等主要水平结构在温室内会造成阴影弱光带,最大透光率和最小透光率之差可能超过40%;南北走向连栋温室,其中央部位透光率高,东西两侧墙附近与中央部位相比低10%。

以北京地区(北纬39° 57′)为例,东西方位的玻璃温室,日平均透光率比南北方位高7%左右,但南北方位的温室清晨、傍晚的透光率却高于东西方位;北京地区东西方位的玻璃温室室内光照不够均匀,屋架、天沟、管线形成相对固定阴影,南北方位的温室无相对固定阴影带,光照比较均匀。

因此,对于以冬季生产为主的连栋玻璃温室(直射光为主),以北纬40°为界,40°以北地区,以东西方位建造为佳;相反,在40°以南地区则以南北方位建造为宜。对东西方位的玻璃温室,为了增加上午的光照,可将朝向向东偏转5°~10°。

根据我国对连栋玻璃温室的研究成果,提出玻璃温室及PC板温室建造的建议如表6-4。

表6-4　我国不同纬度地区玻璃温室及PC板温室建议建造方位

地区	纬度	主要冬季用温室	主要春季用温室
黑河	50° 12′	E-W	E-W
哈尔滨	45° 45′	E-W	E-W
北京	39° 57′	N-S,E-W	N-S
兰州	36° 01′	E-W	N-S
上海	31° 12′	N-S	N-S

(三)剖面设计

1.室内地面标高

温室内地面标高一般根据生产需要,结合当地的气候条件来选择。在冬季气温不太低,温室体积较大的生产温室和展览温室中,为了防止外部水倒流进室内,一般室内的地面高于室外15 cm左右。在严寒地区的小型温室中,为了增加保温,特别是为了保持较高地温的生产温室,室内地面可以适当低于室外,甚至采用半地下式结构。室内地面低时要做好两方面的工作:一是在室外围绕温室建立排水沟,可以结合防寒沟进行,保证外水不倒灌;二是做好室内外交通衔接,可采用台阶,最好采用斜面,以方便小型器械出入。

2.跨度设计

温室的跨度设计的基本原则是在保证结构安全的前提下,既要满足功能的要求,又要价格低廉,而且重点要考虑作物栽培、机械操作和后期管理方面的问题。目前常采用的跨度尺寸有3.2 m的倍数、6.0 m、7.0 m、7.2 m、8.0 m、9.0 m、9.6 m、10.0 m、10.8 m、12.0 m、12.8 m等。

3.开间设计

温室开间常用的尺寸有3.0 m、4.0 m、5.0 m等。

4.檐高

檐高可根据温室生产或观赏等功能需要选择。一般生产型温室考虑作物高度和生产方式,檐高3.5 m左右,当然,适当提高檐高有利于通风和降温,但造价高,安全问题突现。作为观赏性温室,特别是大型温室,其檐高可以选择较大的尺寸,以保证室内空间在长宽高上有一定的比例,便于安排展示内容,让人们有相对舒适的感受,檐高可采用4.0 m、4.5 m,甚至更大尺寸。

5.屋面坡度

屋面坡度与温室的透过率有关系。一般根据当地冬至日正午太阳高度角来确定。如Venlo型连栋温室屋面坡度常用的角度有22°、23°、26.5°三种,具体应用可根据纬度、作物种类、覆盖材料来选择。玻璃温室常采用22°和23°,PC板温室采用26.5°较多。

(四)主要施工方法及顺序

1.施工测量

(1)轴线测量

根据甲方所给的点位坐标,计算出建筑物的轴线控制线,并在现场设立井字轴线控制网,使用T2型经纬仪测出各轴线,并在相邻永久性建筑物上面建立轴线控制点,轴线实行双控制。

(2)水准测量

根据现场实地勘测所给水准点,使用S3自动安平或精密水准仪,采用往返复测法,把水准点引至施工现场并在施工现场建立水准标高控制网,各标高采用水准仪钢尺配合引测。

2.施工顺序

一般大型现代温室工程按先地下后地上,工期长的工程先施工,工期短的工程按资源优化和工艺要求的原则适时插入,先主体后装修,水暖工程安装穿插作业的基本顺序组织施工。现代温室施工应根据不同的施工分为若干个施工区段,各施工区段组织流水施工。同时,要在工地建立成品保护措施,合理安排施工顺序,避免返工损失。

3.土建工程

(1)温室常用基础类型

一般对于重要和大型温室应有场区地质勘查报告;对于中型温室的建造应进行施工

现场测试;若是小型温室则可根据经验或近项目的地质资料参考进行设计。设计时,先根据所选温室的结构体系确定基础的类型,然后进行具体的结构计算。

根据农业行业标准NY/T 1145—2016规定,常用的温室基础有条形基础、独立柱基础和混合基础三种。一般独立柱基础可用于内柱或边柱,条形基础主要用于侧墙和内隔墙,侧墙基础也可采用独立柱基础与条形基础混合使用的方式,两类基础底面可位于同一标高处,也可根据地基承载能力设置在不同标高,独立柱基础主要承担柱传来的荷载,条形基础承受温室分隔构件的一部分荷载。

条形基础根据所用材料的不同,又可分为砖基础和石基础两种。施工时在基础顶部常设置一钢筋混凝土圈梁以便设置埋件和增加基础刚度。常见条形基础形式见图6-6。

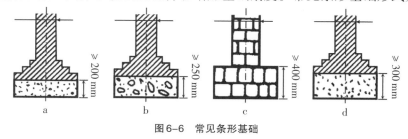

图6-6　常见条形基础

a.混凝土砖基础;b.毛石混凝土砖基础;c.浆砌毛石基础;d.石灰三合土砖基础

钢筋混凝土独立基础根据施工方法的不同,可分为全现浇、部分现浇和预制三种方式。全现浇采用施工现场支模,整体浇筑的方式;部分现浇采用基础短柱预制、基础垫层现场浇筑的方式。现浇方式具有整体性好、造价较低的特点;部分现浇方式造价较高,但施工速度快,施工质量较易保证。两种方式可根据具体情况选择采用。在实际工程中,为了减少施工时间,提高施工质量,不少温室公司把基础预制好,再运往工地。但对于杯形基础,由于过大适宜于现浇。

温室内部的柱子高度不高,荷载不大,地质状况较好的,可直接使用独立柱基础。对于风荷载或者其他荷载比较大或地质情况比较差的温室,使用杯形基础较好。

实际工程中,对于在一些地质条件比较好,压力强度不大的工程中,在保证强度条件满足要求的情况下,采用在四周布置圈梁的条形基础,每一个有立柱的地方加一个独立基础。这种做法既节约材料,又缩短了工期。尤其在四周有围廊结构的温室中,由于围廊处荷载比较小,结构相对次要,应用起来显得更加合理。

钢筋混凝土是现代温室基础和地圈梁常用的一种材料。混凝土常用标号为C15或C20,钢筋常用一级和二级钢。

(2)温室基础设计

温室基础设计包括确定基础材料、基础类型、基础埋深、基础地面尺寸等,此外还要满足一定的基础构造措施要求。

进行基础设计的前提:首先,要知道基础所要承受的荷载类型及其大小;其次,要准确掌握地基持力层的位置和土壤性质;此外,还应了解地下水位高低、地下水对建筑材料的侵蚀性以及当地常年冻土层深度。

基础设计时,除满足强度的要求外,温室基础还应具有足够的稳定性和抵抗不均匀沉降的能力,与柱间支撑相连的基础还应具有足够传递水平力的作用和空间稳定性。

（3）砌体工程

砌筑前应完成回填,按标高抹好水泥砂浆防潮层;弹好墙身线、轴线,并根据现场砖的实际规格尺寸,再弹出门窗洞口位置线。常温施工时,黏土砖必须在砌筑前一天浇水湿润,一般以水浸入砖四边1.5 cm为宜,不得用干砖砌墙;雨季施工时,不得使用含水率达到饱和状态的砖砌墙;冬季施工时需在晴天无风的条件下,用喷壶中温水浇砖,随浇随砌,以提高砌体强度。

（4）地面工程

防滑地砖面层的铺砌采用挤浆法,砂浆要求稠度均匀,搅拌充分,并注意地砖事先应用水润湿。板块及结合层间、墙角、镶边和靠墙处均应以水泥浆紧密结合。施工间歇继续铺砌前,应将已铺砌的板块下挤出的砂浆予以清除,面层溢出的水泥浆或水泥砂浆应在其凝结前清除。

4.钢结构工程

（1）钢结构制作场地、存放、运输

钢结构的制作场地应在20 m×5 m符合施工要求的现场。钢构件应根据钢结构的安装顺序,分单元成套供应。运输钢构件时,根据钢构件的长度、重量选用车辆;钢构件在运输上的支点、两端伸出的长度及绑扎方法均应保证钢构件不产生变形、不损伤涂层。钢构件存放场地应平整坚实、无积水。钢构件应按种类、型号、安装顺序分区存放;钢构件底层垫枕应有足够的支承面,并应防止支点下陷。相同型号的钢构件叠放时,各层钢构件的支点应在同一垂直线上,并防止钢构件被压坏和变形。

（2）钢构件的吊装

钢构件吊装前,应对钢构件的质量进行检查。钢构件的变形、缺陷超过允许偏差时,应进行处理。钢结构的柱、屋架安装就位后应立即进行校正、固定,当天安装的钢构件应形成稳定的空间体系。吊装时要做好轴线和标高的控制。各支承面的允许偏差为标高 ± 3.0 mm,水平度为L/1000。

5.玻璃工程

（1）安装玻璃

安装玻璃前,应将裁口内污垢杂物清除干净,并沿裁口的全长均匀涂抹1~3 mm厚的底油灰,然后随即安装玻璃。

安装木门窗玻璃,应用钉子固定,钉距不得大于30 cm,且每边不少于两个,钉帽应紧靠玻璃,钉身不得靠玻璃,并用油灰填实抹光,抹油灰应均匀一致收刮成斜形,做到表面光滑、棱角整齐,对露出油灰的钉子或卡子头收刮时应敲进,用木压条固定时,应先涂干性油,并注意松紧度适当。

玻璃安装好抹完油灰后,应及时用干净的软布或棉纱将贴附在玻璃上的油灰、印渍揩擦干净,达到透明光亮。并将门窗关好,插好插销,以免损坏门窗及玻璃。

（2）施工方法

屋面龙骨安装要按设计要求找坡找平,以保证屋面玻璃安装的平整不漏水。玻璃制作安装要用玻璃吸盘,如设计无要求时,应使用夹丝玻璃。如采用平板玻璃,宜在玻璃下面加设一层镀锌铁丝网,以保证使用安全。屋面玻璃应顺流水方向盖叠安装,在盖叠缝隙中垫环氧树脂胶。用十字无头螺钉将玻璃与铝合金龙骨拧紧固定,玻璃与支撑的铝合金龙骨、金属螺帽相接处,应按要求衬橡皮垫和羊毛毯。顶棚安装玻璃的骨架,应与结构连接牢固。玻璃应排列均匀整齐,表面平整,线缝顺直,嵌缝的环氧树脂应饱满密实。施工中要挂线弹线安装,随安随用,靠尺检查以确保平整度、坡度符合设计要求。施工完后按要求作好抗漏抗渗检验。

复习思考题

一、名词解释

1.农艺设施规划　2.永久荷载　3.可变荷载　4.偶然荷载

二、填空题

1.日光温室后坡面仰角是指日光温室(　　)与(　　)之间的夹角。一般后屋面角取当地冬至日正午的(　　)再加(　　)。

2.温室主体结构和连接件的防腐处理一般应保证耐久年限(　　)年。

3.透光率是评价温室透光性能的一项最基本的指标,它是指(　　)的光照量与(　　)光照量的百分比。一般,玻璃温室的透光率在(　　),连栋塑料温室在(　　),日光温室可达到(　　)以上。

4.高纬度地区日光温室前屋面应采用(　　)朝向,以利于延长午后的光照蓄热时间。北纬39°以南,早晨外界气温不很低的地区,可采用(　　)朝向,但若沿海面近的地区,清晨多雾,光照不好,也可采取(　　)朝向。但是不论偏东还是偏西朝向,偏角均不宜超过(　　)。

5.按荷载的性质,直接作用在温室结构上的荷载分为(　　)、(　　)和(　　)三类。

6.墙体材料的吸热、蓄热和保温性能主要从其(　　)、(　　)和(　　)等几个热工性能参数判断,(　　)小的材料保温性好,(　　)和(　　)大的材料蓄热性能较好。

7.根据农业行业标准NY/T 1145—2016,常用的温室基础有(　　)、(　　)和(　　)三种。进行基础设计的前提首先要知道基础所要承受的(　　),其次要准确掌握地基持力层的位置、地耐力的大小和低级土壤性质,此外,还应了解(　　)以及地下水对建筑材料的侵蚀性等,当地常年(　　)也是基础设计的一个重要参数。

三、简答题

1. 简述农艺设施规划的基本原则。
2. 农艺设施规划的内容主要包括哪些?
3. 选择农艺设施场地应注意哪些事项?
4. 一般情况下,农艺设施的主要荷载有哪六个方面?
5. 农艺设施的设计要求主要有哪些?
6. 简述钢管结构大棚主要的安装步骤。
7. 日光温室的采光设计主要包括哪六个方面?
8. 日光温室的建造与施工一般包括哪些步骤?
9. 连栋温室的剖面设计包括哪几个主要方面?

四、论述题

谈谈温室结构设计的内容和步骤。

主要参考文献

[1]马承伟. 农业设施设计与建造[M].北京:中国农业出版社,2008.

[2]胡晓辉. 园艺设施设计与建造[M].北京:科学出版社,2016.

[3]周长吉. 温室工程设计手册[M].北京:中国农业出版社,2007.

[4]张天柱. 温室工程规划、设计与建设[M].北京:中国轻工业出版社,2010.

[5]周长吉. 现代温室工程[M].北京:化学工业出版社,2003.

[6]张勇,邹志荣. 温室建造工程工艺学[M].北京:化学工业出版社,2015.

[7]邹志荣. 农业园区规划与管理[M].北京:中国农业出版社,2007.

[8]郑树景. 农业园区规划建造[M].北京:中国农业出版社,2017.

第七章
设施育苗技术

学习目标: 了解设施育苗的意义、特点与方式,育苗容器的种类及特点,工厂化育苗的设施与设备;掌握设施育苗营养土的配制技术,基质配制技术,种子的选择、消毒、浸种和催芽技术,容器育苗以及工厂化育苗的关键技术。

重点难点: 营养土的配制技术,基质配制技术,种子消毒技术,容器育苗和工厂化育苗的管理技术。

第一节

设施育苗的意义、特点和方式

育苗是作物优质高效栽培的关键性环节。"苗好一半收",苗的好坏决定作物生产的产量、品质和效益的高低。培育和应用适龄壮苗,是获得早熟、优质、高产的农作物产品,满足市场需要、提高生产者经济效益的重要环节。

设施育苗是指利用设施设备调控环境条件的一种作物育苗方法,具有周期短、繁殖量大、培育的秧苗质量高等优点,发展规模越来越大。

一、设施育苗的意义

设施育苗区别于露地育苗,它使作物育苗环节摆脱了自然环境条件的束缚,改善了秧苗的生长发育环境,能够快速、大量繁殖适龄壮苗。具体而言,设施育苗具有以下意义。

1.有利于培育壮苗

设施育苗可人工创造适于秧苗生长发育的环境,使秧苗生长健壮,并能及时淘汰弱苗、畸形苗及不符合原品种特性的杂苗,从而培育出优质壮苗,保证生产用苗的整齐度,为优质高产打下基础。

2.节省种子

设施育苗比直播节省种子量1/3~1/2,在当前作物种子大量使用杂交一代、种子价格较高的情况下,在降低生产成本方面优势突出。

3.有利于病虫害的防治

设施育苗集中,便于使用较少的药剂和人工在苗期及时有效地进行病虫害防治,降低了大田病虫害的防治难度。

4.易于应用先进技术

设施育苗通过工厂化育苗、电热温床育苗、穴盘育苗等新技术,应用机械化、自动化的设备,采用人工补光、CO_2施肥、遮阴、增降温度等措施,改善了秧苗的生长发育环境,使秧苗在适宜的环境下生长速度快、质量好,大幅度提高了资源利用率和劳动生产率。

5.可促进育苗相关产业的发展

高度集中的商品苗生产可以带动相关产业的发展。例如,美国已率先形成工厂化穴盘育苗生产体系,目前已有百余家规模化经营的蔬菜育苗场,每年产商品苗280亿~300亿株,不仅推进了蔬菜生产现代化,而且带动了穴盘制造业、基质加工业等一批相关产业的发展。

二、设施育苗的特点

1.育苗范围广

①设施育苗的作物种类广。目前,除蔬菜、观赏植物采取设施育苗外,林业苗木、果树、粮食作物、药用植物等也都采用设施育苗。

②设施育苗的生产地域广。无论是我国的北方还是南方,采用设施育苗面积都很大,尤其在无霜期较短的高纬度地区,蔬菜设施育苗应用十分广泛。

2.育苗设施设备种类多

目前,我国使用的育苗设施包括风障、阳畦、电热温床、塑料薄膜拱棚、日光温室、现代化温室、荫棚等;育苗设备有精量播种设备、补光设备、增施CO_2设备、灌溉设备、育苗容器等。生产上根据条件和需要,可选择多种设施设备配合使用。

3.育苗管理技术精细

为快速培育批量适龄壮苗,设施育苗要求具有较高的技术和精细的管理模式。尤其工厂化育苗,更强调精细管理,如苗期的水分、温度等管理都有十分严格的要求,否则很难育出符合要求的壮苗。

三、设施育苗的方式

设施育苗有多种方式。根据生产季节来分,有冬春季设施育苗和夏秋季设施育苗;根据育苗基质不同,可分为有土育苗和无土育苗;按照是否采用保护容器,可分为园土育苗和容器育苗;根据育苗用的繁殖材料及育苗方式,可分为种子播种育苗、扦插育苗、嫁接育苗以及组织培养育苗等。在实际育苗中往往是将上述各种育苗方法结合应用。

1.阳畦育苗

阳畦育苗也称冷床育苗,是指利用太阳辐射增高畦温,并靠透明和不透明覆盖物保温,以维持苗床秧苗生长所需要的温度的一种育苗方式。其优点是取材方便,成本低,技术易掌握。缺点是增温保温性能差,苗床温度偏低,常易发生冻害;苗龄长,秧苗老化、僵化现象容易发生。另外管理费工,育苗技术主要靠经验管理,缺乏标准化、规范化的管理技术指标。

2.温床育苗

温床育苗是目前应用较多的一种育苗方式,依据热源的不同,温床育苗主要有:

(1)酿热温床育苗。即利用酿热物分解放出热量供给苗床加温的育苗方式。该法具有取材方便、成本较低的优点。但制作育苗床复杂,发酵产热技术难掌握,易产生热害或发酵不良、温度低等问题。

(2)电热温床育苗。即利用电能作为苗床热源的育苗方式。电热温床具有温度可人为控制、种子发芽迅速、低温烂种现象和苗期病害少、秧苗生长快、育苗时间短、管理用工省等优点。但电热温床土壤水分蒸发快,必须满足水分供应,防止秧苗生长受抑。在供电条件不够的地方,应用受到一定限制。

另外,温床育苗还有利用地下温泉的热水或工厂排出的余热,以及利用炭火或柴火直接加热做成火道温床育苗等方式。

3.夏秋季遮阳网、防雨棚育苗

为延长秋季蔬菜生长期,克服高温多雨、病虫害严重等问题,常采用遮阳网、防雨棚育苗。目前,我国在大白菜、秋番茄、芹菜等夏秋育苗中应用较多。

(1)遮阳网覆盖育苗。夏秋季节采用遮阳网覆盖育苗可减轻大雨、大风对秧苗冲击及大雨所引起的苗床床土板结;可遮阳降温和减少土壤水分蒸发;可阻挡蚜虫危害、防止蚜虫传播病毒病。因此,遮阳网覆盖育苗可以提高出苗率、保全苗、培育无病壮苗。

(2)防雨棚育苗。防雨棚育苗在我国广东、上海、江苏等地应用广泛。防雨棚育苗技术适用于大白菜、秋番茄、秋甘蓝、花椰菜、西兰花等育苗。它除了具有避雨、减轻大雨危害作用外,其他作用与遮阳网相似。

4.容器育苗

容器育苗是指利用各种容器,装入育苗基质后,培养种子播种苗或扦插苗的育苗方式。容器育苗具有节约用种,育苗周期短,秧苗质量、规格易于控制,批量生产商品性秧苗,便于实现育苗作业的机械化,便于秧苗运输和保护根系等优点。容器育苗根据容器类型的不同,通常有穴盘育苗和单个容器育苗两类。

穴盘育苗技术源于美国,20世纪80年代中期,我国开始引进穴盘育苗播种生产线及其技术。该技术实现了育苗生产流程自动化、日常管理规范化、成苗经营商品化。该技术育苗的优点是成苗根系发达,基质疏松,根群和基质紧密缠绕而形成苗坨,便于长途运输和定植,不易散坨;定植后可迅速地吸收大量水分和养料,根系活力好,缓苗快,成活率高;整个育苗过程省工、省力、省种子,成本低,种苗品质好。

单个育苗容器分两大类:一是容器只具有容纳基质和秧苗的作用,本身没有秧苗生长发育所需的营养成分,这类容器称为育苗钵;二是容器不但能容纳秧苗,而且自身还具有供给秧苗生长发育所需营养的作用,这类容器通称营养钵。常用育苗钵按制钵的材料分为塑料钵、纸钵、草钵和泥钵等。常见的营养钵有腐殖质钵、压缩营养钵、泥炭钵等。

5.无土育苗

无土育苗又称营养液育苗,是以透气良好的固体材料作为基质,用含各种营养元素的化合物配制成的营养液浇灌的育苗方式。

无土育苗有多方面的优点:第一,秧苗生长迅速、旺盛、整齐一致、素质好,可缩短育苗期5~10 d;第二,节省大量育苗用的床土,节约管理用工;第三,减轻土传病害,克服连作障碍;第四,育苗技术易于实现标准化,适于大规模育苗和工厂化育苗;第五,由于育苗基质重量轻,便于运输,有利于秧苗的商品化流通。但是无土育苗成本较高,对环境条件的要求较严,管理需要一定的知识水平。

6.嫁接育苗和扦插育苗

嫁接就是将接穗(植物体的芽或枝)接到砧木(另一植物体的适当部位),使两者结合成为一个新植物体的技术。采用嫁接技术培育植物秧苗的方法称为嫁接育苗。嫁接育苗中通过选用根系发达、抗病、抗寒、吸收力强的砧木,可有效地避免和预防土传病害的发生和流行,并能提高作物对肥水的利用率,增强耐寒能力,从而达到增加产量的目的。在生产上,应用嫁接育苗的蔬菜有黄瓜、西瓜、甜瓜、番茄、茄子等,嫁接的方法有靠接法、插接法、套接法等。应用嫁接育苗的果树很多,包括苹果、梨、枣等,嫁接的方法有芽接、枝接等。嫁接后保持一定的温湿度,适当遮阴,并注意及时除去砧木上长出的不定芽。

扦插育苗是利用某些作物的特定部位容易产生不定根的特点,取这些部位插于插床中,在适宜的环境条件下培养,促其发根抽芽,形成完整植株的育苗方式。目前生产上采用扦插育苗的植物主要有月季、桂花等观赏植物,以及番茄、无籽西瓜等蔬菜。扦插材料常用1~2 mL/L的吲哚乙酸、萘乙酸等生长调节剂处理,能促进发根和提高成活率。扦插育苗须选择适宜的植株扦插部位和扦插方法,用适当的生长调节剂处理,扦插后进行合理的温度、湿度的管理,才能扦插成功。

7.组培育苗

在无菌环境和人工控制条件下,利用植物细胞的全能性在培养基上培养离体植物的器官、组织、细胞或原生质体,使其分裂、分化或诱导成苗的方式称为组培育苗。采用这种育苗技术可以有效地防止作物病毒病的传播及蔓延,克服品种退化问题,实现快速、立体化、高密度的育苗,获得大量的脱毒苗以及大幅度提高作物产量。但此方法的缺点是一次性投资较大,技术要求严格。

8.工厂化育苗

工厂化育苗是指在人工创造的最佳环境条件下,采用科学化、机械化、自动化等技术手段,进行批量生产优质秧苗的一种先进生产方式。工厂化育苗技术与传统的育苗方式相比具有用种量少,占地面积小;缩短苗龄,节省育苗时间;减少病虫害发生;提高育苗生产效率,降低成本;有利于统一管理,周年连续生产等优点。工厂化育苗技术的迅速发展,不仅推动了农业生产方式的变革,而且加速了农业产业结构的调整和升级,促进了农业现代化的进程。

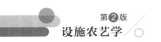

第二节

容器育苗

容器育苗具有育苗时间短、节约人力、秧苗整齐健壮、运输方便、移栽不伤根、不受季节限制、定植后无缓苗期、成活率高、定植后迅速恢复生长达到早熟丰产等优点,是近年来兴起的一种育苗新方法。

一、育苗容器的种类

育苗容器有很多类别,按照制作容器的材料有软塑料容器、硬塑料容器、纸浆容器、合成纤维容器、泥炭容器、纸容器、竹篾容器等。按照容器的形状有圆柱形、圆锥形、四角形、六棱形等。按其化学性质可分为能自行分解和不能自行分解两类,可自行分解育苗容器包括泥炭容器、纸容器、秸秆育苗容器、无纺布育苗袋等,不可自行分解的育苗容器有塑料薄膜育苗袋、聚乙烯膜制作的育苗钵、以聚苯泡沫或塑料制成的穴盘等。可自行分解育苗容器可连同秧苗一起栽植,而不可自行分解育苗容器栽植前要去掉容器。生产上常见的育苗容器有育苗钵、塑料薄膜育苗筒、育苗穴盘、塑料薄膜育苗袋、泥炭钵、秸秆育苗容器等。

1. 育苗钵

育苗钵是采用塑料制作的大小不同的杯状容器,小的可用于育苗,大的可用于种植。目前主要用聚乙烯制成的单体软质或聚氯乙烯制成的半软体育苗钵,有圆柱形和方形两种,底部有一个或多个渗水孔排水,上口径6~14 cm,下口径5~12 cm,高8~12 cm,生产上可根据不同的秧苗种类和苗龄选择口径适宜的育苗钵。

2. 育苗筒

育苗筒是由塑料或纸制成的无底筒形容器。纸筒定植时连同秧苗一起移植于田间,育苗筒由于没有底,筒内营养土与摆放处的土壤直接接触,具有调节筒内水分和通透性的优点,比其他容器育苗培育的秧苗长势好。但由于秧苗根系常扎入筒下的土中,移动定植时会把根断掉,因此,筒的高度不能太矮,以10~12 cm为宜。

3. 育苗穴盘

育苗穴盘是用聚氯乙烯、聚苯乙烯、聚丙烯等材料制作成的多孔的白色或黑色的育苗盘。标准穴盘长54 cm,宽28 cm,因穴孔直径大小不同,孔穴数不同,一般每张盘上有32、50、72、128、200、288、392、512等数量不等的孔穴,孔穴形状有方口和圆口两种,孔穴深度3~10 cm不等,使用寿命为2~3年,栽培中小型苗以72~288孔穴盘为宜。

4. 塑料薄膜育苗袋

一般用厚度0.02~0.04 mm的农用塑料薄膜制成,圆筒袋形,靠近底部打孔8~12个,以便排水。一般规格是高12~18 cm,口径6~12 cm。建议使用根型容器,以利于秧苗形成良好的根系和根形,在移栽后可以迅速生长。这种容器内壁有多条从边缘伸到底孔的楞,能使根系向下垂直生长,不会出现根系弯曲的现象。塑料薄膜容器具有制作简便、价格低廉、牢固、保温、防止养分流失等优点,是目前使用最多的容器。

5.泥炭钵

泥炭钵是用一定的园土添加适量有机肥、无机肥配制成营养土,经拌浆、成床、切块、打孔而成长方体或正方体营养块,可用于种子育苗,也可用于扦插育苗。

6.秸秆育苗容器

秸秆育苗容器是由作物秸秆粉碎改性后,加入胶粘剂热压模塑合成,具有一定的贮水、保水功能,广泛应用于瓜菜和稀植农林植物育苗。秸秆容器埋入土壤,可迅速被土壤微生物侵蚀分解,并使土壤中微生物数量及相关酶活性快速增长,有利于改善土壤。

此外,近几年来在蔬菜育苗时有采用苔藓、草炭、木屑等材料压缩的块状营养钵,也称育苗碟、压缩饼,使用时吸水膨胀成钵。

二、容器育苗的技术要点

1.配制营养土

营养土也称育苗介质或培养土,是为了满足幼苗生长发育由人工按一定比例配制而成的含有多种矿质营养、疏松通气、保水保肥能力强、无病虫害的育苗材料。营养土的配制要因地制宜,就地取材,材料来源广,成本低,具有一定的肥力;有较好的保湿、通气、排水性能;重量较轻,不带病原菌和杂草种子。

（1）营养土配方

营养土配方各地不同,常用的有:

①肥沃的大田土与腐熟厩肥按照体积比1：1混合,这是最传统的设施育苗营养土。

②配制体积为田土5~7份,草炭或马粪等有机物3~4份,优质粪肥2~3份,每立方米加化肥0.5~1.5 kg。

③腐熟草炭：菜园土 = 1：1,腐熟有机堆肥：菜园土 = 4：1,菜园土：沙子：腐熟树皮堆肥 = 5：3：2。

（2）营养土配制步骤

①根据营养土配方准备好所需的材料。

②按比例将各种材料混合均匀。

③配制好的营养土放置4~5 d,使土肥进一步腐熟。

④可采用多菌灵、福尔马林或其他药液进行营养土消毒。多菌灵消毒：每1000 kg床土用50%的多菌灵可湿性粉剂25~30 g,将其配成水溶液,喷洒在床土上。福尔马林消毒：先将福尔马林、水、床土按1：100：4 000~5 000的比例喷拌均匀,然后堆起。药液消毒：用代森锰锌或多菌灵200~400倍液消毒,每平方床面用10 g原药,配成2~4 kg药液喷浇床土。以上消毒方法在喷洒药液后,都需要盖塑料薄膜闷2~3天后再把薄膜揭开,促药气散发,1~2周即可使用。

2.选择育苗容器

育苗所用的容器种类繁多,在进行育苗时根据育苗的种类、苗龄及育苗季节来选择合适的育苗容器。如茄果类和瓜类的育苗,苗龄在20~30 d以内的,可选用钵径8 cm的育苗容器;苗龄在30~40 d以内的,可选用钵径10 cm的容器;苗龄在50~60 d的,可选用钵径13 cm的容器。一般冬春季选择黑色容器,可以吸收更多的太阳能,使根部温度增加。而夏季或初秋,要改为银灰色容器,以反射较多的光线,避免根部温度过高。由于白色容器一般透光率较高,会影响根系生长,所以很少选择白色育苗容器。

3.苗床准备

容器育苗最好选用有配套加温、降温等设施的苗床。采用成套苗床育苗,可直接在苗床上摆放育苗钵,采用简易苗床育苗,一般可选用电热加温苗床或其他加温苗床。

4.容器装土和置床

①装土。把配制好的营养土填入容器中,要边填边震实。装土不宜过满,八九分满即可。

②置床。先将苗床整平,然后将已盛土的容器排放于苗床上。容器要排放整齐,成行成列,直立、紧靠,苗床四周培土,以防容器倒斜。

5.种子选择

用作育苗的种子要求在"真、纯、净、壮、饱、健、干"等方面符合种子质量检验的标准。具体包括:种子在适宜条件下发芽率不低于85%、纯度和净度均不低于90%;发芽出苗快而整齐;无病虫害等。

育苗前要准备足够的种子,种子用量要根据栽培面积、种子质量、育苗技术和栽培密度等情况来决定。具体播种量的计算可参照:每亩播种量(克)=每亩株数/(每克种子粒数×发芽率×纯度×净度)。因病害、冻害、移苗和定植时损失等,一般实际播种量要比计算出的播种量多20%~30%。

6.种子消毒及浸种催芽

种子消毒是预防病害的重要一环,种子浸种催芽有利于播种后出苗快,出苗整齐。

(1)种子消毒

物理方法消毒及药剂消毒是最常见的种子消毒方法。物理消毒主要包括温汤浸种、热水烫种和干热消毒等;药剂消毒包括药粉拌种消毒和药剂浸种消毒。

①温汤浸种。温汤浸种是种子在播前,利用50~55 ℃的热水进行浸种。具体做法是先将种子放入盆内,再缓缓倒入50~55 ℃的水,边倒边搅拌,持续浸种。该方法借助一定温度,杀死潜伏或黏附在种子内外的病菌,有一定的消毒作用,茄果类、瓜类、甘蓝类种子都可应用。

②热水烫种。热水烫种是用70~75 ℃的较高温度的热水,甚至100 ℃的开水短时间处理种子。主要应用于吸水困难的种子(如西瓜、丝瓜、苦瓜等)的处理。具体方法是取干燥的种子装在容器中,先用温水把种子预浸30 min左右,使种子上携带的病菌吸水活跃起来,再取80~90 ℃的热水边倒边搅拌,使水温降到70~75 ℃保持1~2 min,再倒入冷水,使水温降至20~30 ℃,然后按照正常浸种要求浸种,这种方法,既可钝化病毒、杀菌,还可加快种子吸水,是一种有效的种子消毒方法,但要注意烫种时间不能太长,以免对种子造成损伤。

③种子干热消毒。种子干热消毒是将种子含水量降至7%以下,置70~72 ℃的烘箱

中,烘烤3h后取出再浸种催芽,可彻底杀死种子内、外的病菌,尤其对种皮内带菌的种子预防效果更好,适用于番茄、茄子等种子的消毒。此法要求的技术较高,操作难度大,仅适于技术水平较高的人员使用。

④药粉拌种消毒。这种消毒方法是指用种子量0.2%~0.3%的农药(如敌克松、多菌灵、克菌丹、40%拌种双、敌百虫等)与种子混合(干拌),使药粉均匀黏附在种子表面杀灭种子所带病虫害的一种措施。这种处理方法简单易行,不易产生药害。

⑤药剂浸种消毒。这种消毒方法是把种子在清水中浸泡4~5 h后放入配好的药液中,达到杀菌消毒的目的。药剂浸种必须掌握药液浓度和浸种时间,否则会产生药害,影响种子发芽和幼苗的生长。常用的浸种试剂及浓度为:1%高锰酸钾浸种10~15 min;10%磷酸三钠或2%氢氧化钠溶液浸种20 min;100倍福尔马林溶液浸种15 min。也可采用适当浓度的多菌灵、甲基托布津等浸种。

(2)催芽

种子浸种消毒后,将种子搓洗干净,然后取出使种子呈微散落状态,用湿纱布包起置于容器内,控干多余水分后装入布袋或用纱布包好,放在适宜的温度条件下催芽。耐寒作物种子催芽适温为18~22 ℃,喜温作物为25~30 ℃,耐热作物为28~30 ℃。催芽期间每天用温水淘洗和翻动,使种子充分吸收氧气,防止种子在催芽过程中霉烂,有50%的种子胚根伸出种皮0.3 cm时即可播种。

7.播种

将经过精选、消毒和催芽的种子播入营养钵,播种时要求基质不干不湿,将种子均匀地播在育苗容器中央,播后覆盖育苗介质,其厚度一般不超过种子直径的2倍,并立即喷透水,水量要尽量均匀一致,保证后期出苗整齐。低温季节,播种后立即在营养钵表面覆盖地膜增温保湿;高温季节,播种后要在营养钵表面覆盖遮阳网降温保湿。

8.出苗管理

①撤膜。出苗前要经常检查,看到10%~20%的幼苗出土,大部分开始顶土时,应立即揭除薄膜,防止幼苗徒长。

②环境调控。育苗温室内的温度要适当降低,从出苗到出齐苗的过程中,床温应逐渐降低,以增强幼苗的抗寒性和抗病性,使幼苗组织充实,防止徒长。降温的过程以不影响出苗为标准,发现床土发干,应在上午适当喷水。

9.出苗后管理

出苗后,幼苗需经历籽苗期、小苗期和成苗期三个阶段,各阶段均需进行精细管理。

籽苗期首先要注意光照的管理,防止长期弱光造成种苗的徒长,形成弱苗,同时要避免强光照射;其次要加强温度的管理,夜间适当降低温度,避免高温。

小苗期需适当加强光照,控制温度,防止温度过高造成徒长。

成苗期除了光照管理及适当灌溉外,要加强施肥管理。容器育苗水分蒸发快,整个育苗期需浇水3~4次。浇水后要注意通风,降低空气湿度。天气热时多喷水,有利于降温、增湿,防止病毒病发生。

为使秧苗更好适应定植环境,成苗后期必须进行炼苗。炼苗可在定植前10天开始,采取逐渐降低床温,控制水分,加大通风,增强光照,合理施肥等措施。低温季节,炼苗期

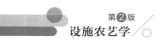

间要注意温度管理,防止外界降温过快造成幼苗发生冻害。要及时收听天气预报,随时做好防寒保温工作。此外,炼苗与定植后的生产设施条件也有关,如果种苗定植环境与育苗环境相似则不需要炼苗。

▶▶▶————————————

第三节

————————————◦◦◦

工厂化育苗

一、工厂化育苗的特点及优点

工厂化育苗是利用先进的育苗设施和设备,在人工控制的环境条件下,按一定工艺流程及作业模式,采用科学化、规范化的技术措施,运用机械化、自动化手段,实现种苗快速、优质、高效、成批而又稳定的规模化生产和企业化经营的一种现代育苗方式。

(一)工厂化育苗的特点

近年来,工厂化育苗在国内呈现加速发展的态势,国内进行工厂化育苗生产的作物不仅有蔬菜、花卉,水稻、玉米、林木、烟草和药材(如铁皮石斛、三七、白芨、半夏、金线兰等)等植物的育苗也在尝试工厂化生产。工厂化育苗具有以下特点:

1.育苗设施设备现代化、智能化

工厂化育苗配备有育苗温室、播种车间、催芽室、计算机管理控制室等现代化的育苗设施,控温、调湿、调光照、补充二氧化碳等环境监测控制系统,种子处理、精量播种、基质消毒、灌溉施肥等生产设备,种苗转移机、分离机、嫁接机器人等辅助设备,这些为实现工厂化育苗的现代化和智能化提供了强大的"硬件"保障。

2.生产技术标准化,工艺流程化

实施工厂化育苗须在基于各种育苗作物生长发育规律及生理生态研究的基础上,制定出各技术环节的具体指标,然后建立整个育苗技术体系,最后通过标准的工艺流程(种子处理→穴盘、基质消毒→播种→催芽→绿化→炼苗→销售)最终实现生产技术的标准化。

3.生产管理科学化,经营企业化

工厂化育苗通过引入科学化的生产管理理念和企业化的经营管理方式,对"软件、硬件"进行协调管理,保证生产的同时还注重秧苗的经营与销售,实现有计划、有组织、科学有序的现代化企业管理。

4.市场需求量和供应量大

美国、意大利、法国、西班牙、荷兰等国都发展有相当规模的工厂化育苗基地,其中美国的商品苗生产居世界第一,如美国拥有世界上最大的两个育苗公司 Speedling Transplanting 和 Green Heart Farms,商品苗年产量均可达 10 亿株以上,其他公司如 Grower Transplanting、Plantell Nursery、Graven Transplant 等商品苗年产量也可达到 2 亿~8 亿株。如今美国 100% 的芹菜、鲜食番茄、抱子甘蓝,90% 的青椒,75% 的花椰菜、青花菜,70% 的冬春生菜,30% 的甘蓝、加工番茄都是采用工厂化育苗。

5. 宜地育苗,分散供苗,种苗生产的专业化程度高

发达国家注重农业的规模化经营,种苗的供应是由大型的种苗公司选择在适宜的地区集中生产,分散供应。如美国加利福尼亚洲的商品苗产量占全美国市场需求量的 2/3。

(二)工厂化育苗的优点

工厂化育苗相比传统育苗方式具有以下优点:

1. 节约种子、节省能源与资材、占地少

工厂化育苗节约种子,一般一穴一粒,如西芹穴盘育苗用种量为 5 g/667 m²,是常规育苗用种量的 1/10;基质用量少,穴盘苗 50 g/株左右,钵苗则需 500~700 g/株;占地少,营养钵育苗 100 株/m²,穴盘育苗可达 500~1000 株/m²;另外工厂化育苗较传统分散育苗可节省电能 2/3 以上,在北方冬季育苗可节约能源 70% 以上。

2. 种苗生产效率高、秧苗质量好

利用精量播种生产线,每小时可播种 700~1000 盘,同时采用精准环境控制,基质消毒,施肥灌溉等先进技术,可实现标准化生产,种苗出苗整齐,苗龄短,生长健壮,病虫害少,一次成苗不伤根,移植成活率高,缓苗快。

3. 利于长距离运输和商品化供应

工厂化育苗多采用轻型基质穴盘育苗,成苗后苗盘质量轻,便于搬运和长距离运输,且已有与不同规格穴盘相适应的嫁接机、移栽机等,对实现种苗的集约化生产和商品化经营十分有利。

4. 有利于优良品种的推广

工厂化育苗的种子来源渠道正当,能保证品种纯度,有助于良种的繁育推广和品种区域化种植。

二、工厂化育苗的设施与设备

工厂化育苗的方式多样,不同的育苗方式所需的设施设备不尽相同,实际生产中可根据自身的实际需要和经济实力选择其中的一部分设施与设备。

(一)工厂化育苗的设施

1. 基质处理车间

工厂化育苗一般为批量生产,基质用量较大,且多使用混合基质,所以需要建设一个能通风、避雨的车间用以安放基质消毒机、搅拌机等,以及能存放一定量的基质,避免基质被日晒雨淋,保证消毒后的基质不被再次污染,同时还需留有作业空间,以利搬运。

2.播种车间

播种车间内的主要设备是播种生产线。为了提高空间利用率,实际生产中通常把成品种苗包装、灌溉设备和储水罐等也安排在播种车间内,因此设计时要注意有水源、通风。同时,空间分区合理,使播种、包装、搬运等操作互不影响,且便于运输车辆的进出。

3.催芽室

种子播种后需把穴盘一同放进催芽室内催芽,穴盘采用垂直多层码放,催芽室的体积可根据每一批的育苗总数来计算。为降低加温能耗,在寒冷地区可将催芽室建在育苗用的温室或大棚内,多用密闭性、保温隔热性能良好的材料建造。为方便不同种类、批次的种子催芽,可将催芽室设计为小单元多室配置,每个单元 20 m² 左右。为保证种子发芽所需的适宜温度、湿度、氧气、光照等条件,则需在催芽室内配备加温系统、加湿系统、通风系统和补光系统以及微电脑自动控制器等。

4.绿化、驯化、幼苗培育设施

种子完成催芽后需立即转入有光并能保持一定温湿度的设施内进行绿化或驯化,直至炼苗、起苗、包装,进入运输环节。幼苗生长发育绝大多数时间是在绿化室或称幼苗培育设施内度过的。为了满足种苗生长发育所需要的温度、湿度、光照、水肥等条件,工厂化育苗要求的设施设备的配置比普通栽培温室要高。如环境条件能调控的玻璃温室或加温塑料大棚,除配置通风、幕帘、加温、降温等系统外,还需装备苗床,补光、水肥灌溉、自动控制系统等。

(二)工厂化育苗的设备

工厂化育苗的关键设备主要有育苗生产设备和育苗温室环境控制系统,以及一些辅助设备。育苗生产设备主要包括种子处理设备、基质消毒机、自动精量播种生产线、种苗储运设备等;温室环境控制系统则由加温系统、降温系统、保温系统、灌溉施肥系统、二氧化碳补充系统、补光系统、计算机控制与管理系统等组成;另外一些辅助设备有育苗穴盘、苗床、嫁接机等相关设备。

1.生产设备

(1)种子处理设备

工厂化育苗为了满足机械播种或其他农艺要求,经常需采用生物、物理化学或机械的方法处理种子以提高种子的发芽率和出苗率,促进幼苗生长,减少病虫害。常用的种子处理设备包括种子拌药机、种子表面处理机械、种子单粒化机械和种子包衣机等,以及用 γ 射线、紫外线、超声波等通过物理方法处理种子的设备。

(2)基质消毒机

国外工厂化育苗采用的都是基质生产厂消毒好的基质。目前,我国这类基质生产厂还很少,多数育苗工厂都是根据自己的需要,结合当地资源选择和配制基质,因此需要配置基质消毒设备,特别是掺入了有机肥或其他来源不卫生的基质时,为防止育苗基质中带有致病微生物或线虫等,都需消毒后再用,一般多用高温蒸汽消毒。

（3）自动精量播种生产线

自动精量播种生产线是工厂化育苗的一组核心设备,一般由基质搅拌机,育苗穴盘摆放机,送料、基质装盘机,压穴、精播机,覆土机,喷淋机等组成整个流水生产线。基质从搅拌、装盘、压穴、播种、覆盖、喷水等多道工序可一次完成,且生产线的各组成部分均可拆开单独使用。

①基质搅拌机。为了保证混合基质各成分分布均匀,防止基质结块影响装盘质量,一般基质在送往送料机、装盘机之前,会用基质搅拌机进行充分混匀。如果基质过于干燥,还应加水进行调节。

②育苗穴盘摆放机。将穴盘成摞装在穴盘摆放机上,机器可按照设定的速度把穴盘一个一个放在传送带上,传送带将穴盘运送到装盘机处。

③送料、基质装盘机。当穴盘到达装盘机下方时,育苗基质会由送料装置从下方的基质槽中运到上方的基质箱中,控制机关再自动把基质撒下来,同时传送带上的穴盘也在振动,使基质能均匀地装满每个小穴,然后在传送的过程中有一装置可将多余的基质刮掉。

④压穴、精播机。装满基质的育苗穴盘在送到精播机下方前,会有一装置将每一小穴中间压出深度一致的播种穴,然后送到精播机下,精播机利用真空吸放原理,将种子从种子盒中吸起,然后移到穴盘上方后再放气让种子自然落进播种穴。

⑤覆土机。播种完的穴盘在运到覆土机下方时,覆土机的刮土轮会将基质箱中基质均匀地覆盖在播种后的小穴上。由于播种穴深度一致,覆土厚度一致,能保证种子出苗整齐。

⑥喷淋机。覆土后的穴盘运到喷淋机下方时,喷淋机会按照设计的水量,在穴盘行走过程中(或稍作停留)将水均匀地喷淋到穴盘上。完成整个播种过程的穴盘会被送到催芽室催芽。

2. 育苗设施环境控制系统

（1）加温系统

为创造种苗生长发育的适宜温度条件,冬季育苗需配置加温设备。一般在我国北方,大型连栋温室多采用水暖集中供暖方式加温或少量使用热风供暖方式;节能日光温室多采用炉灶煤火加温或水暖锅炉加温;塑料大棚有时会用热风炉短期加温。

（2）降温系统

育苗设施内常用的人工降温方法有湿帘降温、遮光降温、蒸发冷却降温和强制通风等。这就需要育苗温室内配置有遮阳网、湿帘、高压喷头、风机等降温设备。

（3）保温系统

育苗温室常见的保温措施有采用多层覆盖,如安装活动保温幕、双层充气膜或双层聚乙烯板、覆盖草苫、保温被等,选用隔热性能好的覆盖材料,增加设施的气密性,减少缝隙放热等。

（4）灌溉施肥系统

绿化室或幼苗培育温室内为保证幼苗的肥水供应，都应配备灌溉施肥系统。该系统通常包括水处理设备，如抽水泵、沉淀池、过滤器、加酸配比机等；灌溉管道、贮水及供给系统，如U-PVC管道、集水池、电磁阀等；灌溉施肥设备则主要有喷灌和潮汐灌溉，喷灌有固定式喷灌和自走式喷灌，该系统也可用来喷灌液肥和喷施农药，另外还有自动肥料配比机可按设定的肥料配比值进行全自动化施肥。

（5）二氧化碳补充系统

在相对密闭的育苗设施内，种苗光合作用会消耗大量的CO_2，白天室内CO_2浓度会低于外界，出现CO_2亏缺、种苗"饥饿"现象，因此工厂化育苗设施内需配备CO_2补充系统。目前用得较多的有燃烧法产生CO_2、化学反应法生成CO_2和直接施用液态CO_2等。一般育苗温室适宜的CO_2浓度为$400\sim600\ \mu L/L$，可安装CO_2传感器对其浓度进行监测。

（6）补光系统

工厂化育苗在冬春季节经常会遇到阴雨天气，自然光照较弱，满足不了幼苗对光照的需求。因此育苗温室一般需要配置人工补光系统，在有效日照时数小于4.5 h/d时就需启动人工补光，目前采用较多的光源是高压钠灯。

（7）计算机控制与管理系统

工厂化育苗的生产与管理是一个复杂的体系，各个子系统间的运作与协调、环境的控制与管理，依靠一般的生产管理人员有时很难做出准确的综合判断，需要借助计算机系统来实现复杂的控制和优化的管理目标。如育苗过程中的复杂环境控制、各种数据的采集与分析处理等都可通过计算机控制与管理系统来实现。

3. 辅助设备

（1）育苗穴盘

育苗穴盘是工厂化育苗必备的育苗容器，每张盘上有数量不等的孔穴，具体可依据用途和作物种类选择相应的穴盘。

（2）苗床

为便于操作以及给幼苗创造更好的环境，催芽后的穴盘一般需放在育苗温室的苗床上进行绿化和培育。苗床可分为固定式和移动式两种：一般固定式苗床作业方便，但温室利用率低，苗床面积约为温室总面积的50%~65%；移动式苗床温室利用率可达90%以上，但对材料强度和制作工艺等要求高。

（3）运苗车

运苗车（种苗转移车）包括穴盘转移车（移动式发芽架）和成苗转移车。穴盘转移车将播种完的穴盘运往催芽室，车的高度及宽度根据穴盘的尺寸、催芽室的空间和育苗的数量来确定。成苗转移车采用多层结构，根据商品苗的高度确定放置架的高度，车体可设计成分体组合式，以适合于不同种类园艺作物种苗的搬运和卸载。

（4）种苗运输设备

种苗的包装和运输是种苗生产过程的最后一道程序，对种苗生产企业来说非常重要,如包装和运输方法不当,可能造成较大损失。种苗包装设计应根据苗的大小、育苗盘规格、运输距离的长短、运输条件等确定包装规格、包装装潢和包装技术。种苗的运输设备包括封闭式保温车、种苗搬运车辆、运输防护架等,确保在运输过程中,秧苗处于适宜环境,减少运输对苗的危害和损失。

(5)嫁接机

采用嫁接技术可以有效增强种苗的抗病性、抗逆性和肥水吸收性能等,尤其对瓜类、茄果类蔬菜,嫁接苗已成为其克服土壤连作障碍的主要手段,如日本的100%的西瓜、90%的黄瓜、96%的茄子都用嫁接栽培。但是传统的人工嫁接会因操作人员掌握的技术要领、熟练程度的不同而难以保证高的嫁接质量和成活率,难以短时间内提供大批量的整齐一致的嫁接种苗。为此,日本、中国、韩国等都相继研制出了自己的嫁接机器人,虽然具有很广阔的应用前景,但由于各方面技术还有待进一步成熟,目前推广应用还不是很广泛。如日本的嫁接机自动化水平较高,但技术复杂、体积庞大且价格昂贵;韩国的嫁接机嫁接效率比较低,自动化程度低,成活率也相对较低;我国的自动嫁接机则需要人工提供砧木、接穗固定夹等,劳动强度大,自动化水平低。

三、工厂化育苗的管理技术

工厂化育苗技术主要包括选种及种子处理技术、适宜穴盘的选择与苗龄的控制技术、育苗基质的选择与营养液管理技术、育苗环境的调控技术及苗期病虫害的防治技术等。

(一)种子精选与处理

工厂化育苗的种子必须符合种子质量检验标准,外形要适于机械精播;适宜条件下发芽率不低于85%,发芽快而整齐,无病虫害。

生产上为保持并进一步提高种子质量,满足工厂化育苗的用种需要,已经包衣或丸粒化的种子不用再进行消毒处理。其他种子播种前常会采取各种方式对种子进行处理,以达到提高种子活力,减轻、防治病虫害,打破种子休眠,促进种子发芽和生长,适于机械化精播等目的。常用的种子处理技术有超干贮藏保持种子活力;用种子引发剂(如KNO_3、$Ca(NO_3)_2$、$NaCl$、$CaCl_2$、PEG、PVA、SPP等)预浸处理促进种子发芽,提高出苗的一致性;种子消毒(如温汤浸种、药剂处理等)防治病虫害;催芽(如浸种催芽、层积催芽、药剂浸种催芽等)提高种子发芽率等。

(二)穴盘的选择

工厂化育苗是种苗的集约化生产,为提高单位面积的育苗数量,又要保证幼苗质量不受影响,生产中就必须根据苗龄大小选择不同孔穴的穴盘或根据营养面积确定苗龄。表7-1列出了常见作物在培育不同苗龄的幼苗时应配套选用相应规格的穴盘,以供参考。

表7-1　不同作物不同苗龄适宜穴盘的选择

作物	穴盘规格			
	288穴	128穴	72穴	50穴
冬春季番茄、茄子	2叶1心	4~5片叶	6~7片叶	—
冬春季辣椒	2叶1心	8~10片叶	—	—
黄瓜	—	2叶1心	3~4片叶	5~6片叶
冬春季花椰菜、甘蓝	—	5~6片叶	3~4片叶	—
玉米	—	—	—	3叶1心
夏秋季番茄、茄子	3叶1心	5~6片叶	—	—
夏秋季芹菜	4~5片叶	5~6片叶	—	—
夏秋季花椰菜、甘蓝	—	4~5片叶	—	—
生菜	3~4片叶	4~5片叶	—	—
西瓜	—	—	3~4片叶	5~6片叶
南瓜	—	—	3~4片叶	5~6片叶

(三)基质的选择与配制

作为育苗基质需具有6个方面的要求:(1)选择使用当地资源丰富、价格低廉的物料,以降低育苗成本;(2)基质要疏松透气,保水保肥性好,水、气、热状况协调,确保幼苗正常生长发育;(3)具有与土地相似的功能,便于根系缠绕,便于起坨;(4)要有适量比例的营养元素,酸碱度适中;(5)基本上不含活的病菌和虫卵,不含或尽量少含有害物质,以保证基质随幼苗植入生产田后不污染环境与食物链;(6)相对密度小,便于携带运输。要满足以上要求,基质本身的物理性质与化学性质须满足以下要求。

1.对基质物理性质的要求

对设施育苗影响较大的基质的物理性质有粒径大小、容重、总孔隙度等。

(1)基质的粒径

粒径是指基质颗粒直径的大小(用mm表示),按照粒径大小可分为:0.5~1 mm、1~5 mm、5~10 mm、10~20 mm、20~50 mm。基质粒径的大小直接影响着基质的容重、总孔隙度以及通气空隙与持水孔隙比。对于同一种基质,粒径越大,颗粒越粗,容重越小,通气空隙与持水孔隙比越大,当粒径增大到一定程度,容重则增加。育苗基质的粒径以0.5~5 mm为宜,其中小于0.5 mm的颗粒最好不超过总量的5%。

(2)基质容重

容重是指单位容积干的基质的重量,反映了基质的疏松程度及支撑作物能力的高低。容重过大,基质过于紧密,通气性及透水性差,不利于根系的生长发育。此外,商品化育苗也不便于运输;反之基质疏松,通透性好,但黏合能力不足以很好的固定根系,持水性差不利于苗木生长。一般育苗基质的容重以0.2~0.8 g/cm³为好,既能固定根系,又适合长途运输。

（3）总孔隙度

总孔隙度是指基质中水和空气孔隙占基质体积的百分比。总孔隙度大的基质通透性较好，有利于幼苗的根系生长，但不利于幼苗的固定。总孔隙度小的基质不利于根系的生长发育。通气孔隙是指基质中空气所能够占据的空间，孔隙直径在0.1 mm以上，灌溉后溶液不会被吸持在这些孔隙中，而是随重力作用流出；持水孔隙是指基质中水分所能占据的空间，一般孔隙直径在0.001~0.1 mm范围内，水分在这些孔隙中会由于毛细管作用而被吸持。总孔隙度在54%以上，持水量大于150%的基质是比较适宜的育苗基质。

表7-2列举了常见基质的物理性质。

表7-2 常见育苗基质的物理性质

常用基质	容重/g·cm⁻³	持水量/%	总孔隙度/%	通气孔隙度/%	毛管孔隙度/%
草炭	0.27	250.6	84.5	16.8	67.7
蛭石	0.46	144.1	81.7	15.4	66.3
珍珠岩	0.09	568.7	92.3	40.4	52.3
糠醛渣	0.21	129.3	88.2	47.8	40.4
棉籽壳	0.19	201.2	89.1	50.9	38.2
炉渣灰	0.98	37.5	49.5	12.5	37.0

2.对基质化学性质的要求

基质的化学性质对育苗有较大影响，主要包括基质的化学成分、pH值、电导率、阳离子交换量和基质的C/N比等。

（1）基质的化学成分

育苗基质的化学成分是指基质本身所含有化学物质的种类及含量，包括矿质营养、有机营养，以及对作物幼苗生长有毒害的物质等。基质要求化学成分稳定，不含有害物质和污染物质，所含成分不会对营养液产生干扰，不会因浓度过高而对作物产生毒害，最好含有供给植物吸收利用的营养元素。

基质中的可溶性盐含量影响着组分配比及元素的有效态含量，因此基质中可溶性盐含量不宜超过1000 mg/kg，最好小于500 mg/kg。

（2）pH值

基质的pH值影响秧苗的生长及离子的有效性。绝大多数作物幼苗适宜的育苗基质pH值为6.0~7.0。基质的pH值超过7以上时，Mn^{2+}、Fe^{2+}、Cu^{2+}、Zn^{2+}将生成氢氧化物沉淀成为无效离子。

（3）阳离子交换量

阳离子交换量是基质含有可代换性阳离子的数量，反映出基质对养分离子的吸附能力及其释放并供植物吸收利用的能力，基质阳离子代换量（CEC）以100克基质代换吸收阳离子的毫摩尔数（mmol/100 g基质）来表示。有机质含量越高，其阳离子交换量越大，基质的缓冲性能越强，保水保肥能力越强。

（4）基质的电导率

电导率（EC）是反映育苗基质内可溶性盐含量以及可电离盐类的溶液浓度。育苗基质适宜的EC值在0.5~1.25 mS/cm之间，EC值过高造成基质水势较低，幼苗根系吸水困难，根尖变褐、变黑甚至腐烂，根毛发生少；EC值过低，则基质缺乏养分，叶色变黄，胚轴和茎细弱，需进行浇灌营养液或施肥。

（5）基质的C/N值

C/N值指基质中碳含量与氮含量的相对比值。育苗基质C/N值在20∶1~30∶1较适宜。当C/N值超过30∶1时，可能导致"烧苗"，严重时可抑制种子发芽。表7-3列举了常见基质的化学特性。

表7-3　常见基质的化学特性

常用基质	pH值	电导率 /mS·cm	阳离子交换量 /mmol·kg⁻¹	有机质 /g·kg⁻¹	碱解氮 /mg·kg⁻¹	有效磷 /mg·kg⁻¹	有效钾 /mg·kg⁻¹
草炭	5.85	1.04	48.5	262.2	1251.3	84.2	114.2
蛭石	7.57	0.67	5.15	0.6	9.3	22.2	135.0
珍珠岩	7.45	0.07	1.25	0.9	15.1	10.8	69.6
糠醛渣	2.28	5.10	18.93	365.2	267.8	190.0	13500.0
棉籽壳	7.67	4.70	15.32	252.1	731.0	131.2	5200.0
炉渣灰	7.76	2.23	4.12	0	40.1	52.6	120.4

3.育苗基质的配制

育苗基质按组分可分为无机基质、有机基质和混配基质三类。

常见的育苗无机基质包括蛭石、珍珠岩、炉渣灰等，有机基质如草炭、茹渣、秸秆、花生壳、木屑、椰子壳纤维、糠醛渣、甘蔗渣、沼渣、松鳞、蚯蚓粪、苜蓿粉、豆粉，甚至养蜂副产品蜂巢等。应用最广泛的有机基质是草炭，草炭持水能力较强，阳离子交换量较高，pH值在5.8左右。有机基质必须经过粉碎和生物发酵，方可形成适宜的粒径，并杀灭病原菌、降低碳氮比（C/N）。

单一基质的理化性状往往不能完全符合幼苗生长需要。在设施育苗中，为满足设施育苗对基质的要求通常将多种基质混配使用。

混配基质可实现优势互补，达到更好的育苗效果。具体选用时，为降低育苗成本，应注重因地制宜、就地取材，充分利用当地资源。如日本工厂化育苗多用炭化稻壳、赤土、沙子、珍珠岩等；美国常用蛭石、珍珠岩、树皮等；我国多用草炭、蛭石、珍珠岩、炉渣灰等。表7-4列出了我国常用的育苗混配基质配方。这些基质经过消毒处理可连续使用2~3次。

表7-4 我国常用的育苗混配基质配方

序号	所用基质	混配比例	备注
1	草炭:蛭石:珍珠岩	2:1:1	最佳蔬菜育苗基质
2	草炭:蛭石	2:1或3:1	较理想的育苗基质
	草炭:珍珠岩	3:1	较理想的育苗基质
3	甘蔗渣:粉碎的塘泥:有机质	6:3:1	北海地区较理想的蔬菜基质
4	田泥:堆沤腐熟的草菇渣	6:4	茄子工厂化育苗的适宜基质
5	炉渣灰:草炭	6:4	—
6	玉米秸秆:草炭:炉渣灰	1:1:3	—

混合基质中为了改善某些性状,还会添加一些微量成分,诸如调节pH值、营养成分、改善混配基质微生物菌群的试剂、保水剂等。为了中和草炭的酸性,基质中常常添加石灰,同时可以补充大量的Ca、Mg元素;为了增加育苗基质的营养状况,通常会添加部分化学肥料如尿素、硝酸钙等;此外,还可在基质组分中加入少量湿润剂,降低水的表面张力或界面张力,使基质能被水所润湿。

4.营养液的选择与配制

工厂化育苗中的养分供应除部分由混配在基质中的肥料供给外,主要还是通过定期浇灌的营养液提供。育苗营养液可使用无土栽培的配方,但使用的浓度需相应减少,如1/3~1/2日本园式配方或山崎配方等,也可使用育苗专用配方。

选择好适宜的营养液配方后,还需对营养液的供液时间、供液次数、供液量等进行科学管理。一般在幼苗出土进入绿化室后即可开始浇灌或喷施营养液,每天一次或两天一次;供液后保持容器底部0.5~1.0 cm深的液层为宜。供应营养液的同时也应注意供水,通常可在浇1~2次营养液后浇一次清水。当然,营养液的管理还和选用基质的理化性质、幼苗的生长状态、天气状况等有密切联系。如采用草炭、有机肥和复合肥合成的专用基质可只浇清水或适当补充些大量元素即可;小苗少浇,大苗多浇;夏季高温多浇(每天喷水2~3次),冬季气温低少浇(2~3天喷一次);喷水施肥交替进行。

（五）育苗环境的调控

1. 温度

在幼苗生育的环境因素中,温度是重要的影响因子之一。播种后、出苗前和移植后、缓苗前温度应高;出苗后、缓苗后、炼苗阶段温度应低;生长前期温度高,中期以后温度渐低;嫁接以后、成活之前也应维持较高温度。种苗生产温室内的平均气温白天应不低于20 ℃,夜间不低于15 ℃。

2.光照

光照除影响秧苗的生长量外,对秧苗花芽分化的影响也很大。冬春季工厂化育苗自然光照时间短、强度弱,因而苗期的光照管理就是提高光能利用率。可通过选择合理的营

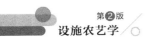

养面积和育苗密度;选用透光率高的覆盖材料或直接进行人工补光(一般$50\sim150\ \text{W/m}^2$)等措施增加光照强度,延长光照时间。当然,在夏季育苗时,自然光照强度超过了作物光饱和点,而且易形成过高温度,可利用遮阳网,达到避光、降温、防病的效果。

3.水分

水分是影响幼苗物质积累、培育壮苗的重要因子,大多数幼苗生长基质含水量在60%~80%较为适宜,播种后出苗前要求较高,保持80%~90%为宜,定植前7~10 d应适当控制水分。基质水分过多,遇上低温弱光极易发生病害或沤根;遇上高温弱光则幼苗极易徒长。基质水分过少,幼苗生长受抑制,时间长了易出现僵化苗。空气湿度白天保持60%~80%,夜间90%为好。出苗前和分苗初期空气湿度可适当提高。

4.气体

工厂化育苗中,对幼苗生长发育影响较大的气体主要有CO_2、O_2和各种有害气体。生产中最常用的气体调控方式是通风换气,为了提高设施内CO_2浓度,促进光合作用和增加光合产物,也常补施CO_2气肥。特别是在冬春季节育苗,外界气温低,通风少或不通风,室内CO_2明显不足,补充CO_2最为有效。施用时间以晴天上午日出后0.5~1 h开始,持续约3 h即可达到显著促进幼苗生长的效果。

对有毒有害气体则主要是分析其来源后做好防范工作,如选用无毒无害的塑料薄膜、水管;加温时燃烧要充分;烟囱的密封性要好;不施用未腐熟的有机肥等。

(六)苗期病虫害防治

工厂化育苗是集约化生产模式,病虫害的发生和传播都十分迅速,但由于管理集中,又利于病虫害防治。目前生产中常见的苗期病虫害种类及防治方法如下。

(1)生理性病害

主要有沤根、老化、徒长、烧根、寒害、冻害、热害、旱害以及有害气体毒害、药害等。此类病害主要是由环境因素引起的,不传染,防治时应以防为主,严格检查,加强苗期温、湿、光、水、肥的管理,保证各项管理措施到位。

(2)病理性病害

主要有猝倒病、立枯病、病毒病、白粉病、霜霉病、灰霉病、菌核病、疫病等。此类病害主要是由于种子或基质带有病菌,后期管理当中遇上适宜的发病环境条件就易发病。防治也应以预防为主,及时调整并杜绝各种传染途径,做好穴盘、器具、基质、种子和温室环境的消毒工作,发现病害症状及时进行适当的化学药剂防治。

(3)虫害

育苗期间常见的虫害有蚜虫、红蜘蛛、茶黄螨、白粉虱等。虫害的防治方法主要包括切断其栖息场所和中间寄主,防止害虫的迁飞等。具体防虫操作:及时清除育苗温室内和温室周围的残株和杂草;育苗温室与栽培温室要间隔一定距离;在通风口加设防虫网防止外来虫源进入等。同时注意经常检查,发现害虫立即采取措施,也可用药防治。

复习思考题

一、名词解释

1. 设施育苗　2. 穴盘育苗　3. 营养土　4. 工厂化育苗

二、填空题

1.（　　）是依靠太阳辐射增高畦温,并靠透明和不透明覆盖物来保温,以维持苗床秧苗生长所需要的温度。

2. 工厂化育苗"三室"配套,集中育苗,即以（　　）、（　　）、（　　）三道程序系列配套育苗。

3.（　　）反映了基质的疏松程度及支撑作物能力的高低。

4. 基质的阳离子换量越大,基质的缓冲性能越（　　）,保水保肥能力越（　　）。

三、简答题

1. 设施育苗的方式有哪些?

2. 目前育苗穴盘有哪些种类和规格?

3. 工厂化育苗有哪些特点?

4. 工厂化育苗的设施包括哪些?

5. 育苗过程中容易产生哪些生理病害? 如何防止?

四、论述题

1. 配制设施育苗基质时,应考虑哪些因素?

2. 谈谈容器育苗的技术要点。

3. 谈谈工厂化育苗的管理技术要点。

主要参考文献

1. 谢小玉. 设施农艺学[M]. 重庆:西南师范大学出版社,2010.

2. 郭世荣,孙锦. 设施育苗技术[M]. 北京:化学工业出版社,2013.

3. 武占会. 现代蔬菜育苗[M]. 北京:金盾出版社,2009.

4. 王久兴,杨靖. 图说蔬菜育苗关键技术[M]. 北京:中国农业出版社,2010.

5. 施菊琴,孙卉,曹光甫,等. 设施蔬菜工厂化育苗研究进展[J]. 上海农业科技,2018(6):83-85.

6. 吕佳雯,李文霞,李凯,等. 穴盘穴数对玉米工厂化育苗效果的影响[J]. 中国种业,2018(4):58-60.

第八章
无土栽培技术

学习目标:了解无土栽培的含义及特点,常用无土栽培的类型与特点,常用基质的种类、性能;掌握基质消毒技术,营养液配制与管理技术,固体基质培、营养液培的关键技术。

重点难点:营养液配制与管理技术,固体基质培、营养液培技术。

>>>>
第一节
无土栽培概述

一、无土栽培的概念及分类

无土栽培(Soilless Culture)指不采用天然土壤而利用基质或营养液进行栽培的方法,包括基质育苗。无土栽培种类很多,按照养分的来源可分为无机营养无土栽培(水培和雾培)、有机营养无土栽培和改进型有机生态型无土栽培;按栽培的方式可分为钵栽、槽栽、袋栽、沟栽、柱式栽等。目前常见的是按有无栽培基质分类(图8-1)。

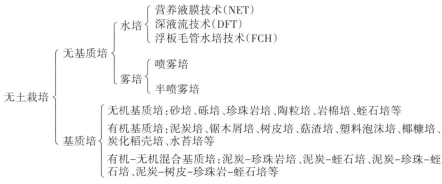

图8-1 无土栽培的分类

二、无土栽培的特点

（一）无土栽培的优点

①有效避免土壤连作障碍。无土栽培因不用土壤,作物连茬时只要对栽培设施进行必要的清洗和消毒以及科学管理营养液,就可以有效避免土壤连作障碍的发生。

②增强作物长势,提高产量和品质。无土栽培为作物提供了合理的养分和良好的根系环境,作物的生产潜力能得到充分的发挥,作物生长势增强、生长量增加,同时品质也有所提高。如无土栽培生产的绿叶蔬菜粗纤维含量低,维生素 C 含量高;瓜果蔬菜着色均匀、口感好;作物产量是土壤栽培的数倍至数十倍。

③省水、省肥、省工。无土栽培可减少土壤栽培中的水肥渗漏、流失、挥发、固定等,用水量仅为土壤栽培的 1/3~1/2,肥料利用率则由土壤栽培的 50% 提高到 90%~95%。另外,由于无土栽培省去了土壤耕作、施肥、除草等田间操作,且能逐步实现机械化和自动化,因而可减少大量人力的投入。

④扩展农业生产的空间。无土栽培由于不受土壤的约束,可以利用荒滩、海岛、沙漠、戈壁等进行农业生产;也可利用阳台、屋顶等发展家庭园艺。此外,无土栽培结合航天技术已应用于太空农业中。

⑤生产过程易实现无公害化。无土栽培环境相对可控,可为作物提供相对无菌少虫的环境,同时杜绝了土传病虫害的来源,生产过程中易实现无公害化。

（二）无土栽培的缺点

无土栽培作为一种新的现代农业种植技术,具备传统土壤栽培无法比拟的优点,但同时也存在一些缺点和不足,主要表现在:

①一次性投资大,运行成本高。目前无土栽培技术在推广应用中面临最主要的问题就是一次性投资大,运行成本高,这一点在大规模、现代化、集约化的无土栽培中表现尤为突出。例如广东省江门市引进荷兰专门种植番茄的"番茄工厂",面积为 1 hm²,总投资超过 1000 万元人民币,平均每平方米投资 1000 元,这在我国目前的消费水平下,是难以通过种植作物收回如此巨大的投资的。近年我国结合国情,开发研制了一些投资小、运行费用低又实用的无土栽培形式,如浮板毛管水培、鲁 SC 型无土栽培、有机生态型基质培等。

②技术要求较高。无土栽培生产过程中营养液配方的选择、配制、供应以及对浓度、pH 值的调控相对于土壤栽培来说,均较为复杂。再加上还需对作物地上部的温度、光照、水分、气体等环境条件进行必要的调控,这就对种植者的技术提出了较高的要求,否则难以取得良好的种植效果。当然,现在的有机基质培可选用厂家配制好的专用固体肥料,采用自动化设备简化管理技术,大大降低了技术难度。

③管理不当,易发生某些病害并迅速传播。无土栽培是在相对密闭的棚室内进行的,容易形成高温、高湿、弱光照的环境条件,这有利于某些病原菌的滋生繁衍,且随着营养液的循环流动病害会迅速传播;另外还易引起营养液含氧量降低,导致植物根系功能

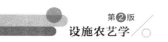

受阻。如果因管理不当,无土栽培的设施、种子、基质、生产工具等的清洗和消毒不够彻底以及工作人员操作不注意等原因,也易造成病菌的大量繁殖,严重时甚至造成大量作物死亡,最终导致种植失败。

三、无土栽培的应用

无土栽培技术具有很多优点,但无土栽培的应用会受到经济条件、技术水平等诸多因素的限制,不能大规模地取代土壤栽培,而是作为土壤栽培的一种补充形式存在。

1. 在生产高档园艺产品中应用

目前多数国家用无土栽培种植一些在露地很难栽培,或能栽培但是产量低、品质差的一些高档园艺产品。如高糖生食番茄、七彩甜椒、迷你番茄、小黄瓜等供应高档消费或出口创汇的各种蔬菜;或是用于家庭、宾馆等特殊场所栽培盆栽花卉,因其花期长、花朵大、花色艳、香味浓而深受欢迎。

2. 在不适宜土壤耕作的地方应用

在沙漠、盐碱地、极地、海岛等不适宜土壤栽培的地方发展无土栽培可大面积种植蔬菜花卉等,能很好地解决当地人们的吃菜等问题,甚至也关系到国土的安全。如新疆吐鲁番的西北园艺作物无土栽培中心在戈壁滩上建了112栋日光温室,占地34.2 hm²,采用槽式砂培种植蔬菜,取得了良好的经济效益和社会效益。

3. 在土壤连作障碍严重的设施栽培中应用

一些发展设施农艺比较早的地区,土壤连作障碍严重,作物产量、品质下降,病虫害严重,阻碍了设施农艺的可持续发展。无土栽培为解决这一难题提供了很好的技术保障。

4. 在家庭园艺中应用

利用小型的无土栽培装置在庭院、阳台、楼顶种菜养花,不仅具有很强的娱乐性,而且洁净卫生、便于操作、美化环境,可以满足人们回归自然的心理需求。

5. 在观光农业、生态农业和科普教育中应用

近年发展的观光农业、生态餐厅、生态科技园区等已成为了展示农业高科技的示范窗口,里面采用最多的栽培方式就是无土栽培,尤其是一些造型美观、独具特色的立体栽培备受人们青睐,很多无土栽培基地已成为中小学生的农业科普教育基地。

6. 在太空农业上应用

随着航天事业的发展,人们进驻太空的欲望越来越强烈,在太空中采用无土栽培方式生产食物是最有效的方法。如美国肯尼迪宇航中心用无土栽培技术成功种植出宇航员在太空中所需的某些粮食、蔬菜。

第二节

营养液的配制与管理

营养液是指将含有植物生长发育所必需的各种营养元素的化合物和少量为提高使某些营养元素有效性的辅助材料,按一定的数量和比例溶解于水中配制成的溶液。无土栽培作物生长发育所需的养分和水分主要是靠营养液提供的,因此营养液的配制与管理是无土栽培技术的核心。

一、营养液的配制

(一)配制营养液的原料及其要求

配制营养液的原料主要包括溶解化合物的水、提供各种营养元素的化合物及提高某些营养元素有效性的辅助物质。实际生产中选用营养液配方必须结合当地水质、气候及栽培品种等因素,对营养物质的种类、用量及比例等作适当调整,才能发挥出营养液的最佳使用效果。

1. 水的选用要求

配制营养液的用水十分重要,水源不同,水质会有差异,这种差异或多或少会影响到营养液中某些营养元素的有效性,严重时甚至会影响到作物的生长。如在研究无土栽培营养液新配方或营养元素缺乏症等试验时,要求使用蒸馏水或去离子水;生产中则经常选用自来水、井水或雨水等作为水源,有时单一水源不足时也可几种水源混合使用,不管采用何种水源,在使用前都必须经过检测以确定其适用性。

无土栽培的水质要求比《农田灌溉水质标准》(GB 5084—2005)的要求稍高,但可低于饮用水水质要求,具体可参考表8-1、表8-2。

表8-1　无土栽培水质的要求

水质项目	要求
硬度	≤15°
pH 值	5.5~8.5
悬浮物	≤10 mg/L
氯化钠	≤200 mg/L
溶存氧	≥3 mg/L
氯(Cl_2)	≤0.01 %
重金属及有毒有害物质	在允许范围之内,具体见表8-2
EC 值	优质水:<0.2 mS/cm;允许用水:0.2~0.4 mS/cm;不允许用水:≥0.5 mS/cm

表8-2 无土栽培水中重金属及有毒有害物质含量标准

名称	标准/mg·L⁻¹	名称	标准/mg·L⁻¹
汞(Hg)	≤0.001	锌(Zn)	≤0.20
砷(As)	≤0.01	氟化物	≤1.00
镉(Cd)	≤0.01	大肠杆菌	≤1000个/L
硒(Se)	≤0.01	氰化物	≤0.50
铅(Pb)	≤0.05	三氯乙醛	≤0.50
铜(Cu)	≤0.10	苯	≤2.50

2.营养元素化合物的选用要求

植物生长所必需的17种营养元素有9种大量元素(碳、氢、氧、氮、磷、钾、钙、镁、硫)和8种微量元素(铁、锰、锌、铜、硼、钼、氯、镍)。其中碳、氧主要来自大气中的二氧化碳和氧气,氢和部分氧由水提供,另外生产用水都含有足够植物生长需要的氯和镍,所以只剩12种营养元素需要配制营养液的化合物来提供(表8-3)。一般配制营养液选用化合物时会考虑以下几个方面:

①根据栽培目的选用化合物。当研究营养液新配方或探索营养元素缺乏症等精确试验时,需要使用化学纯以上的化学试剂。而在一般的无土栽培生产上,除微量元素用化学纯试剂外,大量元素多采用成本较低的农业用化合物,在没有合格的农业原料时才选用工业用化合物代替。

②优先选择能提供多种营养元素的化合物。能提供某种营养元素的化合物形态可能有很多种,但为了减少某些盐类伴随离子的影响及控制总盐分浓度,一般选用能够同时提供两种植物必需营养元素且没有多余伴随离子的化合物,或者选用元素含量高的化合物,这样可以减少化合物的种类,降低总盐分浓度。

③根据作物的特殊需要选择化合物。如铵态氮(NH_4^+)、硝态氮(NO_3^-)都是作物生长发育良好的氮源,但是由于其盐类伴随离子的酸碱性质的不同及植物对它们的吸收利用程度和喜好的差别,使之出现了"喜铵植物"和"喜硝植物"之分,针对植物的特殊需要应选择合适的化合物。

④选择溶解度大的化合物。如硝酸钙的溶解度大于过磷酸钙、硫酸钙等,使用效果好,配制方便。

⑤选择纯度高的化合物。劣质原料中含有大量惰性物质,使用过程中易产生沉淀堵塞管道,影响根系对养分的吸收;另外原料中本物以外的营养元素都应视为杂质,如磷酸二氢钾中含有的铁、锰等,虽然铁、锰也是植物所需的,但也要控制在一定的范围内,否则会干扰营养液的平衡。营养液配方中的标量是指纯品,称量时需按实际纯度折算原料用量。

⑥有毒物质不超标,取材方便,价格低廉。选用化合物时,在保证原料中本物符合纯度要求以外,同时要求有毒物质不超标,且购买方便,价格便宜。

表8-3　无土栽培常用化合物的种类

营养元素种类	常用化合物种类
氮源	硝酸钙、硝酸钾、硝酸铵、硫酸铵、磷酸二氢铵等
磷源	磷酸二氢钾、磷酸二氢铵等
钾源	硝酸钾、硫酸钾、磷酸二氢钾、氯化钾等
镁源	硫酸镁
钙源	硝酸钙等
铁源	硫酸亚铁、螯合铁等
其他微量元素	硼酸、硼砂、硫酸锰、硫酸锌、硫酸铜、钼酸铵等

3. 辅助物质的选用要求

营养液配制中常用的辅助物质是螯合剂,它与某些多价金属离子结合可形成螯合物。配制营养液的螯合剂选用时主要有以下要求:(1)被螯合剂络合的阳离子不易被其他多价阳离子所置换和沉淀,又必须能被植物的根表所吸收和在体内运输与转移;(2)易溶于水,又具抗水解的稳定性;(3)治疗缺素症的浓度以不损伤植物为宜。

常见的螯合剂有乙二胺四乙酸(EDTA)、二乙酸三胺五乙酸(DTPA)、1,2-环己二胺四乙酸(CDTA)等,目前无土栽培中最常用的是铁与乙二胺四乙酸二钠(EDTA-2Na)形成的乙二胺四乙酸二钠铁(EDTA-2NaFe),可有效解决营养液中铁源的沉淀及氧化失效问题。

(二)营养液的组成及配方

1. 营养液的组成

营养液的组成涉及各种营养元素的离子浓度、比例、总盐量、pH值和渗透压等多种理化性质,直接影响植物对养分的吸收和生长发育状况。生产中需根据植物种类、水源、肥源和气候条件等具体情况,有针对性地确定和调整营养液的组成成分,使之更加有效地发挥营养液的功能。

营养液的组成应遵循以下原则:

(1)必须含有植物生长所必需的全部营养元素。无土栽培植物除有些微量元素因植物需要量很少,可由水源、固体基质或肥料中提供以外,其他主要是由营养液提供,所以要求其含齐全的营养元素。

(2)各种营养元素必须保持根系可吸收的状态。为保证植物吸收营养元素的有效性,要求化合物在水中要有较大的溶解度,一般多为无机盐类。

(3)各种营养元素要均衡。各营养元素的含量和比例要符合植物生长发育的要求,达到生理均衡,以保证植物的平衡吸收和各元素有效性的充分发挥。在保证营养元素齐全的前提下,尽量减少化合物的种类,以防止带入植物不需要的有害杂质或引起离子过剩。

（4）各种营养元素能保持较长时间的有效性。要求各营养元素在栽培过程中能在较长时间内保持其有效状态，不易因氧化、根系的选择性吸收或离子间的相互作用使有效性在短时间内降低。

（5）总盐浓度要适宜。营养液中总盐浓度应适宜植物正常的生长，不会因浓度太低而缺肥或浓度太高引发盐害。

（6）酸碱度要适宜。配制好的营养液酸碱度应适宜，且被根系选择性吸收后也较平稳。

2. 营养液的配方

在一定体积的营养液中，规定含有各种必需营养元素盐类的数量称为营养液配方。经过一百多年的发展，世界上已经研制出无数的营养液配方，仅 Hewitt E J 在其专著中就收录了 160 多种配方。常用的营养液配方有霍格兰（Hoagland）和阿农（Aron）通用营养液配方、斯泰纳配方、园式配方以及山崎配方等，表 8-4 列出了几种常用配方的大量元素的用量。表 8-5 列举了对多数作物都适用的微量元素配方。需要说明的是，即使选用的是通用营养液，最好也能根据植物种类、生育阶段、栽培方式、水质和气候条件等作适当调整，即优良的营养液配方既具有一定程度的通用性，又应具有专用性。

表 8-4　常用营养液配方大量元素表

（单位:mg·L⁻¹）

营养液配方名称	四水硝酸钙	硝酸钾	磷酸二氢铵	七水硫酸镁
Hoagland 和 Aron 通用配方	945	607	115	493
日本园式通用配方	945	809	153	493
山崎配方(番茄)	354	404	77	246

表 8-5　通用微量元素配方

化合物名称	每升水含化合物的量/mg·L⁻¹	每升水含元素的量/mg·L⁻¹
EDTA-2NaFe	20.00~40.00	2.80~5.60
或 $FeSO_4 \cdot 7H_2O$ +EDTA-2Na	13.90+18.60	2.80
	27.80+37.20	5.60
H_3BO_3	2.86	0.50
$MnSO_4 \cdot 4H_2O$	2.13	0.50
$ZnSO_4 \cdot 7H_2O$	0.22	0.05
$CuSO_4 \cdot 5H_2O$	0.08	0.02
$(NH_4)_6Mo_7O_{24} \cdot 4H_2O$	0.02	0.01

(三)营养液的配制

1.营养液的配制原则

营养液配制的总原则是确保营养液在配制后和使用时都不会产生难溶性化合物的沉淀。但是每一种营养液配方都潜伏着产生难溶性物质沉淀的可能性,如 Ca^{2+}、Fe^{3+}、Mg^{2+} 等与 PO_4^{3-}、SO_4^{2-}、OH^- 等在高浓度时都会产生沉淀。因此,对容易产生沉淀的盐类化合物实行分别配制,分罐保存,使用前再稀释、混合或对营养液进行酸化保存。

2.营养液配制前的准备工作

①根据植物种类、生育期、当地水质、气候条件、肥料纯度、栽培方式以及成本大小,正确选用和调整营养液配方,在小范围试验其可行之后再大面积应用。

②选择溶解度高、纯度高、杂质少、价格低的肥料。

③在配制营养液之前,先仔细阅读有关肥料或化学品的说明书或包装说明,注意盐类的分子式、含有的结晶水、纯度等。

④选择合适的水源并进行水质化验,以供参考。

⑤准备好2~3个贮液罐及其他必要物件。

3.营养液的配制方法

(1)浓缩液(母液)稀释法

程序可分为:分类—计算—称量—溶解—保存—稀释—调整—记录。

①分类并确定浓缩倍数。首先,将化合物分类,把相互之间不产生沉淀的化合物放在一起,一般分为三类:以钙盐为中心,凡不与钙作用产生沉淀的化合物放置在一起溶解为 A 母液;以磷酸盐为中心,凡不与磷酸根作用产生沉淀的化合物放置在一起溶解为 B 母液;铁和微量元素溶解在一起为 C 母液。其次,确定浓缩倍数,一般大量元素浓缩100~200倍,微量元素浓缩 1 000~3 000倍。

②计算、称量和溶解。按照所选配方、所配体积、浓缩倍数及化合物的纯度等计算各化合物需称取的量,经反复核对后称量并溶解定容。需注意的是,在配制C母液时,需用两个塑料容器各装 1/3 的清水,分别溶解 $FeSO_4 \cdot 7H_2O$ 和 EDTA-2Na,然后将溶解的 $FeSO_4 \cdot 7H_2O$ 溶液缓慢倒入 EDTA-2Na 溶液中,边倒边搅拌,其他各种微量元素化合物分别溶解后再缓慢加入到此混合液中,边加边搅拌,最后加清水定容至所需体积搅拌均匀即可。

③保存。为防止母液长期贮存时产生沉淀,可加入 1 mmol/L 的 HNO_3 调节其 pH 值至3.0~4.0,然后置于阴凉避光处保存,其中C母液最好用深色容器贮存。

④稀释。在贮液池中加入 1/2~2/3 的清水,量取 A 母液倒入其中搅拌均匀;然后用较大量清水稀释B母液后再缓慢倒入贮液池,边倒边搅拌;最后量取C母液按照B母液的方法加入到贮液池中,加水定容至最终体积,搅拌均匀。

⑤调整。检测营养液的 pH 值和 EC 值,如果测定结果不符合配方和作物要求,应及时调整。pH 值可用稀 HNO_3 或稀 KOH 调整。调整完毕的营养液,在使用前先静置一会,然后在种植床上循环5~10 min,再测一次 pH 值,直至与要求相符。

⑥记录。做好营养液配制的详细记录,以备查验。

（2）直接称量配制法

大规模生产中营养液一次性用量大，为节约空间，减少操作步骤，大量营养元素也可用直接称量法配制，微量元素同C母液配制。即先在贮液池中加入 1/2~2/3 的清水，然后称取相当于A母液的各种化合物溶解后倒入贮液池中搅拌均匀，并开启水泵循环 30 min 以上；再称取相当于B母液的化合物溶解并用大量清水稀释后缓慢加入贮液池，边加边搅拌；最后量取C母液稀释后缓慢加入、定容并搅拌均匀即可。

4. 营养液配制的操作规程

为保证营养液配制过程中不出差错，需建立一套严格的操作规程，内容主要包括：

①仔细阅读肥料或化学品说明书，注意分子式、含量、纯度等指标，检查原料名称是否相符，准备好盛装贮备液的容器，贴上标识。

②原料的计算过程和最后结果要经过多次核对，确保准确无误。

③各种原料分别称好后，一起放到配制场地规定的位置上，最后经核查无遗漏，才动手配制。切勿在用料及配制用具未齐全的情况下匆忙动手操作。

④严格建立记录档案，以备查验。

二、营养液的管理

营养液的管理主要指循环供液系统中营养液的管理，包括：营养液浓度、溶存氧、酸碱度、液温、供液时间与次数等方面的管理。非循环使用的营养液不回收使用，管理方法较为简单，不在此介绍。

1. 营养液浓度的调整

由于作物在生长过程中会不断吸收养分和水分，加上营养液水分的蒸发，导致营养液的浓度、组分在不断地发生变化。因此，需要对营养液的养分和水分进行监测和补充。

（1）水分的补充

水分的补充应每天进行，补充量的多少和补充次数则视作物长势、每株需液量和耗水多少而定。短期内可作简易管理，即在不影响营养液的正常循环流动的前提下，水泵启动前在贮液池内划上刻度，启动一段时间后关闭水泵，让过多的营养液全部回流到贮液池中，如其水位到加水的刻度线以下，即需加水至原来的液位。

（2）养分的补充

营养液浓度降低到一定水平时，就需要补充养分。生产中通常不进行营养液单一营养元素含量的测定，也不单独补充某种营养元素，而是通过测定反映总盐离子浓度的EC值然后进行全面补充。

①补充养分的时机。一般是由营养液浓度降低的程度确定，如高浓度的营养液配方（总盐浓度 > 1.5%）应每 2~3 d 测定一次 EC 值，当浓度降至配方浓度的 1/2~1/3 剂量时补充恢复至原浓度；低浓度营养液配方（总盐浓度 < 1.5%）应每天检测，每隔 3~4 d 补充至原水平。

②补充养分量的确定。首先，绘制所用配方不同浓度极差的电导率值与浓度极差的关系曲线；然后，计算出需要补充的营养相当于剂量的百分数；最后，据此计算各种化合物的用量。

③简便补充法。当所用营养液浓度原本就较低时,首先确定营养补充的下限(如原始剂量的2/5),当营养液浓度下降到此浓度以下时根据体积补充所用配方1个剂量的母液或化合物。此时营养液浓度会比初始浓度高,但因作物对养分浓度有一定的弹性范围,且原始浓度本来就不高,所以此法不会对作物产生什么不良影响,操作又简单方便。

2. 营养液中溶存氧的调整

除沼泽植物和少数旱生耐淹植物能通过输导组织从地上部分向根系输送氧气外,其余绝大部分植物根系呼吸所用的氧气都依靠根系对营养液中溶存氧的吸收。无土栽培尤其是水培只有解决好营养液中溶存氧的问题才能保证植物根系的正常呼吸和营养吸收。

溶存氧(DO)是指在一定温度、一定大气压下单位体积营养液中溶解氧气的量,常用mg/L表示,有时也可用氧气占饱和空气的百分数(%)表示。营养液温度越高、大气压力越小,溶解氧含量就越低,反之就越高,所以在夏季高温季节水培植物根系容易发生缺氧现象。当然,不同作物种类对营养液中溶存氧浓度要求不一样,如瓜类、茄果类耗氧量较大,叶菜类耗氧量较小,一般不耐淹作物水培时当溶存氧浓度保持在4~5 mg/L以上(即相当于15~27 ℃饱和溶解度的50%左右)都能够正常生长。

营养液中溶存氧的补充可通过自然扩散或人工增氧的方法进行。其中自然扩散增氧速度很慢而且数量很少,只适宜在耗氧量较小的苗期使用;人工增氧则可利用机械或物理的方法来增加营养液与空气的接触机会,如搅拌营养液、喷雾、通入压缩空气、循环流动、间歇供液、使用化学增氧器等,从而提高营养液中氧气的含量。

3. 营养液酸碱度的控制

营养液的酸碱度过高或过低,都会产生不良影响。一是直接伤害植物根系,一般能产生明显伤害的pH值在4.0~9.0之外,少数特别耐酸或耐碱的植物可以在此范围以外正常生长,如蕹菜在pH值为3.0时仍能生长良好。二是间接影响营养液中营养元素的有效性,如pH值过高(>7.0)会引起Fe、Mn、Cu、Zn、Ca、Mg等营养元素的有效性降低,尤其对Fe影响最大;pH值过低(<5.0)则会对Ca^{2+}产生明显的拮抗作用,易引起植物缺钙症。

营养液的pH多采用酸碱中和的方法进行调节。pH值高于植物适宜pH值上限时,可用1~3 mol/L的HNO_3或H_2SO_4调节;pH值低于植物适宜pH值下限时,也可用1~3 mol/L的KOH或NaOH调节。酸碱加入量的确定一般通过先取一定体积的营养液,用已知浓度的稀酸或稀碱滴定并记录其用量,然后据此计算出整个系统所需加入的酸碱总量。

4. 光照与营养液温度管理

(1)光照管理

营养液宜避光保存,一是因阳光照射后Fe元素易氧化,有效性降低;二是营养液见光后,表面易产生藻类,与作物竞争养分和氧气。

(2)营养液温度管理

营养液温度会直接影响植物根系的呼吸、对养分的吸收,以及营养液中微生物的活动和溶存氧的多少等。稳定的液温可提高植物对不适气温的抵御能力,例如种植番茄的营养液温度保持16 ℃,即便气温<10 ℃,其果实的发育也不会受到影响。虽然控制营养液的温度很重要,但是,目前我国的无土栽培生产所用设施较为简易,一般没有专门的营养液温度调控设备,多数利用一些保温措施来缓解液温的剧烈变化。如,采用隔热性能

好的泡沫塑料、水泥砖块等建造栽培槽;把贮液池设立成地下式或半地下式;加大每株植物平均占有营养液的量等。当然,有条件的也可在地下贮液池中安装热水管或冷水管道,利用锅炉或厂矿余热加温,或用温度较低的地下水降温。

5. 供液时间与供液次数

营养液的供液时间与供液次数应因时因地灵活掌握,但总的原则应遵循保证营养供应及时、充分又经济节约。具体实施则主要依据栽培形式、作物长势、环境条件而定。如NFT水培供液次数多,基质培供液次数少;作物生长盛期供液多,其他时期供液少;白天、晴天供液多,夜间、阴天供液少。

6. 营养液的更换

循环使用的营养液在使用一段时间以后,需要适时更换。更换的时间主要取决于有碍作物正常生长的物质在营养液中累积的程度。

判断营养液是否更换的方法有:

①使用过程中经连续测定,营养液的电导率值居高不降,而营养液中大量元素含量又很低。

②营养液中积累有大量病菌而致作物发病,且病害难以用农药控制。

③营养液混浊。

④无检测仪器时,也可根据经验来确定。如软水地区:一般生长期较长的作物(3~8个月/茬,如果菜类)可在生长中期更换1次或不换液,只补充消耗的养分和水分,调节pH值;生长期较短的作物(1~2个月/茬,叶菜类),可连续种3~4茬更换一次,前茬收获后,将营养液中残根滤去,补足养分和水分即可进行下一茬的种植。在硬水地区:生长期较短的叶菜一般每茬更换一次;生长期较长的果菜每1~2个月更换一次。

7. 废液处理与再利用

无土栽培系统中排出的废液,容易引起水体的富营养化和土壤盐渍化,对农业的可持续发展构成威胁。因此,对废液进行处理后重复循环再利用或回收作肥料等是未来发展的必然趋势。其处理方法目前主要有杀菌和除菌、除去有害物质、调整离子组成等。其中杀菌和除菌的方法又可细分为:紫外线照射、高温加热、砂石过滤器过滤、引入拮抗微生物抑制病原菌、药剂杀菌等。经过有效处理的废液常用作土壤栽培的肥料。

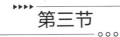

第三节

水培、雾培技术

一、水培、雾培概述

1. 水培

水培是指植物根系生长在营养液中,或部分根系生长在营养液中,而另一部分根系裸露在潮湿空气中的一类无土栽培方式。根据营养液液层的深浅、设施结构和供氧、供液等管理措施的不同,水培可划分为两大类型。

（1）深液流水培技术（DFT）

深液流水培即植物由定植板或定植网框悬挂在较深营养液液面上方,根系从定植板或定植网框伸入到营养液中生长。该类型液层深,根际受环境的影响较小,适宜种植的作物种类多,且养分利用效率高。但深液流水培技术的前期投资较大,成本高,一旦根系发生病害,易蔓延扩散,对管理技术要求高。

（2）营养液膜技术（NFT）

营养液膜水培即植株直接放在较浅（数毫米至1~2 cm）的有流动营养液的种植槽底部,部分根系在槽底生长,大部分根系则裸露在潮湿空气中。该技术设施结构简单,容易建造,前期投资较少,且生产过程易于实现自动化。但营养液膜技术的根际环境稳定性差,对管理技术及设备性能要求高,且后续运行投入较多。

2. 雾培

雾培是指植物根系生长在雾状营养液环境中的一类无土栽培技术。根据设施不同,可分为"A"形雾培、梯形雾培等。雾培是目前解决根系水气矛盾效果最好的一种无土栽培方式。但雾培一次性投资大,对设备的可靠性要求高,根系环境变化幅度大,缓冲性差。一旦发生停电等故障,作物将面临死亡的危险。

二、常用水培、雾培设施

（一）深液流水培设施

深液流水培设施一般由种植槽、定植板（或定植网框）、贮液池、循环供液系统四大部分组成。

1. 种植槽

种植槽一般为宽80~100 cm,深15~20 cm,长10~20 m的水泥槽。槽底用5 cm厚水泥混凝土筑成,在混凝土槽底上面及四周用水泥砂浆砖砌,再用高标号耐酸抗腐蚀的水泥砂浆封面,以防止营养液的渗漏。

2. 定植板和定植杯

定植板一般用密度较高、板体坚硬的白色聚苯乙烯板制成,板厚2~3 cm,板面开若干个孔径为5~6 cm的定植孔,种果菜和叶菜可通用。定植孔内嵌入高7.5~8.0 cm的塑料定植杯,杯口直径与定植孔相同,杯口外有一宽约5 mm的边沿,以卡在定植孔上不掉进槽中。杯的下半部及底部开有许多直径3 mm的孔。定植板的宽度与种植槽外沿宽度一致,使定植板的两边能架在种植槽壁上。为防止槽宽过大而导致定植板变形或折断,在100 cm宽的种植槽中央需加建一个水泥支撑墩。

3. 贮液池

贮液池可建成地下式或半地下式,甚至有些深液流水培类型（如日本M式水培）不设

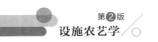

贮液池。但配备贮液池有如下好处:①增大每株植物营养液占有量且又不能让种植槽的深度建得太深;②使营养液的浓度、pH值、溶存氧、温度等较长期地保持稳定;③便于调节营养液的状况。

贮液池的容积可按每个植株适宜占液量来推算。如大株型的番茄、黄瓜每株需占液15~20 L,小株型的叶菜类每株需占液3 L左右。根据种植株数即可算出全棚室的总需液量,再按总液量的1/2存于种植槽中,1/2存于地下贮液池中,那么1000 m²的棚室需设30 m³左右的贮液池。

贮液池池底要用10~15 cm水泥混凝土加φ8@20(直径8 mm,相邻钢筋中心距离20 mm)钢筋倒制而成,池壁用砖和水泥砌,不渗漏即可。地下贮液池池面要比地面高出10~20 cm,并设盖以防雨水或其他杂物落入池中,同时可保持池内黑暗以防藻类滋生。

4.循环供液系统

循环供液系统包括供液管道、回流管道、种植槽中的液位调节装置、水泵、过滤器和定时器等。

(1)供液管道

由水泵从贮液池中将营养液抽起后,分成两条支管,每支管各自有阀门控制。一条转回贮液池上方,将一部分营养液喷回池中起增氧作用;另一条支管接到总供液管上,总供液管再分出许多分支通到每条种植槽边接槽内供液管。槽内供液管最好安放在种植槽中间的分隔墙上方,这样对溶存氧及养分的供应都有利。

(2)回流管道

回流管道在建造种植槽时要预先埋入地下,且所用回流管道的口径要足够大,以便及时排出从种植槽中流出的营养液。

(3)水泵及定时器

水泵应选用具有抗腐蚀能力的型号,其功率的大小依温室大小而定。如在1000~2000 m²的温室中,选用一台功率1.5 kW的自吸泵即可。为了控制水泵的工作时间,同时满足作物不同生长时期对氧的需求和管理上的方便,可安装一个定时器。

(二)营养液膜水培设施

营养液膜水培设施主要由种植槽、贮液池、营养液循环供液系统三部分组成。

1.种植槽

营养液膜水培的种植槽依种植作物种类不同可分为两类:一类是大株型植物种植槽,另一类是小株型植物种植槽。

(1)大株型植物种植槽

先把棚室地面平整压实,地面坡降1:75左右,然后用幅宽75~80 cm,厚0.1~0.2 mm的白面黑底的聚乙烯薄膜围合成等腰三角形槽,槽底紧贴地面部分宽25~30 cm,槽高20 cm,槽长边与地面坡降方向平行。定植时先将带育苗钵的幼苗置于槽底中央排成行,再合拢薄膜两边用夹子夹住,植株茎叶从夹缝中伸出槽外,根部则置于不透光的槽底。

种植槽中营养液深度不宜超过2 cm,槽内营养液流量达2~4 L/min,即可满足大多数作物生育需求。为改善作物的吸水和通气状况，可在槽内底部铺一层无纺布，再将植株定植其上，铺无纺布可吸水并使水均匀扩散，保证所有植株都能吸到水分，且当停电断流时，还可在一定程度上缓解作物缺水而迅速出现萎蔫的危险。

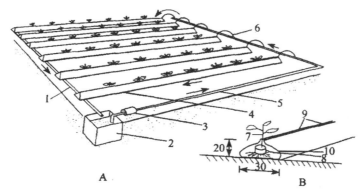

图8-2　营养液膜设施组成示意图

A.全系统示意图；B.种植槽剖视图

1.回流管；2.贮液池；3.水泵；4.种植槽；5.供液主管；6.供液管；7.植株；8.育苗钵；9.夹子；10.聚乙烯薄膜

（2）小株型植物种植槽

用玻璃钢或水泥制成的波纹瓦作槽底，波纹瓦的谷深2.5~5.0 cm。峰距则视株型的大小而改变，一般10~15 cm，如宽度为100~120 cm波纹瓦可种6~8行。全槽长20 m左右，坡降1:75。接连波纹瓦时，叠口长度不应少于10 cm，以防营养液漏掉。一般把种植槽架设在80~100 cm高的架子上，方便操作。用2 cm厚的硬泡沫塑料板作盖板，盖板上钻定植孔，孔距按种植的株行距来定，板盖的长宽与槽底相匹配。

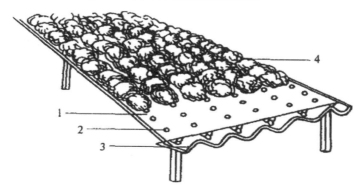

图8-3　小株型植物种植槽示意图

1.泡沫塑料定植板；2.定植孔；3.波纹瓦；4.小株型植物

2.贮液池

贮液池容量以足够满足整个种植面积循环供液之需为度，一般大株型作物按每株5 L计算，小株型作物按每株1 L计算，每667 m²栽培面积可配置15~20 m³的贮液池。多数情况贮液池建在地下，有时也可建在地面之上。

3.循环供液系统

该系统同深液流水培供液系统。

4.其他辅助设施

由于营养液膜栽培种植槽中的液层浅,整个系统中的营养液总量少。当气温较高、植株较大时,营养液的浓度及其他一些理化性质变化较快,需经常采取调节措施。为方便管理,减轻劳动强度,常配置一些辅助设施进行自动化控制,辅助设施主要由以下几部分构成:

(1)定时器

营养液膜栽培采用的是间歇供液形式,可通过在水泵上安装一个供液定时器控制水泵工作的间歇时间即可省去人工控制的麻烦。如可设定每小时内供液 15 min、停止 45 min 等。

(2)电导率自控装置

由电导率传感器、控制仪表、浓缩营养液罐(A液和B液)、注入泵及电磁阀等组成。当电导率传感器检测到营养液浓度降至设定值以下时,控制仪表会开启注入泵,把浓缩的营养液注入贮液池中,恢复营养液至工作浓度;当传感器检测到营养液浓度高于设定值上限时,控制仪表会开启电磁阀注入清水到贮液池中,稀释营养液至工作浓度。

(3)pH 自控装置

由 pH 传感器、控制仪表以及带注入泵的酸或碱贮存罐组成。工作原理与电导率自控装置类似。

(4)营养液温度控制装置

通过调节营养液的温度来改善作物的生长条件,比对整个棚室进行调温的成本更低且效果更明显。营养液温度控制装置主要由加温或降温装置和温度自控仪组成。常用加温方式有热水锅炉、电热管或地热资源等;常用降温措施是建地下贮液池,盖白色泡沫塑料板,抽取深层地下凉水在贮液池的螺纹管内循环。

(5)安全装置

营养液膜栽培种植槽内液层很薄,一旦停电或水泵故障不能及时循环供液,作物很快就会缺水萎蔫。夏季强光条件下,槽底铺有无纺布的番茄,停液 2 h 即会萎蔫;没铺无纺布的叶菜在停液 30 min 以上即会萎蔫甚至干枯死亡。所以营养液膜栽培系统必须配置备用电机和水泵。还要在循环系统中装报警装置,一旦发生水泵失灵能及时发出警报以便补救。

(三)雾培设施

雾培设施主要包括栽培床、供液系统和自动控制系统。

1.栽培床

雾培栽培床根据形状可分为"A"形、梯形及立柱式,前两种栽培床是先用钢管或铁条做成"A"形和梯形框架,然后将硬质塑料板开定植孔制成栽培板放置在框架上即可;立柱式栽培床是用白色不透明硬质塑料制成高1.8~2.0 m,直径25~35 cm的圆柱,圆柱四周开定植孔种植作物。所有栽培床都要求能够盛装营养液,并能够将喷雾后多余的营养液回流到贮液池中。

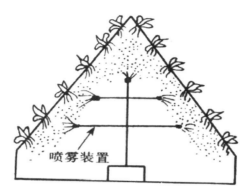

图8-4 "A"形型雾培剖面图(池田,1990)

2.供液系统

雾培供液系统主要包括贮液池、水泵、管道、过滤器、喷头等,也有用超声气雾机代替喷头来雾化营养液的。

①贮液池。贮液池可用水泥砖砌,也可用大的塑料桶或箱代替。需注意池的体积要保证水泵有一定的供液时间而不至于很快将池中的营养液抽干,最少要保证植物1~2 d的耗水需要。

②水泵。选用耐腐蚀的水泵,水泵功率则应根据供液面积、管道布局、喷头工作所需压力大小等综合考虑确定,一般每667 m²的棚室配置功率1000~1500 W的水泵即可。

③管道。选用耐腐蚀的塑料管,各级管道的大小应根据喷头工作压力大小及供液面积而定。

④过滤器。因雾培喷头对水质的要求较高,必须选择过滤效果良好的过滤器,以防营养液的杂质堵塞喷头。

⑤喷头。根据雾培形式以及喷头安装的位置可选用喷洒面为平面扇形或全面喷射的喷头,以营养液能够覆盖设施中所有根系,且雾滴细小为原则。

⑥超声气雾机。利用超声气雾机产生的超声波把营养液雾化为细小雾滴,然后通过内置的鼓风设备将细小雾滴吹至根系生长范围之内。

三、常用水培、雾培技术管理要点

(一)深液流水培技术管理要点

1.栽培设施的准备

(1)新建种植槽的处理

新建成的水泥种植槽和贮液池,会有碱性物浸出,使用前必须先用清水浸泡2~3 d,把浸泡水放掉后再用稀硝酸或磷酸浸泡,直至浸泡液的pH值稳定在6~7之间,再用清水冲洗2~3次即可。处理后的新建槽在开始使用的3~6个月内,仍会有少量的碱性物质溶出,致使营养液的pH值缓慢上升。因此要密切关注营养液pH值的变化,及时采取应对措施。

(2)换茬时的清洗与消毒

换茬时需对系统进行清洗和消毒,方可种植下茬作物。

①定植杯的清洗和消毒。将定植板上的定植杯连残茬捡出,集中到清洗池中,将杯中残茬和小石砾脱出,用水冲洗石砾和定植杯,然后用含0.3%~0.5%有效氯的次氯酸钠浸泡消毒1 d,最后用清水冲洗掉消毒液待用。

②定植板的清洗与消毒。先用刷子将板上的残根冲刷掉,然后将定植板浸泡于含0.3%~0.5%有效氯的次氯酸钠溶液中,使其湿透后捞出一块块叠起,再盖上塑料薄膜保持湿润30 min以上,然后用清水冲洗待用。

③种植槽、贮液池及循环管道的消毒。用含0.3%~0.5%有效氯的次氯酸钠溶液喷洒槽池内外使其湿透,再用定植板和池盖板盖住保持湿润30 min以上,管道内部则是让消毒液循环流过30 min,循环时槽内不留液层,让溶液喷出后即全部回流,可分组进行以节省用液量。最后用清水洗去消毒液待用。

2. 栽培管理要点

(1)定植

先在定植杯下放入1~2 cm厚的小石砾,然后将带育苗基质的幼苗移入定植杯中再放一些小石砾固定幼苗,注意不要用毛细管作用很强的泥炭或植物性残体,以防表面形成盐霜影响植物生长。

(2)种植槽内液位管理

深液流水培技术的一个非常重要环节就是根据作物生长进程调控营养液液位高低。定植初期,应保持槽内液面浸住杯底1~2 cm,以保证每株幼苗有均等的机会吸收到水分和养分;当植株根系大量伸出定植杯时,将液位调低离开杯底;当植株很大,根系非常发达时,槽中保持3~4 cm液层即可,这样可以让较多的根系裸露在液层上部至定植板下部的湿润空气中,暴露在空气中的根系会形成大量的根毛,增加作物对氧的吸收。

(二)营养液膜水培技术管理要点

1.种植槽的准备

新的种植槽,要检查槽底是否平顺以及塑料薄膜有无破损渗漏;旧槽要检查塑料膜是否渗漏,并对槽进行彻底清洗和消毒。

2.定植

(1)大株型作物的育苗与定植

因营养液膜技术定植时作物根系都直接置于槽底,故需要带有固体基质或多孔塑料钵锚定植株。因此育苗时最好就带固体基质或多孔塑料钵,同时要求幼苗有足够高度定植时才能保证茎叶伸出三角形槽顶的缝隙。

(2)小株型作物的育苗与定植

可用小岩棉块或海绵块育苗,以育苗块的大小可旋转塞入定植孔为度。育苗时把种子置于育苗块的小缝中,浇水,待苗长至2~3片真叶时即可移到定植板上。定植时要使育苗块触及槽底,叶片伸出定植板。也可用小育苗杯来育苗和定植。

3.营养液的管理

(1)供液方法

可分为连续供液和间歇供液两种。

①连续供液。大多数作物在溶氧量保持在4 mg/L以上时均能较好地生长。25 m长的槽种60株番茄,连续供液速率保持在2~4 L/min时即可满足溶氧量需求。当然,供液流量可根据植株长势及天气状况进行调整。如植株较大,天气炎热的白天,流量可适当加大;反之,供液流量可减小。

②间歇供液。该供液方式能有效解决因种植槽过长和植株过多而导致根系缺氧的问题;能减少水泵工作时间,节约能源,延长使用寿命。

间歇供液的时间和频率要根据槽长、种植密度、植株长势以及气候条件等综合考虑。如夏季强光条件下停液2 h,冬季弱光条件停液4 h,番茄均会发生萎蔫;但如果供液时间太长,停液时间小于35 min,则起不到补充氧气的作用。研究表明,槽长25 m,流量4 L/min的槽内铺有无纺布种植番茄,夏季白天每小时供液15 min,停液45 min;夏季夜间每2 h内供液15 min,停液105 min;冬季白天每1.5 h供液15 min,停液75 min;冬季夜间每2 h内供液15 min,停液105 min比较合适。

(2)液温管理

营养液膜种植槽的隔热保温性较差,加上槽中营养液量少,因此液温的稳定性较差,在槽的进液口与出液口液温存在明显差异,冬春季可达6 ℃。栽培管理中一定要特别关注液温的管理,以夏季不超过30 ℃、冬季不低于12 ℃为宜。

(3)营养液的补充和更换

每天检测一次贮液池的养分、水分消耗情况,并及时进行补充、调节,而且每天要视水分的消耗情况定期补充。一般营养液在使用过2~3个月后需更换。

(三)雾培技术管理要点

1.育苗与定植

雾培的育苗与定植方法与深液流水培类似,如果定植板是倾斜的,则不能用小石砾来固定植株。可用岩棉纤维或聚氨酯纤维,或海绵块裹住幼苗的根茎部,直接塞入定植孔或先放入定植杯,再将定植杯放入定植孔内。包裹幼苗的岩棉或海绵块,以塞入定植孔后幼苗不会从定植孔中脱落为宜,但也不要塞得过紧,以防影响作物生长。

2.营养液管理

雾培所用营养液浓度可比其他水培高20%~30%。雾培采用间歇供液的方式供液。供液及间歇的时间应视植株的大小及气候条件而定。植株较大、阳光充沛、空气湿度较小时,供液时间应较长,间歇时间可短一些。一般每隔2~3 min向根系喷营养液几秒钟。

▶▶▶▶

第四节

固体基质栽培技术

一、固体基质的选用与处理

(一)固体基质的选用

1. 固体基质的作用

基质是指采用各种有机、无机物料,按照一定配方工艺调制生产出的,可为种子萌发和植物生长提供优良水、肥、气、热条件的物质。无土栽培中,支撑固定植物、持水、透气是所有固体基质必须具备的三大功能,部分基质还同时拥有良好的缓冲作用和提供部分营养的作用。

2. 固体基质的分类

固体基质的种类很多,可根据基质的来源、组成、性质、组分等来划分。

①根据基质的来源可分为天然基质和人工合成基质两类。如沙、石砾等为天然基质;岩棉、陶粒、泡沫塑料等为人工合成基质。

②根据基质的组成可分为无机基质、有机基质、有机–无机混合基质。如珍珠岩、蛭石、岩棉、沙等为无机基质;泥炭、树皮、椰糠、菇渣等为有机基质;而把有机基质和无机基质按照一定比例混合制成的就为有机–无机混合基质。

③根据基质的性质可分为活性基质和惰性基质两类。活性基质是指基质具有阳离子代换量,可吸附阳离子或基质本身能够供应养分的基质,如泥炭、蛭石、蔗渣等;惰性基质是指基质本身不起供应养分的作用或不具有阳离子代换量,难以吸附阳离子的基质,如泡沫塑料、岩棉、石砾等。

④根据基质的组分可分为单一基质和复合基质两类。单一基质是指使用一种基质作为植物生长的基质,如砂培、砾培、岩棉培中所用的都是单一基质;复合基质是指由两种或两种以上的单一基质按一定比例混合制成的基质,如泥炭–珍珠岩–蛭石混合使用。

3. 固体基质的选用标准

固体基质的选用是以基质的适用性为主要标准,同时还要考虑其经济因素、市场需求和环境要求等问题。选用固体基质总的要求:①不含有不利于植物生长发育的有毒、有害物质;②能为植物根系提供良好的水、气、肥、热、pH值等生长条件;③能适应现代化生产和管理条件,易于操作及标准化管理。

其具体选用标准可从以下方面考虑:能适合多种植物不同生长阶段的种植;容重轻(0.1~0.8 g/cm³),便于搬运;总空隙度大(75%以上),达到饱和吸水量后还能保持大量通气空隙;吸水率高,持水力强;具有一定的弹性和伸长性;浇水少时不会开裂,浇水多时不黏成团;绝热性好,不会因夏季过热或冬季过冷而损伤根系;本身不携带病虫草害;耐高温、耐冷冻、熏蒸不变形变质，以便重复利用；没有难闻的气味和难看的色彩，不会招诱昆虫和鸟兽；pH值为5.5~7.0，且容易调节；不污染土壤；容易清洗；不受地区性资源限制，便于工厂化批量生产；日常管理简便且价格不高。

（二）常用固体基质的性质及利用

1. 沙

沙的来源广泛，大量分布在河流、大海、湖泊岸边、沙漠等地，不同来源的沙，其组成成分相差很大。一般含50%以上的SiO_2，没有阳离子代换量，容重为1.5~1.8 g/cm³，粒径0.5~3 mm的沙较理想。用作无土栽培的沙应确保不含有毒有害物质。

由于沙获得容易，价格低廉，透气性好，至今仍被世界各国（特别是干旱地区）广泛使用，如美国伊利诺伊斯的马尔班纳、中东地区、我国的广东等地。但沙的容重大，搬运、消毒、更换时存在许多不便。

2. 多孔陶粒

多孔陶粒又名海氏砾石、轻质陶粒或膨胀陶粒，是用团粒状陶土经1100 ℃高温陶窑加热制成，粉红色或赤色，内部为蜂窝状空隙构造，排水通气良好，容重为0.5~1.0 g/cm³，pH值为4.9~9.0，有一定的阳离子代换量（CEC约为60~210 mmol/kg），坚硬不易破碎，可单独使用也可与其他基质混合使用。

3. 珍珠岩

珍珠岩又称膨胀珍珠岩或海绵岩石，是将灰色火山岩（硅铝酸盐）破碎成颗粒后，瞬间加热至1000 ℃以上膨胀而成，为白色多孔性核状颗粒。

无土栽培常采用的珍珠的粒径为2~4 mm，容重为0.03~0.16 g/cm³，吸水量可达自身重量的3~4倍，孔隙度约为93%，其中通气孔隙占53%，持水孔隙占40%，pH值中性至微碱性。珍珠岩的缺点是受压后易破碎，质轻，浇水过猛易漂浮，多与草炭等有机基质混合使用。

4. 蛭石

蛭石是由云母类矿物加热至800~1100 ℃高温膨胀形成的海绵状片层物质，容重小（0.09~0.16 g/cm³），总孔隙度可达95%，气水比1:4.34，具有良好的透气性和保水性，阳离子代换量很高（100 mmol/100 g），具有较强的保肥能力和缓冲能力，含有较多K、Ca、Mg等营养元素，且能被作物吸收利用。pH值因产地不同而稍有差异，一般为中性至微碱性（pH值6.5~9.0），宜与酸性基质混合使用。无土栽培用的蛭石粒径应在3 mm以上，育苗用的可稍细些（0.75~1.0 mm）。因其使用一段时间后易破碎，结构遭到破坏，孔隙减少，影响透气排水，一般使用1~2次就需重新更换。

5. 岩棉

岩棉是一种人造矿物纤维，农用岩棉是由辉绿石、石灰石和焦炭按3:1:1的比例，在1500~2000 ℃高温炉熔化后喷成5~8 μm的纤维，再将其压成容重为80~100 kg/m³的片，冷却至200 ℃左右时，再加入酚醛树脂以减小表面张力，提高吸水能力，最后按需要固定成型。

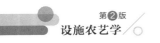

岩棉外观为白色或浅绿色丝状体,总孔隙度可达96%。吸水后会依厚度不同,含水量从下至上递减;空气含量则自下而上递增。

岩棉化学性质稳定,其主要成分多数不能被植物吸收利用,属于惰性基质,物理性状优良,新岩棉pH值较高,可在使用前加适量酸调整,1~2 d后即可降低,经过高温消毒,不携带任何病原菌。

6. 泥炭

泥炭又名草炭,是由植物残体在水淹、缺氧、低温、泥沙掺入等条件下不断积累转化形成的天然有机矿产资源,是世界普遍认为最好的无土栽培基质之一,在世界各国均有分布。不同产地的泥炭理化性状不同,一般容重约为0.2~0.6 g/cm³,总孔隙度为77%~94%,持水量为50%~55%,电导率为1.1 mS/cm,pH值为3.0~6.5,盐基交换量属中等偏高,C/N比值中等偏低,干物质中有机质含量为40.2%~68.5%。

泥炭用途很广,如扦插、移植、播种、盆栽植物等都可使用,尤其在现代大规模工厂化无土育苗中,大多以泥炭为主要基质,用量可占到总体积的20%~75%,再配合其他基质如珍珠岩、蛭石、树皮、煤渣等混合使用,效果更好。

7. 炭化稻壳

炭化稻壳又称砻糠灰或炭化砻糠,是由稻壳进行炭化处理形成的。炭化稻壳的容重为0.15 g/cm³,总孔隙度为82.5%,其中大孔隙为57.5%,小孔隙为25%,pH值6.9~7.7,电导率为0.36 mS/cm。炭化稻壳经高温炭化,如不受污染,则不带病菌,且营养含量丰富,价格低廉,通透性良好,但持水孔隙度小,使用时需经常浇水,同时炭化过程形成的碳酸钾会使其pH值升至9.0以上,使用前宜用水冲洗,多用于快速无土草皮生产,作盆栽基质使用时,比例不超过总体积的25%为好。

8. 甘蔗渣

甘蔗渣是制糖业的副产品,在我国南方地区如广东、海南、福建、广西等地原料丰富。新鲜蔗渣由于C/N值高达170左右,不能直接作为基质使用,必须经过3~6个月的堆沤。具体方法是将蔗渣淋水至含水量70%~80%(以手握蔗渣刚有水渗出为宜)后堆成一堆即可;如能同时加入蔗渣干重0.5%~1.0%的尿素,可以加速蔗渣的分解,加快C/N比值的降低。一般育苗用蔗渣较细,最大粒径不超过5 mm;袋培或槽培用蔗渣粒径也不宜超过15 mm。

9. 椰糠

椰糠是椰子果实外壳加工过程中产生的废料,无土栽培上应用较多的椰糠是纤维短(长度<2 mm),颗粒比较粗(0.2~20 mm),总孔隙度高达94%,透气排水性比较好,保水持肥能力也比较强,pH值约为6,容重为0.10~0.25 g/cm³,C/N值117,阳离子代换量320~950 mmol/kg。椰糠可单独使用,也可与珍珠岩、火山灰等配成盆栽基质。

10. 水苔

亦称白藓,属苔藓植物,一般呈白绿色或鲜绿色,是栽培兰科植物或珍贵花木的理想基质,对肉质根的花草具有很好的养护作用。水苔的pH值为4.3~4.7,电导率为0.35~0.45 mS/cm,通气孔隙度70%~99%,持水量为自身重量的2~4倍,容重0.9~1.6 g/ml,使用年限可达3~5年。干燥水苔使用前需充分浸泡,待其吸水后方可用于栽培,一般栽培适合用浇水的方式,而不适合用浸水法,因浸水会使水苔过度潮湿影响植物生长,且水苔易长绿藻,加速水苔腐败。

11. 其他基质

除上述介绍的一些传统基质和目前广泛应用的基质外,目前还有很多应用较少、新开发的优良基质也可用于无土栽培,如火山岩、沸石、彩砂、麦饭石等无机类型的基质,和硅胶、脲醛泡沫塑料、树脂、树皮、水晶泥、竹炭等有机类型的基质。

(三)固体基质的处理

1. 基质使用前的处理

有些无土栽培基质在使用前可能会含有一些杂质甚至携带一些病菌或害虫等,所以必须经过筛选、去杂质、清洗或必要的粉碎、浸泡、堆沤、消毒等前期处理,以利后续的利用。如过筛可去掉各种尖锐棱角的颗粒或碎玻璃等;用清水冲洗可去掉各种可溶性矿物质或过量的酸或碱;腐熟、堆沤可降低C/N,杀死寄生虫卵等。

2. 基质的再生处理

经过一个生长季或更多生长季使用后的基质,会吸附较多的盐类或聚集病菌和虫卵,尤其在连作条件下,更易发生病虫害,因此必须经过适当的再生处理(如洗盐、氧化、消毒处理等)才能继续使用或需彻底更换。

(1)洗盐处理

为去掉基质内所含的盐分,可用清水对盐离子交换量较低的基质(如沙子、砾石等)反复冲洗以除去其多余的盐分。

(2)氧化处理

有些栽培基质(如沙、砾石等)在使用一段时间后表面会发黑,这是由于环境缺氧引起硫化反应的结果,这种基质在重新使用时可将其暴露在空气中通风,空气中的游离氧会与黑色的硫化物发生反应,从而使基质恢复原貌,或者也可用双氧水对其进行处理。

(3)消毒处理

目前国内外对固体基质消毒的方法主要有蒸汽消毒、化学药剂消毒和太阳能消毒。

1)蒸汽消毒

蒸汽消毒就是将高温蒸汽(80~90 ℃)通入基质中杀灭病原菌的方法。消毒的基质量少时(1~2 m³)可装入专门的消毒橱中,通入高温蒸汽密闭20~30 min,即可杀灭大多数病原菌和虫卵。如消毒的基质量大,可将其堆成20 cm高的基质堆,盖上防水耐高温的布,通入80~90℃蒸汽1 h,即可达到较好的灭菌效果。需注意的是,每次消毒的基质不可过多,否则可能导致内部的基质达不到所要求的高温,病原菌不能被完全杀灭;同时消毒时基质不可过干或过湿,含水量控制在35%~45%时灭菌效果好。蒸汽消毒简便易行、安全可靠,但需要专门的设备,成本高,在大规模生产中消毒过程较麻烦。

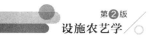

2）化学药剂消毒

化学药剂消毒就是利用一些对病原菌和虫卵有杀灭作用的化学药剂来进行基质消毒的方法。此方法消毒的效果不及蒸汽消毒，而且容易对操作人员身体产生不利影响，但因其操作简单、成本低，特别适合大规模生产上使用。目前常用的化学药剂有：

①40%甲醛。俗称福尔马林，是良好的杀菌剂。进行基质消毒时先将厚度10 cm左右的基质铺在塑料薄膜上，用稀释50倍后的甲醛溶液（20~40 L/m²）将其喷湿，湿基质上面可再平铺基质继续喷洒，然后用塑料薄膜覆盖密闭24 h以上，使用前将基质摊开风干两周左右或暴晒三天以上，直至基质中没有甲醛气味方可使用。利用甲醛消毒时，操作人员必须戴上口罩，做好防护性工作。

②溴甲烷。对大多数线虫等害虫、杂草种子和一些真菌有很好的杀灭效果。槽式基质培可将基质稍加翻动，挑除植物残根，然后在基质表面铺上管壁开孔的塑料管（也可直接利用原滴灌管），盖上塑料薄膜并将四周密闭，通入溴甲烷100~200 g/m³，密闭3~5 d后打开塑料薄膜晾晒4~5 d至溴甲烷全部挥发后方可使用。袋式基质培需将基质倒出堆成一堆，然后在堆体不同高度施入溴甲烷并立即用塑料薄膜覆盖，余下步骤与槽氏培基质的消毒相同。使用溴甲烷进行消毒时基质的湿度要求控制在30%~40%，过干或过湿都将影响消毒效果。

③氯化苦。液态，施用可用注射器，能有效防治线虫、昆虫、轮枝菌和对其他消毒剂有抗性的真菌。消毒时先将基质堆成约30 cm厚，在基质上每隔30~40 cm的距离打一个10~15 cm深的小孔，每孔注入氯化苦溶液5 mL，并立即用基质将注射孔堵上，如此可逐层堆放3~4层之后用塑料薄膜将基质盖好，熏蒸7~10 d后，揭去薄膜将基质摊开晾晒4~7 d后方可使用。

④高锰酸钾。强氧化剂，只能用在石砾、粗沙等没有吸附能力且较容易用清水清洗干净的惰性基质的消毒上，不能用于草炭、木屑、岩棉、陶粒等有较大吸附能力的活性基质或难以用清水冲洗干净的基质上。因为吸附在基质中的高锰酸钾可能会造成植物锰中毒或高锰酸钾直接伤害植物。使用时用0.2‰的高锰酸钾溶液浸泡基质10~30 min后，将高锰酸钾溶液排掉，用大量清水反复冲洗干净即可。其他易清洗的无土栽培设施、设备（如种植槽、管道、定植板和定植杯等）也可用于此方法消毒。切记浓度不可过高或过低，否则消毒效果不好，且浸泡时间不能过长（一般为40 min~1 h），否则会在消毒物品中产生锰的沉淀物，这些沉淀物经营养液浸泡之后会逐渐溶解出来进而影响植物生长。

⑤漂白剂。主要有次氯酸钠或次氯酸钙，利用它们溶解在水中时产生的氯气来杀灭病菌，特别适合吸附能力弱又容易冲洗的基质（如沙子、砾石等），或其他水培设施和设备的消毒。具体方法是配制有效氯含量为0.3%~1.0%的溶液浸泡基质0.5 h以上，然后用清水冲洗干净即可。另外，次氯酸钙也可用于种子消毒，浸泡时间不要超过20 min。

3）太阳能消毒

太阳能以廉价、安全、简单、实用的优势成为温室栽培中使用较普遍的土壤、基质消毒方式。具体方法是：夏季高温季节，在温室或大棚中将基质堆20~25 cm厚，浇水喷湿使基质含水量达80%,然后用塑料薄膜覆盖;若是槽培可直接给槽里基质浇水后覆盖薄膜,最后密闭温室或大棚,暴晒10~15 d即可达到良好的消毒效果。

3.基质的更换

当固体基质使用了1~2年后,各种病菌、根系分泌物和烂根等大量累积,特别是某些有机基质,由于微生物的分解,使得有机残体的纤维断裂,通气性下降,保水性过高,从而影响作物生长,因此需更换基质。更换掉的旧基质要妥善处理,以防对环境产生二次污染。如难以分解的基质(岩棉、陶粒等)可进行填埋处理,而较易分解的基质(如泥炭、蔗渣、木屑等)可消毒后添加一些新基质重复使用,或施到农田中改良土壤。

二、固体基质培的类型及设施

固体基质栽培简称基质培,它是利用非土壤的固体基质材料作栽培基质,用以固定作物,并通过浇灌营养液或施用固态肥和浇灌清水供应作物生长发育所需的水分和养分进行作物栽培的一种形式。相比水培,基质培性能稳定、设备简单、成本低、栽培技术容易掌握,我国目前大部分地区的无土栽培主要采用基质培。基质培的主要方式有槽培、袋培、岩棉培、立体栽培等,灌溉形式则以滴灌应用最普遍。

1.栽培槽

栽培槽是槽培的主要设施。栽培槽建造无固定要求,只要在作物栽培过程中能把基质拦在槽内即可,可用砖加混凝土砌成永久性栽培槽,也可用木板、泡沫板或砖垒成半永久性栽培槽,还可用泡沫或硬质塑料做成移动式栽培槽,甚至可直接在地下挖制成栽培槽。为了防止渗漏并使基质与土壤隔离,通常在槽底铺1~2层塑料薄膜。栽培槽的大小和形状因作物而异,如种番茄、甜瓜等大株型作物,一般槽内径宽48 cm,槽深15~20 cm,每槽种植2行;如种生菜、芹菜等小株型作物时,栽培槽可设较宽,进行多行种植,槽深15 cm,槽长度可结合灌溉条件、温室结构及所需走道等因素决定。为利于排水,种植槽的坡降不应小于0.4%,如有条件,在槽底部铺设粗炉渣或一根多孔的排水管排水效果更好。

栽培槽有平底槽、"V"形槽、"W"形槽等等,为排水方便,最好选用"V"形槽、"W"形槽,整个槽呈1/60~1/80坡降(图8-5)。

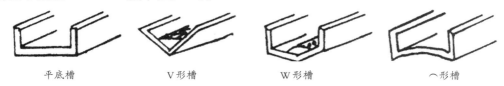

平底槽　　　　V形槽　　　　W形槽　　　　⌒形槽

图8-5　无土栽培槽类型

2.栽培袋

栽培袋多为尼龙布或抗紫外线聚乙烯薄膜制成。在光照较强的地区,栽培袋表面颜色以白色为好,利于阳光反射,以防袋内基质升温过高;在光照较弱的地区,袋表面则选黑色为佳,利于冬季吸热并保持袋中基质温度。生产上常用栽培袋有筒式栽培袋和枕式栽培袋两种。筒式栽培袋是把直径 30~35 cm 的筒膜裁成 35 cm 长,一端开口,底端用封口机封严,每袋装 10~15 L 基质,直立放置,可栽植一株大株型作物(图 8-6)。枕式栽培袋直径 30~35 cm,长 70~100 cm,可装 20~30 L 基质,两端封严后呈卧式摆放,定植前在袋上开两个直径为 10 cm 的定植孔,每袋可种植两株大株型作物(图 8-7)。袋的底部或两侧都应开 2~3 个直径为 0.5~1.0 cm 的小孔排水,防止积液沤根。

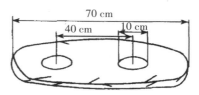

8-6　开口筒式栽培袋　　　　图 8-7　枕式栽培袋

3.岩棉栽培床与种植垫

岩棉培的基本模式就是将农用岩棉切块,用黑色或黑白双色薄膜紧密包裹成扁长方形的块状,被称为岩棉种植垫。定植用岩棉种植垫一般长 70~100 cm,宽 15~30 cm,高 7~10 cm。定植前在薄膜上面开两个 8~10 cm 见方的定植孔,放带岩棉块的幼苗。放置岩棉种植垫的栽培床一定要平整,否则易造成供液不均,甚至盐分累积,从而影响栽培效果。棚室地面平整后筑成龟背形,压实后铺 0.2 mm 厚的乳白色塑料薄膜,在畦背斜面上纵向摆放岩棉种植垫,使垫向畦沟一侧倾斜以利排水,垫长边与畦长方向一致(图 8-8)。

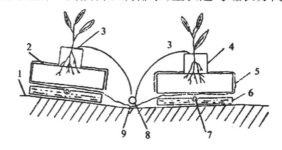

图 8-8　开放式岩棉培种植畦及岩棉种植垫横切面

1.畦面塑料膜;2.岩棉种植垫;3.滴灌管;4.岩棉育苗块;
5.黑白塑料膜;6.泡沫塑料块;7.加温管;8.滴灌毛管;9.塑料膜沟

4.立体栽培

立体栽培又称垂直栽培,按照其所用材料不同分为柱状栽培和长袋状栽培。柱状栽培的容器可用硬质塑料管、陶瓷管或石棉水泥管等制成,在栽培容器四周螺旋开孔并做成突出杯状物,用以装基质种植植物,多个栽培容器重叠在一起形成栽培柱(图 8-9)。长袋状栽培是柱状栽培的简化形式,栽培袋采用直径 15 cm、厚 0.15 mm 的聚乙烯筒膜,长度一般为 2 m,中心支一硬竹木或硬塑管,底端扎紧以防基质漏出,从上端装入基质成为香肠的形状,上端结扎,然后悬挂在温室中,袋子的周围开一些直径 2.5~5.0 cm 的孔,用以种植植物(图 8-10)。栽培柱或栽培袋均挂在温室上部,在行内彼此之间的距离为 80 cm,行间的距离为 1.2 m。水分和养分的供应是用滴灌系统从顶部滴入,通过整个栽培袋向下渗透，多余的营养液从排水孔排出。

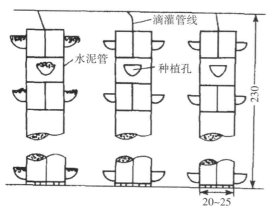

图8-9　柱状栽培示意图

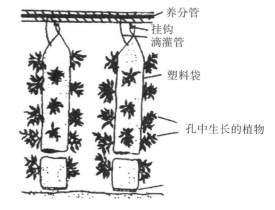

图8-10　长袋状栽培示意图

5.滴灌系统

基质培通常采用滴灌形式供液。滴灌供液一般包括液源、水泵、流量和压力调节器、营养液混合罐、过滤器、供液管道、滴头等。液源通常分两种，一种是大容量的贮液池，另一种是只设A、B浓缩液的储存罐。水泵功率一般为每667 m²选用1~1.5 kW；温室过滤器要求内部滤网大于100目；压力表和流量控制阀安装在过滤器前后；供液管道主要包括主管、支管和毛管，其中主管、支管是直径多为25~40 mm的PVC和PE管；毛管多为直径12~16 mm的塑料软管，其上安装发丝管或水阻管作为滴头管，也可在滴灌带两侧直接打孔作为滴水孔，水压达到0.02~0.05 MPa时，水从滴孔滴入基质。

三、常用固体基质培的管理技术

(一)沙培

沙是最早应用于无土栽培中的基质材料。沙培，就是用沙作为作物生长基质的一类无土栽培技术。

1.沙培的设施结构

沙培设施结构主要由栽培槽和供液系统组成。

(1)栽培槽

由于沙容重较大，栽培槽一般多用砖或水泥板筑成固定式水泥槽，为了防止弱酸性营养液腐蚀水泥槽壁，内侧需涂上惰性涂料，也可用涂了沥青的木板建造。槽宽80~100 cm，槽长15~20 m，槽内铺1~2层0.2 mm厚黑色聚乙烯塑料薄膜防渗，槽底铺砾石，砾石上铺无纺布，其上再铺沙粒，沙表面铺设供液管。

由于沙培采用滴灌供液，一般供液量超过8%~10%，且不回收，因此建槽时必须考虑排液问题。如槽底向邻近贮液池的一端倾斜，槽底坡降0.2%~0.25%；槽底部截面可建成"V"字形、"A"字形或平底形帮助排液。①"V"字形栽培槽，中间深，两侧浅，中央深20~25 cm，两侧深15~20 cm，槽底中央可放置一条管径45~75 mm的多孔塑料排液管，管上每隔40 cm左右钻孔径2~3 mm的小孔，孔口朝下；②"A"字形栽培槽，中间高两边低，可在槽外各建一

条排液沟;③平底形栽培槽,槽底水平,可在贴近槽框的薄膜上,距离槽底约5 cm高处,每隔50~70 cm切开一道5~8 cm长的缝隙排液。同时可在栽培槽两端及中部安插3根略高于槽面,直径为50 mm的PVC硬质塑料管作为槽内液位观察管。

(2)供液系统

沙培通常采用滴灌方式供液,供液管道及供液方式与滴灌相同。

2.栽培管理要点

(1)供液系统管理

沙培灌溉时要注意观察每个滴头的出水情况,及时疏通或更换被堵塞的滴头。换茬时用清水冲洗供液管道,必要时可取下滴头用0.1 mol/L稀盐酸或稀硫酸浸泡24 h后再用清水冲洗干净,同时要经常清洗过滤器。

(2)营养液管理

①配方及浓度。沙培多采用开放式供液,基质中贮液不多,加之沙的缓冲能力较低,基质中营养液的成分、浓度和pH值变化较大。因此,最好选营养液浓度较低,生理酸碱性比较稳定的营养液配方。若原始配方浓度较高,则可用其1/2的剂量。

②供液量和供液方法。确定供液量及供液次数一般根据作物需求而定。正常情况下,每天可滴灌2~5次,每次供液都要将基质浇透,并有8%~10%的水排出。每三天用电导率测定仪对排出水中的可溶盐含量进行测定,当可溶性盐含量超过2 g/L时,则立即改用清水滴灌数天,至排出液浓度低于滴灌用的营养液浓度后,再恢复营养液滴灌。

(3)基质消毒

基质消毒一般1次/年,也可1次/茬,以消除土传病虫害为主。常用消毒剂有福尔马林、次氯酸钙或次氯酸钠等。

(二)有机生态型无土栽培技术

有机生态型无土栽培是指用复合基质代替土壤,用有机固态肥取代营养液,并用清水直接灌溉作物的一种无土栽培技术。它不仅具有传统营养液栽培的一般特点,而且还具有生产成本低,灌溉排出液对环境无污染,产品质量符合"绿色食品"要求,技术简单易操作等特点。该技术目前已在全国20多个省市推广应用,推广面积超过25 000亩,取得了良好的经济效益、社会效益和生态效益。

1.栽培基质配制

进行有机生态型无土栽培的核心内容是配制适合作物生长和生态农业要求的广适应性栽培基质。有机生态基质的原料资源丰富易得,如玉米、向日葵秸秆、椰壳、蔗渣、酒糟、菇渣、锯末、树皮、刨花、鸡粪、豆饼等都可按一定配比混合后使用。有机基质使用前需经粉碎并高温发酵成有机固态肥后方可使用。同时,为了调整基质的物理性能,也可加入一定量的无机基质,如蛭石、沙、珍珠岩、炉渣等,一般2~3种有机基质与1~2种无机基质混配。混配后的基质容重为0.3~0.65 g/cm³为宜。如甘肃酒泉推出了适应所有蔬菜栽培的有机生态型基质配方为:有机基质配方为玉米秸秆:牛粪:菇渣=1:1:1,无机基质配方为炉渣:河沙=2:1,有机基质:无机基质=6:4。

2.栽培系统建造

有机生态型无土栽培系统多采用基质槽培的形式,设施主要由栽培槽和供水系统组成(图8-11)。为减少水分蒸发以及防止水喷溅在过道上,栽培槽表面可覆盖地膜或泡沫塑料板。

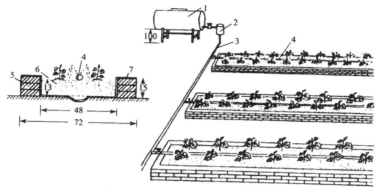

图8-11 有机基质栽培系统

1.贮液罐;2.过滤器;3.供液管;4.滴灌带;5.砖;6.塑料薄膜;7.有机生态型基质。

3.栽培管理要点

根据市场需要,确定适合种植的作物种类、品种搭配、上市日期,制定播种育苗、种植密度、株形控制等技术操作规程。

(1)营养管理

有机生态型无土栽培肥料供应以氮、磷、钾三要素为主要指标,1 m³基质中应含有全氮1.5~2.0 kg,全磷0.5~0.8 kg,全钾0.8~2.4 kg。如在每立方米基质中混入10 kg消毒鸡粪、1 kg磷酸二铵、1.5 kg硫铵和1.5 kg硫酸钾作基肥,足够一茬番茄亩产8 000~10 000 kg的养分需要量。为了作物在整个生育期内均处于最佳供肥状态,通常依作物种类及所施肥料的不同,将肥料分期施用。如在作物定植前,先在基质中混入一定量的肥料做基肥,这样番茄、黄瓜等果菜类蔬菜在定植后20 d内不必追肥,只需浇清水,20 d后每隔10~15 d追肥1次,均匀地撒在离根5 cm的周围。基肥与追肥的比例为25∶75至60∶40,每次1 m³基质追肥量:全氮80~150 g,全磷30~50 g,全钾50~180 g,追肥次数依所种作物生长期的长短而定。

(2)水分管理

根据栽培作物种类及季节确定灌水定额,依据生长期中基质含水状况调整每次灌溉量。定植前一天把基质浇透,定植时基质湿润但不被浸泡。定植后,每天灌溉1~3次,以保持基质含水量达60%~85%。一般成株期黄瓜每天浇水1.5~2.0 L/株、番茄0.8~1.2 L/株、甜椒0.7~0.9 L/株。同时水分管理必须随天气变化和植株大小灵活调整,如阴雨雪天不浇水,冬季隔1天灌水1次。

(3)基质添加及更换

每生产完一茬作物后,应及时向栽培槽补充发酵好的混合基质,按原配制比例装槽9分满,并进行消毒灭菌处理。在基质使用一定年限(5~7年)后,各种病菌、有机残体、根系分泌物等大量累积,导致基质通气性下降、保水性过高、理化性质变差,从而影响作物正

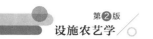
常生长,这时需对原基质进行更换。更换下来的基质经过消毒灭菌处理后,还可作为土壤肥料和改良剂追施于田间或绿化田地。

复习思考题

一、名词解释

    1.无土栽培 2.营养液膜栽培 3.营养液配方 4.DFT 5.水培

二、填空题

    1.固体基质共有的作用是(   )、(   )、(   ),某些基质还有(   )和(   )作用。

    2.根据固体基质的性质可将基质分为(   )和(   )两类。

    3.水培设施必须具备(   )、(   )、(   )和(   )四项基本条件。

三、简答题

    1.简述无土栽培的优缺点。

    2.简述配制营养液的原料及选用要求。

    3.试述营养液的组成应遵循的原则。

    4.如何对营养液进行有效的管理?

    5.比较蒸汽消毒、药剂消毒和太阳能消毒的优缺点。

    6.什么是固体基质培,其特点有什么?

    7.如何对深液流水培设施进行清洗和消毒?

四、论述题

    1.请结合当地实际情况,论述当地适合发展什么形式的无土栽培,为什么?

    2.营养液膜水培容易出现槽头与槽尾植株长势不一致,试论述产生这种现象的可能原因。

主要参考文献

1.郭世荣. 无土栽培学[M]. 北京:中国农业出版社,2003.

2.秦新惠. 无土栽培技术[M]. 重庆:重庆大学出版社,2015.

3.曹维荣. 无土栽培教程[M]. 北京:中国农业大学出版社,2014.

4.高丽红,郭世荣. 现代设施园艺与蔬菜科学研究[M]. 北京:科学出版社,2015.

第九章
现代设施农艺技术

学习目标：了解物联网、机器人在设施农艺中应用的意义，设施农艺物联网、农业机器人的结构；掌握物联网技术在设施农艺中的用途，"四位一体""五位一体"设施生态农业技术，水肥一体化技术，设施蜂授粉技术，臭氧消毒技术等。

重点难点：设施农业物联网、农业机器人的结构，"四位一体""五位一体"设施生态农业系统的建造，水肥一体化技术、设施蜂授粉技术、臭氧消毒技术应用应注意的事项。

第一节

物联网技术在设施农艺中的应用

物联网一词是美国麻省理工学院 Kevin Ashton 教授在 20 世纪 90 年代研究无线射频技术时提出来的，指在"互联网概念"基础上，物与物之间进行信息交换和通讯的一种网络。现在的物联网是指以计算机科学为基础，将传感器、移动终端、智能设施、视频监控系统等末端设备和设施，通过各种网络，按协议实现互联互通，应用大集成及云计算，在内网、专网或互联网环境下，采用适当的信息安全保障机制，提供安全可控乃至个性化的实时在线监测、定位追溯、报警联动、调度指挥、预案管理、远程控制、安全防范、远程维保、在线升级、决策支持等管理和服务，实现对万物的高效、节能、安全、环保的管控营一体化的一种网络。其中物是指具有自己的属性和功能的某个物体，多指传感器；联网指物体必须能连入某种网络，一般是需要给每个物体赋予 IP 地址的 TCP/IP 网络。通过物联网把物体连上网，让孤立的物品接入网络世界，让它们之间能相互交流，让人们通过软件系统操纵它们。物联网被称为继计算机、互联网之后，世界信息产业发展的第三次浪潮。

一、物联网技术在我国设施农业中的应用概况及意义

(一)物联网技术在我国设施农业中的应用概况

物联网的实践最早追溯到1990年施乐公司的网络可乐贩售机,我国物联网的研究晚于发达国家。2011年,农业部发布了《全国农业农村信息化发展"十二五"规划》,2013年,上海、天津、安徽成为我国农业物联网区域试点。目前,全国已有8个省(区、市)承担了国家级物联网应用示范工程和农业物联网区域工程,物联网在设施农业中的应用取得了明显的成效。北京市开展了农业物联网在农业用水管理、环境调控、设施农艺等方面的应用示范;江苏省开发了基于物联网的智能农业管理平台,侧重对设施种植和猪的养殖环境监控,实现了自动化并开始推广;天津市建成了农业物联网平台,研究了设施环境信息监督、智能化控制与管理等物联网技术。这些系统的基本结构类似(图9-1),即在棚室中安装传感器,通过无线网络与手机、互联网相连,使用户可以通过手机或电脑访问该网络,实时监控棚室温度、湿度、作物生长等情况,也可与专家在线交流或了解天气预报。

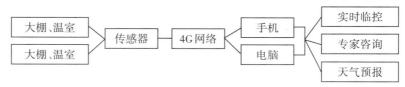

图9-1 设施农业物联网基本结构

(二)物联网技术在设施农艺生产中应用的意义

物联网技术在设施农艺中通过利用各类传感设备采集相关信息,通过网络传输,在智能化操作终端显示,实现了农业产前、产中、产后的全程监控,以利于科学决策和实时服务。物联网应用于设施农艺生产中具有以下几方面的意义。

1.自动监测设施作物生长环境及生长情况,有效提高管理效率

农业物联网在设施温室控制系统中,利用传感器、视频监控等对温室内温度、湿度、光照、叶面湿度等环境参数及作物生长情况的具体数据信息进行监测和实时采集,并以此作为数据分析的基本前提,为环境自动化控制和智能化管理提供科学依据。

2.自动控制设施作物生长环境,有效提升作物产量品质

根据环境管理系统监测和采集的数据,以作物最佳生长发育条件为依据,通过智能化处理系统自动开启或者关闭指定设备;由于实现栽培技术的精确控制,病虫害和气象灾害明显减少,农药使用量降低,有利于作物高产,并生产安全的有机或绿色的高附加值农产品。同时,通过调整昼夜温差等环境,促进园艺产品糖分的积累,生产出远高于自然生长的品质和风味更加优良的农产品。

3.栽培设施运行费用和生产成本较低,提高了设施的整体经济效益

物联网系统在实际操作中,只需要专业技术人员进行远程数据查看或视频查看就能直接进行生产指导,有效减少了赶赴现场所耗费的人力、物力费用。同时该系统采用模块化设计,所有设备都在多次严格测试后才投入运行,在使用过程中能够实现无障碍运行若干年时间。

物联网系统将精确采集温室内部温度、湿度、光照及作物生长状况等参数,并综合调

整到最适宜状态,从而使人力、水肥药等传统农资的投入减少,供暖或降温所需能源减少,实现节水、节肥、节药、省工,促使生产成本整体下降二到五成,大幅提高温室生产的整体经济效益,并且有效实现节能环保。

4.有利于第一、二、三产业的高度融合

通过物联网及大数据升级的数字化、标准化温室,将向农业观光、旅游、采摘、科普、自然体验、休闲、养生等方面延伸,使第一、二、三产业得到自然和技术的高度融合。

二、设施农业物联网系统的组成

(一)设施农业物联网的基本结构

设施农业物联网主要由感知层、传输层和应用层三大部分组成,三者相互配合,使物联网具有全方位采集信息、实时有效传递数据、分析优化信息等特性。

1.感知层

感知层也称作传感器网络,是指包括射频识别技术(Radio Frequency Identification,RFID)、条形码、传感器等设备在内的传感网,实现对前端信息的实时感知、识别以及采集。传感器是物联网技术的核心,在传感器中随机分布着密集的、具有较强的环境适应性和一定的能量存储功能的节点。

设施农业物联网常用传感器包括光照传感器、湿度传感器、压敏(流体)传感器、生物生长特性传感器及互补金属氧化物半导体(Complementary Metal Oxide Semiconductor,CMOS)图像传感器(摄像头)。在设施内安装的传感器、摄像头,可采集包括温室内外小气候环境指标、植物生长发育状况、病虫害等信息;其中温室内外小气候环境检测指标主要包括温室内外部温度、湿度、光照强度、CO_2浓度、风速等气候条件;栽培基质理化指标检测主要包括基质含水量、pH值、EC值、阳离子交换量(CEC)、基质内多种营养元素含量;营养液的理化性质指标检测主要包括营养液温度、浓度、pH值、EC值、营养液液温、各元素含量等;栽培作物生理生化指标检测主要包括叶绿素含量、光合作用、植物水势、温度、作物水分含量、根系信息、冠层信息、茎流量等。

除农业传感技术外,射频识别技术(RFID)、条形码技术等也是设施农业信息感知技术。

2.传输层

传输层也称数据传输网络,该网络能够实现来自传感网的海量数据信息传递,且不受距离限制;传输层是农业物联网的中枢,由不同类型的传输网络和云平台等智能处理系统组成,主要负责对采集的信息数据进行实时汇集和传送给数据处理中心。

设施农业物联网的数据信息传输可采用线路传输、无线传输和移动通信传输。线路传输的技术已经成熟,并在设施农艺中得到较多应用,但存在布线多、成本高、规模小的缺点。

无线传输网络通过随机投放的方式,众多传感器节点被密集部署于监控区域。各传感器以无线通信方式,通过分层的网络通信协议和分布式算法,可自组织地快速构建网络系统。物联网信息传输技术中应用较为广泛的是 ZigBee 技术,是一项近距离、低成本、

低功耗的无线网络技术,该技术通用性、自组织、自愈能力和安全性强。

3.应用层

应用层也称信息应用网络,是农业物联网的处理终端,对接收到的信息进行处理、存储,并生成各种报告,根据设定阈值提出告警提示,并通过建立的基于业务逻辑的管理控制策略和模型,最终实现对设施农业生产的具体管理,实现对设施农业的智能控制与决策。

(二)设施农业物联网的具体结构

设施农业物联网的具体结构包括视频监控子系统、传感网络子系统、无线宽带网络传输子系统、数据处理子系统等,其中传感网络子系统主要通过传感器实现棚内温湿度等参数的监测,视频监控子系统主要通过无线高清视频监控技术来对温室进行监测,然后通过无线宽带网络传输子系统将监测数据传输至数据处理子系统,对数据进行处理、显示、反馈控制等。

1.视频监控子系统

视频监控子系统包括无线智能摄像头、视频数据分析处理及终端信息系统三个部分,监控系统能够对农作物生长情况进行实时监控,有利于工作人员及时发现问题并解决问题。

2.传感网络子系统

传感网络子系统中的环境感知模块能够对农业种植环境进行实时监控,如在智慧大棚中,通过设置多种不同类型的传感器,基于相关协议,实现对室内温度、湿度、气体浓度、光照度以及土壤pH值等土壤环境和大气环境指标进行实时动态监测。

3.无线宽带网络传输子系统

无线宽带网络传输子系统包括无线Mesh设备、蓄电池、太阳能供电系统三个部分。无线Mesh网络(无线网格网络)包括Wi-Fi技术、自组网技术等。无线Mesh网络可迅速实现高性能、高速度的无线覆盖,实现无线视频图像监控、IP视频会议、视频电话等多种功能,具有较好的抗干扰性及穿透能力,传输距离较远。

传感网采集到信息后汇集到协调器节点,协调器与Mesh网络节点通信,每个节点接收到数据及图像信息后将其直接传输至数据中心,数据中心再通过Mesh网络向各控制节点发送控制及配置指令。

4.数据处理子系统

数据处理子系统是设施农业物联网的信息处理中心,包括数据库服务器、视频应用服务器、信息交换设备等硬件以及各种应用系统组成的软件部分。具体组成包括系统配置管理模块、感知数据存储及处理模块、监控视频存储及处理模块、报表处理模块、信息远程服务模块等。系统可针对不同的用户设置对应的管理权限,通过系统配置及管理模块设置温室感知信息处理指令,调整视频监控及无线宽带网络参数,保证系统正常的存储感知数据、接收数据、存贮及随机检索调用数据;此外,数据处理系统还根据数据分析结果向各子系统发送控制信息,包括水泵的启停、温湿度的调控、病虫害防治的告警等,并针对各种感知信息生成处理图表。数据处理系统具备移动终端访问功能,用户可以通过智能手机、电脑等移动智能设备随时随地获取温室监测数据信息。

此外,设施农业物联网还有智能决策子平台、专家远程科技咨询服务子平台等。智能决策子平台对监控的相关数据进行分析,并根据情况进行报警和自动调控,从而提醒生产者准确把握浇水、施肥、病虫害防治等的合适时机,帮助实现农业生产精细化。农户、技术人员生产中遇到问题可通过专家远程科技咨询服务子平台咨询专家,寻求解决办法。

三、物联网技术在设施农业中的应用

21世纪以来,全世界不断开展农业物联网应用研究,取得了一系列成果。设施农业物联网除了在设施生产中广泛应用外,在设施农产品的产后处理、营销过程中也得到较广泛的应用。

(一)在设施农业生产中的应用

1.对设施环境和作物生长进行实时监测

设施农业物联网技术将传感器技术、无线传输技术、互联网技术等高科技手段创新融合,构建监测控制网络,对设施农业环境和植物生理生长微观状态进行实时监测、采集。

2.设施作物生长的远程智能化调控

传感器将实时精准监测的信号传送到计算机控制中心,该中心根据接收到的数据与预先设计的阈值比较,再利用云计算、数据传输技术等方式将大数据及时地反馈给相关的操作及执行系统,各个因子一旦超过所设定的阈值,控制温室相应的通风系统、补光补温系统、内遮阳保温系统等控制系统执行相应的智能控制操作,创造适合作物生长的温室环境。这些数据也可通过短信、图表展现给终端农户、农业

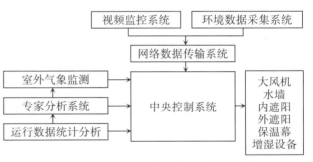

图9-2 温室环境调节智能化控制系统架构示意图

专家以及相关管理部门等,以便其在远程终端设备(如电脑、手机等)进行监测,并通过手机或电脑登录系统,控制温室内的水阀、排风机、卷膜器等的开关实现环境调节(图9-2)。

3.设施病虫害预警与防治

在设施生产过程中,病虫害发生较露地生产更为频繁,传播速度也更快,已成为制约设施生产的主要因素之一。物联网感应系统通过对设施农作物病虫害的成长环境进行监测,采用"积温算法"对病虫害的有效积温进行实时数据统计,在各个积温值阶段进行预警,并通过直观的图表等展示给相关用户;同时,根据病虫害的成长机理,利用环境因

子对其造成破坏,实现对病虫害的防治。

4.设施农业气象服务

利用物联网系统布置在棚室内外不同地点的传感器,监测气象要素数据,研发出棚内气象要素动态预报模型,结合精细格点预报,建立设施作物的主要气象指标体系和灾害指标体系,提供未来棚内温度、湿度等预报服务,同时提供大棚所在地的天气预报和气象灾害预警信息,为合理安排设施农业生产、提早采取防范措施提供科学依据(图9-3)。

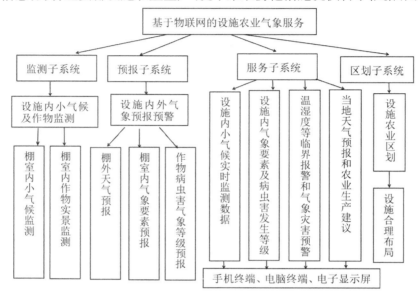

图9-3　基于物联网的设施农业气象服务主要内容

5.水肥药一体化

在设施农业物联网系统中,无线传感网自动灌溉系统利用传感器感应土壤的水分、营养状况及病虫害状况,并在设定条件下与接收器通信,控制灌溉系统的阀门开关和各种肥药的配比,进行水肥药综合管理,实现节水节肥和适时适量用药。在水肥药一体化系统中,还可根据植物生长的阶段周期、积温模型和积累的往年数据及农业节水灌溉平台的植物生长状况预报,分析并预测出各种农作物的灌溉施肥时期、病虫害发生期等。

6.专家服务平台

设施农业物联网中的专家服务平台整合了大量的专家资源,农户和专家通过平台建立联系,进行咨询、互动。农业专家通过对已掌握的生产中的数据进行分析,通过站内消息或短信发布常见农作物种植方法和各阶段病虫害的防治及农户生产中的注意事项等。农户在生产过程中如遇到解决不了的问题,可登录农业物联网信息平台,将相关农业生产现场参数上传到云计算中心,中心经过选择后,筛选出对应的专家进行指导,并将相关信息发送到用户的手机上,用户就可以与专家进行远程交流了。

7.生产模型和远程指导系统

物联网还可以提供各种农作物智能化模型库,各类传感器将现场数据传回数据库后,通过比较分析生成处理结果,为专家指导农户生产提供帮助。同时,高于作物生长的上限或低于作物生长下限系统会自动告警,可以帮助农民及时发现问题,并且准确地捕捉发生问题的位置。

(二)在设施栽培产品的产后处理及营销中的应用

1.建立溯源系统,保障农产品质量安全

在设施作物种植期间,通过视频监控的方式记录施肥、灌溉、喷药等情况,并将数据采集,同时结合产后检验与物流配送监控网络、贮藏监控系统、冷链运输监控系统的信息,上传至云服务器。实现对农产品从产地到加工经营企业、物流运输、直至消费者整个流程实施有效监管和追溯,从而更加有效地保障农产品质量安全,使得农产品"来可追溯、去可跟踪、责任到人、信息可查询、产品可召回"。消费者通过物联网应用标识技术就可以查询到农产品的质量安全信息,真正吃上"放心菜",如温室草莓种植监控与质量安全溯源方案的应用,提高了设施农业生产管理水平,保障了草莓的质量安全,增加了农民收益。

2.客户关系管理

现阶段农产品滞销,信息不畅是重要的原因。根据农业生产企业或农户对客户关系管理的需要,通过物联网系统为用户提供客户数据库服务,从而帮助用户提高销售能力。农业物联网平台可提供专业性的农产品信息发布,为广大农民、运销大户、农产品生产及加工企业提供多种信息服务,并通过电子商务实现产销对接。农民和涉农企业的产品可拿到网络平台上去卖,需求者也可以通过这个平台联系到多个生产者。

▶▶▶▶ ————

第二节

————∘∘∘

机器人在设施农业中的应用

机器人的概念于1921年由捷克科学家 Karel Capek 首次提出;1953年美国麻省理工学院成功研制出第一台数控机床,并在此基础上完成了数控技术(NCT)与机械手组合作业,标志着第一台工业机器人的诞生;1959年,美国成立世界上第一家工业机器人制造公司;1978年,美国推出通用工业机器人 PUMA,工业机器人制造技术趋于成熟。此后,经30余年的理论发展,随着工业机器人理论研究及技术应用的日益深入,机器人逐渐被应用于其他领域,并形成普遍接受的机器人定义:通过可变的运动完成各项指定任务的可编程的多功能操作装置。

机器人分为两大类,即工业机器人和特种机器人。工业机器人就是面向工业领域的

多关节机械手或多自由度机器人;特种机器人指除工业机器人之外的,用于非制造业并服务于人类的各种先进机器人。农业机器人是以完成农业生产任务为目的的特种机器人,集成了传感器技术、图像识别技术、系统集成技术、人工智能技术、通信技术等尖端科学技术。目前一些机器人已经可以取代人工进行一定的农业活动,如田间及温室喷洒农药,部分作物收获及分选作业,以及帮助人类完成一些有困难的工作,如高处采摘等。在农业生产中广泛使用农业机器人,可降低对大量劳动力的依赖,降低农业用工成本,实现精细耕作和农业可持续发展。农业机器人在提高农业生产力、改变生产模式、解决劳动力不足以及在实现农业生产的规模化、多样化和精准化等方面显示出了极大的优越性。

一、国内外农业机器人的研发应用概况

自20世纪80年代日本将机器人技术引入农业工程领域以来,农业机器人技术得到了飞速发展。在农业机器人研究领域,日本、美国和荷兰处于领先地位。我国在农业机器人领域起步较晚,技术水平与发达国家相比存在一定的差距。

日本的从农劳动力匮乏,为缓解压力,日本较早开始了农业机器人研究,并且在这一方面始终处于世界领先地位。目前在日本得到应用的农业机器人有果蔬采摘机器人、耕作机器人、植保机器人、移栽机器人和嫁接机器人等。1995年,日本冈山大学设计开发了一种用于果园棚架栽培模式的葡萄收获机器人,可以完成浆果采集、喷药和套袋等工作。随后,日本又开发出了新型番茄收获机器人、草莓采摘机器人和樱桃采摘机器人。

美国是机器人的发源地,也是对农业机器人开发比较早的国家之一,自走式农业机器人理论技术发展比较成熟。美国伊利诺伊大学开发出了一种太阳能除草机器人,可精确判断出杂草,并用刀切断杂草,然后在杂草切口处喷上除草剂。随后,美国开发出了葡萄修剪机器人、施肥机器人、果蔬采摘机器人以及耕作机器人等。

在荷兰技术比较成熟的农业机器人有黄瓜采摘机器人、花卉移栽机器人和果树修剪机器人等。黄瓜采摘机器人的视觉系统能够探测到黄瓜果实的精确位置及成熟度,末梢执行器抓取黄瓜果实并将果实从茎秆上分离。

另外,德国和英国在农业机器人研究方面也处于世界领先地位。

我国的农业机器人的研发起步晚、投资少、发展慢。20世纪90年代,中国农业大学首先对农业机器人进行了研究。目前,在我国得到初步应用的农业机器人有嫁接机器人、黄瓜采摘机器人、草莓采摘机器人和喷药机器人等。

农业机器人已有30年的发展历史。目前,农业机器人在一些国家已率先得到了应用,但由于设施农业机器人安全性与工作可靠性差,功能单一,智能化程度偏低,生产成本高,生产效率偏低,农艺和农业机器人结合的不够紧密等原因,目前农业机器人还未得到广泛应用。

二、农业机器人的特点、结构及种类

（一）农业机器人特点

农业机器人是以农业生产为目的，具有行动、信息感知能力及可重复编程功能，能够仿人类肢体动作的柔性，自动化或半自动化的新型智能农业机械装备。农业机器人与工业机器人相比，具有以下几方面的特点：

1.作业季节性较强

由于农产品生产的季节性较强，导致农业机器人的使用也具有较强的季节性，从而造成农业机器人的利用率低，增加了农业机器人的使用成本。

2.作业环境复杂多变

农业机器人作业环境除了受园地坡度等地形条件的约束外，还受到季节、光照、大气等不断变化的自然条件的影响。因此，要求农业机器人需要有较强的环境识别能力，在视觉、判断力和知识推理等方面具有更高的智能。

3.作业对象娇嫩复杂

农作物种类多种多样，形状各有不同，且娇嫩、容易受到损伤。因此要求农业机器人的执行末端与作业对象接触时要轻柔，不同的空间形态实现不同的动作。

4.使用对象的特殊性

农业机器人的使用对象是农民。随着农村劳动力老龄化程度的提高，需要农业机器人具有高可靠性、易用性和易于维护的特性。

5.价格的特殊性

农业机器人的前期研发投入较大，结构复杂，制造成本较高，导致价格昂贵，超出了一般农民的承受能力。因此急需研发推广价格适宜的农业机器人。

（二）设施农业机器人的种类

目前设施农业机器人种类较多，有水果嫁接机器人、喷雾机器人、花卉扦插机器人、蔬菜收获机器人（番茄、黄瓜、茄子）、水果收获机器人（草莓、苹果、橘子）、植物全程机器人（育苗、移栽、收获）、植物工厂机器人、智能除草机器人、分拣机器人、马铃薯组培苗接种机器人等。

嫁接机器人工作时只需操作者将砧木盘及接穗盘各自放入指定位置，便可自主完成抓穗、切苗、接合、固定和排苗等作业项目，省时高效，成活率高。喷雾机器人是针对设施农业生产中病虫害防治和根外追肥要求而研发的，它可提高病虫害防治效率，减少劳动力成本，保障设施农业生产人员身体健康，实施高效喷雾；智能除草机器人是以作物株间、行间同步高效锄草为目标，应用于蔬菜、玉米田间锄草及温室生产管理作业的一种机器人，在绿色、有机种植生产方面拥有极好的应用前景，对减少化学除草剂施用，降低环境污染，保障农产品安全，降低农业用工成本，实现精耕细作和农业可持续发展具有重要的理论与实际意义。

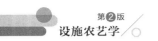

（三）农业机器人的基本结构

农业机器人主要由末端执行器（end-effector）、传感器和机器视觉系统（sensor and machine vision）、移动装置（traveling devices）、控制装置（control devices）等组成。

末端执行器，也被称为机械手，根据工作原理不同，可分为夹持式手爪、磁力吸盘式手爪、空气负压式吸盘、多关节多手指手爪及顺应手爪；根据机械手的位移控制方式不同，可分为直角坐标、圆柱坐标、极坐标、球坐标和多关节等多种类型。机械手的动力源有三类：电动执行器、液压执行器和气压执行机构。

传感器和机器视觉系统包括：测量距离、力等因素的传感器，测量其自身位置、速度、加速度、角度等因素的传感器，获取图像及位置信息的机器视觉系统。

移动装置主要有腿式移动、履带式移动、导轨运动和轮式移动等形式。

控制装置通常采用单片机、数字信号处理芯片（DSP）、计算机等。

三、设施作物收获机器人

设施栽培的园艺作物采摘频率高，尤为适合发展机器人采摘。因此，收获机器人的应用走在了其他农业机器人的前面。设施作物收获机器人是通过编程来完成水果、蔬菜等设施园艺作物的采摘、转运、打包等相关作业任务的具有感知能力的自动化机械收获系统。目前，日本、荷兰、英国等国家相继开发了番茄、草莓、黄瓜、蘑菇、葡萄等多种果蔬的采摘机器人，并将其应用于生产中。不管是哪一种收获机器人，一般可分为行走部分、机械手、识别和定位系统、末端执行器四大部分。

1.行走部分

农业机器人的行走机构多为轮式结构的移动小车。机械手、识别和定位系统、末端执行器和控制系统等均安装于其上。行走路面多为自然地面或者经过改造的水泥地面，荷兰开发的黄瓜收获机器人以铺设于温室内的加热管道作为小车的行走轨道。采用智能导航技术的无人驾驶自主式小车是智能收获机器人行走部分的发展趋势。

2.机械手

机械手又称操作机，是指具有与人手臂相似的动作功能，并使工作对象能在空间内移动的机械装置，是机器人赖以完成工作任务的实体。在收获机器人中，目前应用较多的机械手是多关节机械手。多关节机械手又称拟人机器人，和其他结构相比更加灵活和方便。机械手的主要任务是将末端执行器移动到可以采摘的目标果实所处的位置。

3.识别和定位系统

采摘机器人的首要任务是识别和定位果蔬产品，因此，视觉系统是采摘机器人的重要组成部分。收获机器人视觉系统的工作方式，通常是首先获取水果的数字化图像，然后再运用图像处理算法识别并确定图像中水果的位置。传感器是机器人视觉系统最重要的部件，主要包括图像传感器和距离传感器等。图像传感器有CCD黑白相机、彩色摄像机或者立体摄像机，一般安装于机械臂或末端执行器上。距离传感器有激光测距，超声、无线和红外传感器等。

（1）果实图像识别

图像识别又称之为图像分割，是根据颜色、纹理或者几何形状特征把图像划分为若干个互不相交的区域。利用颜色特征进行分割即为利用植物、果实与背景存在颜色特征上的差异进行果实的识别，如西红柿成熟时，其果实颜色是红色，与植株的绿色存在很大的差异，可利用这种差异进行西红柿收获机器人视觉系统的开发；利用形状特征进行分割即利用果实的轮廓或者果实的局部曲率信息来定位水果的中心，如利用西瓜的果实形状信息进行识别和定位；利用纹理特征进行分割是因为不同作物在宏观上和微观上表现出不同的纹理进行识别，如利用草莓的方向和形状特征对草莓进行识别；利用光学特性进行分割是利用不同作物其叶片中叶绿素的含量不同，导致植物对光的吸收或反射有所差异进行果实的识别。

（2）果实定位

果实识别之后的下一步工作是果实的三维空间定位，为末端执行器的采摘工作提供准确的空间信息。获得空间距离的方式可以分为两类：主动测距法和被动测距法。主动测距法使用特定的光源，如激光、声源或者其他一些光源，对场景中的物体进行照射，利用物体表面对特定光源的反射特性，来获取物体的相对深度，该方法测量精度高、抗干扰能力强和实时性高。被动测距法是在自然环境下，利用物体自身的反射特性，来获取物体的三维信息，该方法不需要专门的光源，因而造价低，适应性强，是目前研究最多、应用最广的一种方法。被动测距法目前主要有体视法和形状分析法。形状分析法是根据图像中的灰度分布、物体运动、纹理结构等信息来计算物体的三维信息。

4. 末端执行器

末端执行器是果蔬收获机器人的另一重要部件，通常由其直接对目标进行操作。末端执行器须根据对象的物理属性来设计，包括形状、尺寸、动力学特性及水果的化学和生物特性。末端执行器的性能评估指标一般有抓取范围、水果分离率、水果损伤率等。美国开发的柑橘收获机器人末端执行器，前端安装的半圆环状切削刃旋转中将果实抱住并切离。日本开发了一种带吸盘装置的末端执行器，切割时可以将果实吸附住，然后依靠剪刀剪掉果蒂。荷兰的黄瓜收获机器人是利用机械手将茎秆放到切割器的两个电极之间，利用电极产生的高温切除果实，该方法不仅易于采摘果实，而且由于高温还可以防止植物组织细胞细菌感染，此外，切割过程中形成一个封闭的疤口，可减少果实水分损失，减慢果实熟化。

随着技术的进步和成本的降低，越来越多的国家在设施生产过程中采用果蔬产品收获机器人，同时也有更多的国家参与到这一技术的研究中。

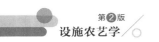

▶▶▶▶

第三节

设施生态农业技术

一、设施生态农业技术发展概况

设施生态农业是20世纪80年代以来出现的新型现代生态农业模式,它以设施工程为基础,通过动植物共生互补、废弃物良性循环利用以及立体种养、梯级利用等措施的应用,改善设施环境,实现生态系统高效生产和可持续发展。1979年Bill Makofske等在温室内创建由植物、兔子、鱼和土壤微生物组成的生态系统,进行CO_2—O_2互补以及将废弃物作为植物肥料的循环利用试验。

我国发展设施生态农业已有30多年历史,1984年率先在黑龙江省齐齐哈尔市设计建成种养结合型日光温室,温室南部为蔬菜种植区,北部为畜禽养殖区,中间以无纺布分隔,实现畜禽与蔬菜间各自质能传递与共生互补,取得了良好的经济效益,蔬菜生长期春提前或秋延后40~60 d,蛋鸡产蛋率提高21%,奶牛产奶量提高19%,育肥猪增重率提高40%~80%,黄瓜增产25%。1986年辽宁省丹东市在单坡日光温室创建"蓄—菜—沼气"设施生态农业模式,温室南部种菜,北部或山墙一端饲养畜禽,畜禽舍下建沼气池。1989年辽宁省大洼县创建了"四位一体"庭院生态农业模式,并迅速在我国北方地区推广应用。

二、设施生态农业典型模式及关键技术

设施生态农业模式有"蓄—菜—沼气"共生型设施生态农业模式、设施蚕豆+鸡/羊生态农业模式、立体互补型设施生态农业模式、"鱼—菜"共生型设施生态农业模式、"四位一体"设施生态农业模式、"五位一体"设施生态农业模式等。随着设施生态农业建设的发展,出现了各种各样的设施生态农业典型模式。

(一)羊—作物—猪模式

"羊—作物—猪"模式(图9-4)方法简单易行,主要是将简易型大棚或温室与羊舍、猪舍有机结合起来进行小生态设施建设。该模式是在温室大棚两端各建两个水泥家畜圈,一个养猪,另一个养羊,大棚中间种植农作物,猪羊和作物形成小型生态系统,猪和羊呼吸呼出CO_2供作物光合作用,而作物光合作用释放的O_2供猪和羊所需,按一定比例设置猪羊和植物数量,完全可满足各生物的气体需求量。猪羊身体发出的热量使大棚内外有一道天然保温墙,大大降低了温室的热量损失,特别是在冬天其效果更加明显。猪羊粪尿按一定比例配成有机肥料直接供设施内作物施用,不仅改善了简易型温室大棚的环境要求,又大幅度降低温室运行成本。

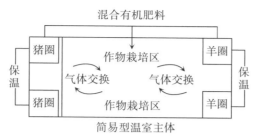

图9-4 "羊—作物—猪"设施生态农业模式

(二)"四位一体"设施生态农业模式

"四位一体"设施生态农业模式(图9-5)是目前农业部重点推广的十大生态农业模式中最重要的一种模式。该系统把沼气池、猪圈、菜地和日光温室建在一起,故名"四位一体"。"四位一体"设施生态农业模式技术以庭院为基础,以太阳能为动力,以沼气为纽带,种养结合,通过合理配置形成以太阳能、沼气为能源,以沼渣、沼液为肥源,实现种植业、养殖业相结合的能流、物流良性循环系统,是一种资源高效利用、综合效益明显的生态农业模式。运用本模式,冬季北方地区室内外温差可达30 ℃,温室内的喜温果蔬正常生长、畜禽有效饲养、沼气发酵安全可靠。"四位一体"设施生态农业模式可在庭院有限的土地和空间,生产无公害绿色农产品,同时解决秸秆利用问题,减少农村环境污染,在促进高产、高效、优质、生态、安全的农产品生产方面具有广阔的发展前景。

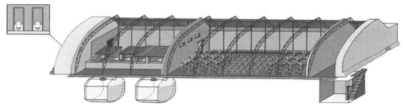

图9-5 "四位一体"设施生态农业模式

1."四位一体"设施生态农业基本结构

"四位一体"设施生态模式的基础设施为日光温室,温室的山墙处隔离出面积为15~20 ㎡的地方,在地面上建猪舍和厕所,地下建沼气池,山墙的另一侧为蔬菜生产区,沼气池的进料口位于猪圈和厕所中,出料口设在蔬菜生产区,便于沼肥的施用。山墙上开两个气体交换孔,以便猪舍排出的CO_2气体进入蔬菜生产区,蔬菜的光合作用产生的氧气流向猪舍。将猪粪便冲洗进入沼气池,并加入适量的秸秆进行厌氧发酵,产生的沼渣用作底肥,沼液用作叶面施肥,也可作为添加剂喂猪。温室内具有适宜的环境温度,即使在严冬也能保持在10 ℃以上,在温室内养猪增收效果明显。

2."四位一体"设施生态农业建造技术

(1)选址

"四位一体"生态温室应建造在避风向阳、水源丰富、灌溉方便、地势平坦干燥、地下水位低、土质肥沃、光照和通风条件好、四周无高大建筑物,远离"三废"污染的地方。

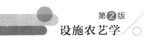

（2）施工顺序

沼气池是在畜禽舍地面以下，在施工中将有大量的土方要放在日光温室的地面上，为方便施工，应先建沼气池，而后建畜禽舍、厕所，最后建日光温室。

（3）沼气池建设

沼气池起着连接养殖与种植、生产与生活用能的纽带作用。沼气池建造在棚内靠近入口处，应尽量避开树根等物，如遇树根则将其切断，并在切口处涂废柴油或生石灰使其停止生长以至死亡，以防树根破坏池体。沼气池须严格按照国家标准《农村沼气池施工技术操作规程》进行施工，容积为8~10 m³，采用圆柱形、底层出料的水压式沼气池，集发酵与贮气于一体。

（4）猪圈与厕所建造

畜禽、蔬菜对温度、湿度、光照等要求差别很大，为了建立动植物各自良好的生长环境，畜禽舍须设在总体平面的西侧、东侧或北侧。猪圈与厕所建在沼气池上，建筑面积为温室的1/40，其中猪舍面积视养猪头数而定，一般养猪5~8头，面积6~10 m²即可。地面用水泥沙浆粉刷，便于人畜粪尿入池。猪舍外侧墙与温室墙同体，北墙、内侧墙厚24 cm，北墙设猪舍门，内侧墙在高60 cm和150 cm处分设两个24 cm×24 cm的换气孔，猪舍南墙为铁栏护墙，设出栏门，猪舍顶面设通风窗。

（5）日光温室建设

日光温室是"四位一体"生态温室的主体结构，需按照高效节能日光温室的参数要求设计与建造。

3."四位一体"设施生态农业技术使用注意事项

①注意养殖区与蔬菜生产区之间设置隔离装置，以防粪便清理不及时产生的有害气体影响蔬菜生长；

②秸秆应进行堆沤预处理后入池；

③注意主池出料口与地面持平，便于清洗粪便，清洁卫生；

④注意用沼液水冲洗养殖间，以防料水比降低，影响沼气池正常产气；

⑤注意避免葱、蒜、辣椒、韭菜、萝卜等会引起沼气菌中毒的作物秸秆入池；

⑥经常检查压力表，以防压力过大，并注意用气或放气；

⑦注意通气管道或附件等漏气，并及时更换或修理；

⑧沼气池要专业人员定期检修并做好维护工作。

（三）"五位一体"生态温室

"五位一体"生态温室是围绕"一控两减三基本"（控水、减化肥、减农药，基本实现作物秸秆、畜禽粪便和农用薄膜的循环利用）的目标任务，利用生态学基本原理，实现养殖业无污染、种植业免农药化肥，供给足够数量的优质农产品的现代生态循环农业的典型模式。

"五位一体"是一种建筑形式上五位一体（沼气池、畜禽舍、前温室、后冷棚、蓄水池）（图9-6），内容上五结合（种植、养殖、生态、环保和能源综合利用），并能与现代智能化控制设备有机结合的新型设施循环农业模式。它以生态学为依据,按照循环经济"减量化、再利用、再循环、可控化"的基本原理,以太阳能为动力,以生物能(沼气)为纽带,以调节能流、物流,在生态系统中再生、再利用为主导,实现节能、节水、生态、高效;达到减少投入,提高产出,维护农业环境安全的目的。该模式在年降雨超过200 mm的地区就可保障温室大棚的冬季生产用水和部分生活用水。

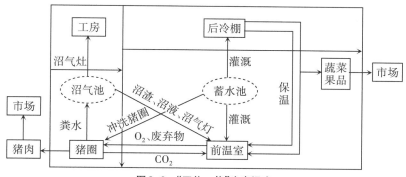

图9-6 "五位一体"生态温室

1."五位一体"模式设计

免墙式(取消厚重的后墙或阴阳大棚之间的土墙,取而代之的是一道冬放夏收、活动自如的"软墙")"五位一体"模式包括种植、养殖两大生产子系统,和温室大棚光热控制系统、蓄水池雨水收储灌溉调控系统、沼气池资源转换和养分控制系统三大技术支撑子系统,五大系统相结合的设施生态循环农业模式。

沼气池将畜禽粪尿及时收入池中,进行厌氧发酵,产生沼气。沼气可用于照明、温室增光提温等,沼液沼渣是速效全肥,可作为前温室、后冷棚肥料,同时沼液可浇地、杀菌、除虫、培肥地力。"五位一体"设施生态农业模式结构如下:

(1)前温室

前温室约占整个温室面积的70%,冬季可利用太阳能在前温室进行反季节蔬菜生产,夏季通过调节优化温室光、热、水、肥要素加快作物生产;通过利用沼液、沼渣培肥土壤,促进作物生长,沼气灯诱杀害虫,减化肥减农药,生产的农产品可达到AA级绿色食品或有机食品标准。

(2)后冷棚

后冷棚通过活动软墙与前温室进行连接,取消了传统的日光温室的后土墙、后坡建筑设施,土地利用率由原来的50%提高到72%~80%。冬季可在后冷棚种植蘑菇、芹菜等喜阴作物。春天随着温度的升高,移除活动软墙,前温室后冷棚连通成一个整体,增加种植面积,也可防止温室内高温危害。

(3)蓄水池

蓄水池设在前温室地下,体积约120 m³,可贮存整个温室占地的全年降水,还能避免自然降水的蒸发和流失。收集的雨水进入蓄水池后通过沉淀、过滤、活性炭吸附等措施可达到饮用水标准,可满足温室种植的灌溉用水、畜禽舍冲洗用水和农户的基本生活用水。

此外,畜禽舍、沼气池的位置和建造与"四位一体"生态温室相同。

2."五位一体"模式特点

①提高了土地利用率。"五位一体"生态温室取消了传统温室的后土墙、厚坡,利用软墙进行保温,将土地利用率增加了近一倍。

②减肥减药。"五位一体"模式利用沼液沼渣作肥料,可免用或少用化肥;沼气灯诱杀害虫,农药施用量减少80%。

③节水。"五位一体"生态温室设有120 m³雨水收集池,收集的雨水可满足温室生产所需和农户基本生活用水的需求。

④节能。"五位一体"生态温室通过方位和建筑结构的精准设计,充分利用太阳能和生物能,满足温室生产和动物养殖所需,每栋温室每年节约标准煤3~10 t,减排15~35 t,节约饲料10%~15%。

⑤环保。"五位一体"生态温室可以实现养殖业无污染,种植业减免化肥农药,基本实现零污染,产品可达到绿色或者有机食品标准。

第四节

设施水肥一体化技术

当前我国设施农业面临水资源利用率低下、持续过量施肥(平均单位面积化肥用量是世界的4倍)、养分不均衡、肥料利用率低(仅为30%)、劳动力投资大等问题,造成农业投入成本增高、资源浪费、农产品质量下降且引起土壤次生盐碱化、酸化及其他问题,致使生态环境严重破坏。研究表明,肥料只有溶解在水中才能被作物根系吸收利用。因此合理灌水、施肥的水肥一体化技术是解决农业灌溉施肥中水肥资源浪费的重要措施。

一、水肥一体化的概念和作用

(一)水肥一体化的概念

水肥一体化广义讲就是灌溉和施肥同时进行,水肥同时供应作物需要。狭义讲,就是借助压力系统,将可溶性固体或液体肥料,按土壤养分含量和作物种类的需肥规律和特点,将肥料与灌溉水按照合适比例混合配兑并施用,由灌溉管道送到田间每一株作物,实现灌溉与施肥一体的农业技术。

(二)水肥一体化的作用

在基质培、水培、雾培的无土栽培中,水肥一体化是必要的灌溉施肥手段。在设施农业的有土栽培中应用水肥一体化技术同样具有十分重要的作用,具体表现在:

①节水节肥。水肥一体化技术能适时、适地、适量地向作物的根际土壤供水,极大地提高水分利用效率。按需施肥,减少了肥料的流失,大大提高了肥效。经试验测算,精准滴灌施肥与传统技术施肥灌溉相比节肥 40%~50%、节水 50% 以上。

②节药改土。实施水肥一体化技术,可很好地控制作物根系及棚室内温湿度,减轻病虫害发生,尤其土传病害的传播,减少农药的投入,农药用量比常规减少 30%~35%;同时,实施水肥一体化技术,大大改善设施温室内土壤结构,有效防止土壤板结,保持土壤疏松的团粒结构,减少土壤对过量养分的吸收,降低了土壤次生盐渍化的发生和地下水资源污染,减少了养分的流失,改善了土壤的微生物环境。

③省工省地。水肥一体化技术的应用减少了多次施肥灌溉的劳动力等成本投入,避免了水沟渠道占用土地。一般情况下,设施温室每亩减少用工 8~10 个,每亩节省无效占地 3%~5%。

④保障作物丰产优质。采用水肥一体化技术肥料养分呈溶解状态,可以较快地渗入土壤,被作物根系吸收,使栽培的作物根系发达、生长速度快、提早结果、挂果多、产量高、果实大小均匀、裂果少,提早上市、价格高、效益好。通常应用水肥一体化技术,作物产量可增产 30% 以上,且产品品质好。

此外,应用水肥一体化技术还可使肥料随适量的灌水进入作物根系附近,既提高了肥效,又使地下水免受肥料及其他化学药剂的污染,真正实现了对作物所需水分与养分均匀、适量、准确的供应。

二、水肥一体化系统的组成

水肥一体化一般采用管道灌溉、喷灌、微喷灌、滴管等工作形式。水肥一体化系统一般由水源工程、首部枢纽、输配水管网、灌水器和施肥装置等组成。

①水源工程。水源可以是河流、湖泊、水库等,但必须经净化处理,符合灌溉水质的要求。

②首部枢纽。包括动力机、水泵、施肥(药)装置、过滤设施和安全保护及量测控制设备。其作用是从水源取水加压并注入肥料(农药),经过滤后按时按量输送进水管网,担负着整个系统的驱动、量测和调控任务,是全系统的控制调配中心。

③输配水管网。包括干管、支管、毛管,及所需的连接管件和控制、调节设备。作用是将首部枢纽处理过的水肥按照要求输送到每个灌水单元。

④灌水器。有滴头、喷头、微喷头等。作用是将管道中的水肥按作物的要求分配到作物的根部。

⑤施肥装置。施肥设备是水肥一体化系统中最为重要的组成部分,形式多样,各有优缺点。包括自压施肥装置、压差施肥罐、文丘里施肥器、注肥泵、比例施肥器和全自动灌溉施肥机等。

实施精准水肥一体化技术还需要相应的供水、供肥、自动精准灌溉施肥、灌溉管网等设施,其关键核心装置是自动精准灌溉施肥设备。该设备可在现场编程或外接气象站的控制器控制,并通过实时监测 EC/pH 值,由注肥器准确地把肥料养分注入灌溉主管网中,执行精确的灌溉施肥。

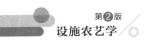

三、设施栽培应用水肥一体化技术应注意的事项

1.灌溉制度

实施水肥一体化技术体系需根据设施内栽培的植物的需水量来确定灌水的总量(比常规灌水量减少30%~35%)。然后根据设施栽培作物需水规律以及作物的长势来确定灌水时期、灌水次数,以及每次灌水的灌水量、灌水时间。

2.肥料选择

水肥一体化应用的肥料有液体肥料、固体可溶性肥料、液体生物菌肥和发酵肥滤液(如沼液),选择的肥料应符合国家行业标准。如氮肥(尿素、碳酸氢铵、氯化铵、硫酸铵)、钾肥(硫酸钾、氯化钾)、磷肥(磷酸二铵)等肥料,要求纯度较高,所含杂质较少,被水稀释后要溶于水,且不会产生沉淀物。另外,水肥一体化技术体系施用微量元素肥料,要严格限制与磷素同时使用,防止产生不溶性磷酸盐沉淀,不同肥料混配时也不能产生沉淀,以免造成管道、滴头或喷头堵塞。

3.灌溉施肥方法

水肥一体化灌溉施肥要少量多次,以减少肥料流失,施肥量要根据作物目标产量、不同土壤肥力和不同生育阶段的营养需求等因素进行计算设计,并选择养分配比合理的肥料;肥料溶液要现配先用,防止肥料与水中物质反应产生沉淀。肥液浓度控制在0.1%~0.4%,施肥时间最好选在上午10时前,下午4时后。灌溉施肥的程序分三个阶段:第一阶段,选择不含肥的水湿润;第二阶段,使用水肥一体灌溉;第三阶段,用不含肥的水清洗灌溉系统20~30 min。

4.设施水肥一体化技术路线

要充分发挥肥水一体化技术的优势,可按照作物生长需求,进行全生育期需求设计,按照温室肥水一体化技术路线(图9-7)来实施,把水肥定时定量直接提供给作物。

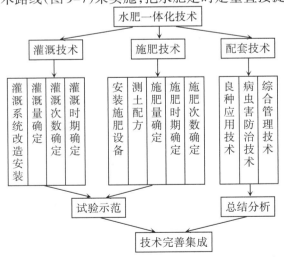

图9-7　设施栽培水肥一体化技术路线

蜂授粉技术

设施栽培处于封闭或半封闭的环境,阻碍了传粉昆虫的进入,造成授粉不良、坐果率低、畸形果多等授粉问题,以致在果蔬生产和制种中不得不采用人工辅助授粉、喷洒药剂、蘸花、点花等方法来提高坐果率。此做法不仅增加了授粉费用和化学药剂的污染,还增加人力投入,更重要的是授粉没有虫媒及时,致使生产的产品品质下降,有害物质残留超标,危害人们的身体健康。

利用蜂授粉技术,可以及时为作物充分授粉,从而提高作物产量和商品性能,并且避免化学药剂(激素)的污染。近年来,随着对绿色和无公害果蔬需求的扩大,蜂授粉作为一项高效益、无污染、低成本、提质增效、可持续发展的重要技术,在我国设施栽培中的应用日益广泛。

一、授粉蜂种类及授粉效果

植物授粉蜂种有熊蜂、蜜蜂、壁蜂、无刺蜂,应用最多的为熊蜂和蜜蜂。

1.熊蜂

熊蜂(图9-8)属于膜翅目蜜蜂科熊蜂属,似蜜蜂,但唇基隆起,颚眼距明显,分雌蜂、雄蜂和工蜂,大多数种类一年一代。熊蜂个体大,飞行时声震强,有利于花粉传播,授粉效果好,效率高,访花一次就可以授粉完全,访花授粉效率比蜜蜂高出数倍,而且坐果率高,畸形果率低。熊蜂对温室环境适应能力强,在温度低、湿度大,蜜蜂不能工作的环境下仍可以正常工作,并且能够为具有特殊气味,蜜蜂不能够授粉的作物进行很好的授粉;熊蜂比蜜蜂习性更为温和,不会轻易攻击人。熊蜂的眼与人类的眼睛不同,只有在紫外光下才能看清楚,才能有效访花。

图9-8 熊蜂　　　　图9-9 蜜蜂　　　　图9-10 壁蜂　　　　图9-11 无刺蜂

熊蜂为温室番茄、茄子、冬瓜、黄瓜等蔬菜和温室桃、杏等果树授粉,不仅可以促进坐果、提高产量、降低畸形果的比率,而且可以改善果实品质。试验结果表明,熊蜂为番茄授粉产量提高8.7%以上,畸形果率降低40%以上,果形周正,灰霉病发病率明显降低。熊蜂为辣椒授粉,可使单位面积增产9.79%;为茄子授粉,畸形果率下降了70%,单株产量增加了68.28%,维生素C含量增加了22.69%,总糖含量降低了7.27%。

2. 蜜蜂

蜜蜂(图9-9)属膜翅目蜜蜂科,黄褐色或黑褐色,属完全变态,一生要经过卵、幼虫、蛹和成虫四个虫态。在蜜蜂群体大家族的成员中,有一个蜂王、多只工蜂和雄蜂。从春季到秋末,在植物开花季节,蜜蜂天天忙碌不息。冬季是蜜蜂唯一的短暂休闲时期。蜜蜂是变温动物,它的体温随着周围环境温度的改变而改变。当巢内温度低到13 ℃时,它们在蜂巢内互相靠拢,结成球形团。适宜于果树、蔬菜、瓜类等作物授粉的蜜蜂有意大利蜂和中华蜂。家养意大利蜂在17 ℃以下难以出巢访花。

蜜蜂辅助授粉,不仅节约劳力,还可以避免人工授粉的不均匀性,更能提高作物的产量和品质。研究表明,瓜果蔬菜应用蜜蜂授粉技术,普遍增产20%~40%;大棚草莓应用蜜蜂授粉,坐果率明显提高,基本无畸形果,增产50%以上,病虫害减少,品质明显提升;蜜蜂授粉的西瓜果实可溶性固形物含量、固酸比和口感等级显著增加。目前,蜜蜂授粉还应用于黄瓜、青花菜、大豆以及棉花等网室制种,制种产量提高,授粉成本降低,效果显著。

3. 壁蜂

壁蜂(图9-10)是众多野生蜜蜂中广泛用于栽培作物传粉的重要类群之一,一年一代,自然生存,无需喂养,繁殖率高,具有耐低温,活动范围小,传粉速度快,便于放养管理等优点。应用于温室果蔬授粉的壁蜂主要有紫壁蜂、凹唇壁蜂、角额壁蜂、叉壁蜂。

壁蜂目前主要用于苹果、扁桃、苹果、杏、樱桃等果树授粉,效果明显。与自然授粉相比,利用壁蜂授粉,桃园坐果率提高了0.78~4倍,苹果、梨单果种子数平均增加1.62粒,正常坐果率提高了0.4~0.6倍,苹果园平均增产467.5 kg/667m²。同时,壁蜂授粉能够改善果品品质,提高商品价值。

4. 无刺蜂

多数无刺蜂(图9-11)生活在热带和亚热带地区,在泰国、澳大利亚、马来西亚、巴西、菲律宾等国家的部分地区均有分布,我国仅在海南和云南南部地区有分布。无刺蜂作为一种替代蜜蜂作为温室经济作物授粉的有效传粉者,被应用在草莓、黄瓜、番茄等果蔬的授粉。无刺蜂授粉后的番茄单果质量、产量都高于蜜蜂授粉。

二、蜂授粉技术

(一)熊蜂授粉技术

①使用熊蜂授粉前,需在温室的进出口添加防虫网,以防熊蜂飞出,同时要检查使用的棚膜对紫外线的透光率,最好使用对紫外光透光率高的棚膜,以利于熊蜂访花。初次使用时,要在开花量达到10%后放置蜂箱。每667 m²温室需要放置1个标准蜂箱,大面积温室要在温室中均匀安放多箱熊蜂,保证温室内授粉均匀。

②蜂箱应安放在遮阳处,或上方加盖遮挡阳光的遮盖物,如纸板、木板、泡沫板等,以防阳光直射蜂箱,造成蜂巢内温度过高。

③放置好蜂箱后要把蜂箱内糖水罐的盖子打开,以便熊蜂取食。在温室中安置蜂箱要水平,并将蜂出口朝向东南方,以便早晨的光线诱导工蜂飞出访花。安放好蜂箱后要

等 30~60 min,待箱内熊蜂稳定下来,才能打开蜂箱出口,让工蜂飞出。

④使用熊蜂授粉,尽量不要使用农药,必须使用农药时要选择低毒农药,并将蜂箱的出口封闭,进口打开,待全部出巢访花的工蜂返回蜂巢后,将蜂箱移出,再喷施农药。移出的蜂箱要安置在没有农药的凉爽和暗的房间内,待农药药效期过了之后,才能将蜂箱取回,要将蜂箱按照原来的位置和朝向安放好,等 30~60 min 再打开蜂箱出口。

⑤熊蜂适于访花和生长繁殖的温度是 15~28 ℃,如果温室温度达到 26 ℃,要打开蜂箱上部的盖子,使用蜂箱的通风系统,以防蜂巢内高温。温室内温度达到 30 ℃时,应采取温室的降温措施。

(二)蜜蜂授粉技术

1.蜜蜂的选择与配置

选性情温顺、采集力强、蜂王健壮、无病症的蜂群。设施蔬菜类授粉,每 500~700 m² 温室 1 个标准授粉群即可满足授粉需要;设施果树类授粉,每 500~700 m² 的温室需均匀放置 2~3 个标准授粉群。

2.棚室作物蜜蜂授粉技术

(1)提前做好病虫害的预防,临近放入蜜蜂时不得喷洒农药,防止蜜蜂中毒。

(2)在蜂群放入棚室前,将蜜蜂隔离 2~3 天,使蜜蜂有时间扫除它们身上的外来花粉,以避免引起品种杂交而不纯,影响产品品质。

(3)提前用尼龙纱网隔离棚室通风口,防止通风时蜜蜂飞出棚室冻伤或丢失。

(4)对于设施瓜果蔬菜类花期较长的作物,在初花期将蜂群放入温室,对某些花蜜含糖量较低的作物授粉,则应在作物开花 20% 以上时将蜂放入温室。应选择傍晚时将蜂群放入温室,次日天亮前打开巢门,让蜜蜂试飞、排泄、适应环境。同时补喂花粉和糖浆,刺激蜂王产卵,提高蜜蜂授粉的积极性。

(5)蜂箱摆放

为设施瓜果授粉,蜂箱应放在作物垄间的支架上,支架高度 20 cm 左右,以免受潮;为设施果树授粉,把蜂箱挂在温室后墙上,巢门朝南,蜂箱高度与树冠中心高度基本保持一致。

(6)蜜蜂管理

①保温。蜂箱内温度控制在 15~30 ℃,夜晚温度过低,蜜蜂结团,外部子脾常常受冻。因此,晚上加草帘等覆盖物保温,维持箱内温度相对稳定,保证蜂群能够正常繁殖。

②控湿。蜂箱内湿度控制在 30%~90%,中午前后通风降温时,室内相对湿度急剧下降,可以通过洒水等措施保持温室内湿度,以维持蜜蜂的正常活动。

③驯化。为加强蜜蜂采集某种授粉作物的专一性,在初花期至花末期,每天用浸泡过该种作物花瓣的糖浆饲喂蜂群。

④喂水。一是巢门喂水,采用喂水器进行喂水;二是在蜂箱前约 1 m 的地方放一个碟子,每隔两天换一次水,在碟子里放置一些草秆或小树枝等,供蜜蜂攀附,以防蜜蜂溺水死亡。

⑤喂糖浆。大多数作物因面积和数量有限,花朵泌蜜不能满足蜂群正常发育,尤其为蜜腺不发达的草莓等作物授粉时,需饲喂糖水比为2:1的糖浆。

⑥喂花粉。花粉是蜜蜂饲料中蛋白质、维生素和矿物质的唯一来源,对幼虫生长发育十分重要。通常采用喂花粉饼的办法饲喂蜂群。花粉饼的制法:选择无病、无污染、无霉变的花粉,用粉碎机粉成细粉状;将蜂蜜加热至70℃趁热倒入盛有花粉的盆内(蜜粉比为3:5),搅匀浸泡12 h,让花粉团散开。如果花粉来源不明,应采用高压或者微波灭菌的办法,对花粉进行消毒灭菌,以防病菌带入蜂群。每隔7天左右喂1次,直至棚室授粉结束为止。

(三)蜂授粉注意事项

①不使用残留期较长、毒性较强的农药。

②放置蜂箱时,避免震动、斜放或倒置,巢门向南或东南方向,蜂箱放置后不可任意移动巢口方向和位置,以免蜂迷巢受损。不要碰撞蜂箱,蜂箱的震动会惊扰蜂群飞出并且会蜇人。

③授粉蜂不会主动攻击人,在棚室作业时,不要敲打正在访花的蜂和蜂箱,勿做惊扰和激怒蜂的行为(如驱赶动作),勿迎面撞向飞来的蜂。

④进入棚室的人员,不要使用香水,不穿戴亮黄色或蓝色衣服,否则会招引蜂群。

第六节

臭氧消毒技术

一、臭氧在设施栽培中的作用

温暖、湿润、密闭的栽培设施环境为作物病虫害的滋生提供了有利的条件。为了控制病虫害的生长,人们通常喷洒农药,而农药的残留又为食品安全和环境可持续发展增添了阴影。

臭氧(O_3)是氧气的同素异形体,常温、常压下是有刺激性气味的淡蓝色气体,是一种强氧化剂和清洁、环保的广谱杀菌剂,其氧化能力仅次于氟。臭氧具有消毒、除味、杀菌、防霉、保鲜等各方面的特性,既可在气相条件下发挥作用,也可溶解在水中形成臭氧水溶液。目前,臭氧已广泛用于医疗卫生、食品加工、储藏保鲜、制药、污水处理、饮用水处理和空间消毒等多个行业与领域;在农业上主要应用于果蔬贮藏保鲜、畜禽养殖、土壤基质消毒、温室病害防治等。在设施农业中臭氧可作为气体用于温室环境消毒灭菌、病虫防治,还可作为臭氧水用于土壤消毒和种子消毒。臭氧应用于设施农业中消毒灭菌具有多方面的优点。

1.彻底迅速、高效广谱、成本低

臭氧杀菌效果是氯气的600倍,紫外线的1000倍,杀菌速度是氯气的600~3 000倍,可杀灭植株表面的幼虫、卵(蚜虫、螨虫、白粉虱、红蜘蛛等),几乎对所有病菌、原虫、卵囊都有明显的灭活效果,并可破坏肉毒杆菌毒素。试验证明,臭氧对番茄灰霉病、叶霉病、早疫病、晚疫病,黄瓜霜霉病、疫病以及温室白粉虱、潜叶蝇、蚜虫等病虫防治效果较好,可大大减少农药的使用量,降低用药成本。

2.安全无公害

臭氧是一种环保型杀菌剂,在常温常压下20~40 min便自行还原成氧气和水。在植株及果实中无污染、无残留,利用臭氧水还可将果蔬表面残留的农药降解,是实现无公害蔬菜生产的一条重要途径。

3.提质增产

在臭氧产生的同时,会形成一定量的氮化物,使植株生长健壮,叶片厚、大而浓绿,促进光合作用,增强抗病性。低浓度的臭氧有利于作物生长和产量形成。温室番茄使用臭氧后,畸形果明显减少,产量提高20%左右,且果实个大,着色好,口感好,前期产量高,提早上市,增加收入。但高浓度的臭氧和较长作用时间,会对作物造成损伤和危害。

二、臭氧发生器

臭氧易于分解无法储存,需现场制取现场使用,所以凡是能用到臭氧的场所均需使用臭氧发生器。臭氧发生器的工作原理是氧气(或空气)通过高频高压电场,使氧转化为臭氧。

1.臭氧发生器的分类

按照臭氧的产生方式划分,目前使用的臭氧发生器主要有高压放电式、紫外线照射式、电解式三种。

(1)高压放电式。高压放电式臭氧发生器是利用一定频率的高压电流,制造高压电晕电场,使电场内或电场周围的氧分子发生电化学反应,从而制造臭氧。这种臭氧发生器具有技术成熟、工作稳定、使用寿命长、臭氧产量大(单机可达1 kg/h)等优点,是国内外使用最广泛的臭氧发生器。

(2)紫外线照射式。紫外线式臭氧发生器是使用特定波长(185 nm)的紫外线照射氧分子,使氧分子分解而产生臭氧的仪器,由于紫外线灯管体积大、臭氧产量低、使用寿命短,所以这种发生器使用范围较窄,常见于消毒碗柜上使用。

(3)电解式。电解式臭氧发生器通常是通过电解纯净水而产生臭氧,这种发生器能制取高浓度的臭氧水,制造成本低,使用和维修简单。但由于臭氧产量无法做大、电极使用寿命短、臭氧不容易收集等缺点,其应用范围受到限制。

2.臭氧发生器的操作要点

(1)由于臭氧比重较大,为有利于臭氧均匀扩散,可将臭氧输气管悬挂在大棚南北方向中间位置顶部。

(2)常见的臭氧发生器的臭氧生产能力为0.3~15 g/h,一般适用于面积500~1 000 m²

的蔬菜大棚。如在面积为 500 m² 的大棚使用,每天开机一次,每次开机 30 min,当作物枝叶发生病菌危害时,每次可增加开机时间 10 min,每天开机 2~3 次。

三、臭氧消毒技术

臭氧可用于设施栽培中的种子处理和温室大棚病虫防治。

1.种子处理

臭氧对种子发芽有一定的影响。将臭氧气体导入清水中并不断搅拌,10 min 后即制得臭氧溶液。将种子倒入其中浸泡 15~20 min,可杀灭种子表面的病毒、病菌及虫卵。

2.温室大棚病虫防治

(1)熏棚消毒。臭氧处理棚室土壤,可杀灭土壤中的病虫害。定植前 10 d 可结合高温闷棚利用臭氧发生器将臭氧集中施放于棚内,施放时间应不少于 2 h。

(2)防治苗床病虫。先将苗床封严,每 10 m² 每次施放 1 min,并密闭熏蒸 10 min,然后再通风 30 min。

(3)设施蔬菜定植后的病虫防治。定植缓苗后,每 667 m² 棚室持续施放臭氧 7~10 min,再密闭熏蒸 15~20 min,然后通风 30 min。无病虫的棚室每 5~7 d 施放 1 次,连续施用 5 次,每经 2~3 次施放时间再增加 5 min,直到每亩每次增至 25 min。

四、使用臭氧消毒注意事项

1. 选择适宜施放时间

在温度 10~30 ℃,空气湿度较大的情况下臭氧防治效果会更好。因此,臭氧施放时间最好在夜间。

2. 合理确定施放量及熏蒸时间

用于温室植物病虫害防治且又不危害植物生长的臭氧质量分数为 0.12 mg/m³,使用时间应少于 20 min。但不同植物对臭氧的忍耐力不同,臭氧浓度过高时容易灼伤植物叶片,过低时对害虫起不到良好的防效,因此使用臭氧消毒要掌握好浓度和处理时间。一般成株期的作物比苗期作物对臭氧的适应性更强。随着植株生长,施放量与熏蒸时间可逐渐增加,以达到既可防治病虫又不伤害蔬菜作物的目的。释放时应尽量保证均匀,且喷气口应距植株 0.8 m 以上。熏蒸时间到达后应及时通风,一般通风时间不能少于 30 min。

3. 使用人员应做好安全措施

臭氧浓度 0.1 mg/m³ 以下对人体安全,当释放浓度超过 0.1 mg/m³ 时,应避免操作人员与臭氧接触,以免引起中毒或出现其他不良反应。另外,冬季长期使用时,臭氧输送管内容易积水,且因臭氧空气含有氮氧化物,日积月累积水就会形成强硝酸,放流时应格外注意,千万不要溅洒在人身上或植株上。

4.臭氧消毒与其他农业防治技术相结合

臭氧消毒技术应与地膜覆盖技术、防虫网应用、化学药剂防治等措施协调统一,才可起到更好的防治效果。

5.应选择正规厂家的臭氧发生器

尽量选择标准配置、高频驱动、高臭氧浓度输出、低电耗、低气源消耗的臭氧发生器，且按照使用说明书正确操作臭氧发生器。

第七节

黄板诱杀技术

黄板诱杀害虫是指利用害虫对一定波长、颜色的特殊光谱的趋性将黄油等专用胶剂制成黄色胶粘害虫诱捕器(简称黄板)，进行色板物理诱杀害虫。黄板主要用于粘捕蚜虫、美洲斑潜蝇、白粉虱等害虫，这些害虫除自身危害蔬菜瓜果等作物外，还通过传播病毒病等病害，给生产造成巨大损失。黄板诱杀害虫与其他防治方法相比，不含有毒物质，无污染，安全环保，具有使用方便、防效好、成本低等特点，推广应用潜力大。

插入黄板的时间应在棚室内尚未出现害虫时为好。每亩棚室均匀悬挂大型板（30 cm × 25 cm）30个左右，用塑料绳或铁丝一端固定在温室大棚顶端，另一端拴住捕虫板预留空眼，或者用竹竿或棍插入地里，将捕虫板固定在竹竿或棍上；悬挂高度与作物顶端同等水平，并随作物的生长高度而调整。

总之，近年来随着设施栽培规模的扩大和栽培技术水平的提高，涌现出一系列新型设施栽培技术，诸如亚适温栽培技术、微生物肥料施肥技术、鱼菜共生技术、农机农艺相结合技术等，这些技术均有较为广阔的推广应用价值。

复习思考题

一、名词解释

1.物联网　2.农业物联网　3.设施生态农业技术　4.水肥一体化
5.黄板诱杀

二、填空题

1. 目前设施农业物联网的关键技术主要包括（　　）、（　　）和（　　）3种；设施农业物联网的基本结构主要由（　　）、（　　）和（　　）3大部分组成；设施农业物联网的具体结构包括（　　）、（　　）、（　　）和（　　）等。

2. 农业机器人集成了（　　）、（　　）、（　　）、（　　）和（　　）等尖端科学技术。农业机器人主要由（　）、（　）、（　）和（　）等组成。收获机器人一般可分为（　）、（　）、（　）和（　）4大部分。

3.设施生态农业典型模式有（　）、（　）、（　）、（　）和（　）等；"四位一体"设施生态农业模式是指把（　）、（　）、（　）和（　）建在一起，故名"四位一体"；"五位一体"是一种建筑形式上（　）、（　）、（　）、（　）和（　）五位一体，内容上（　）、（　）、（　）、（　）和（　）五结合，它按照循环经济的（　）、（　）、（　）和（　）的基本原理达到减少投入、提高产出，维护农业环境安全为目的的设施生态农业模式。

4.水肥一体化系统一般由（　）、（　）、（　）、（　）和（　）组成；水肥一体化系统中施肥设备主要有（　）、（　）、（　）、（　）、（　）和（　）等；

5.植物授粉蜂有（　）、（　）、（　）、（　），应用最多的为（　）和（　）。目前使用的臭氧发生器主要有（　）、（　）和（　）三种。

三、简答题

1.简述物联网和农业机器人在设施农业中应用的意义。
2.简述农业物联网技术主要应用于设施农业哪些方面？
3.简述农业机器人与工业机器人相比有哪些特点？
4.谈谈目前设施农业机器人种类。
5.简述"四位一体"设施生态农业建造技术。
6.谈谈设施栽培应用水肥一体化技术应注意的事项。
7.简述温室蜂授粉的意义。
8.谈谈熊蜂和蜜蜂授粉技术及采用蜂授粉的注意事项。
9.简述臭氧消毒的意义和温室使用臭氧消毒的注意事项。

四、论述题

1.请结合当地实际情况，论述适合当地运用的设施农业新技术有哪些？为什么？
2.谈谈你所知道的现代设施农业新技术。

主要参考文献

1.赵桂慎,王京平.生态温室循环模式及关键技术[M].北京:中国农业大学出版社,2018.
2.宋志伟,翟国亮.蔬菜水肥一体化实用技术[M].北京:化学工业出版社,2018.
3.尚明华.设施蔬菜物联网云平台及系列智能装备研发与应用[M].北京:中国农业科学技术出版社,2018.
4.阎世江,张京社,柴文臣.物联网技术在设施农业中的应用[J].长江蔬菜,2016(20):41-43.
5.于捷.物联网在设施农业中的应用[J].农业工程技术(温室园艺),2014(6):20-22,24.
6.魏瑶.农业物联网、农业大数据和云平台管理技术在设施农业中的应用[J].农业工程技术,2018,38(25):28-32.
7.姬江涛,郑治华,杜蒙蒙,等.农业机器人的发展现状及趋势[J].农机化研究,2014,36(2):1-4,9.

第十章

作物设施栽培技术

学习目标:了解国内外作物设施栽培概况、果树设施栽培品种选择的原则、设施内的环境特征及其调控措施。掌握设施番茄土壤有机化栽培技术、葡萄设施栽培管理技术、蝴蝶兰设施栽培技术、水稻工厂化育秧技术,以及马铃薯水培、雾培技术。

重点难点:番茄长季节和土壤有机化栽培技术、设施蝴蝶兰花期调控技术。

随着温室工程建造技术、现代生物技术、信息技术和大数据的迅速发展,设施农业的内涵越来越丰富,科技含量越来越高。据不完全统计,截至 2018 年底,中国设施农业面积达 3.7×16^6 hm²,居世界第一,约占世界设施农业总面积的 80.43%,其中 87% 以上用于蔬菜栽培,5% 用于果树栽培,4% 用于观赏植物栽培,4% 用于育苗及科研。

第一节

蔬菜设施栽培技术

一、蔬菜设施栽培概况

(一)国内外设施蔬菜栽培研究现状

从全世界来看,设施蔬菜的种植面积占设施农业的面积最大。主要用于番茄、黄瓜、茄子、甜椒等蔬菜栽培。从栽培技术上看,荷兰、日本、以色列和美国等发达国家,设施园艺技术水平最为先进。日本协和株式会社采用深液流无土栽培模式,通过对水、肥、光、气等环境因子精确控制,实现了 1 株甜瓜产 90 个,1 株黄瓜产 3300 条,1 株番茄产

22 000个果实。以色列设施蔬菜生产过程中普遍采用喷灌、滴灌设备,通过自动监测土壤和作物水分需求,智能化调控水分的供给,实现了水资源高效利用和精确控制。荷兰温室蔬菜种植面积约4 200 hm²,主要生产番茄和黄瓜,采取无土栽培技术、计算机控制系统可使设施内的光照、温度、湿度、气体、水肥各个环境因子完美结合,结合封闭循环式无土栽培系统,使一年一茬的长季节营养液栽培的采收期长达9~10个月,最高产量可达80~100 kg·m⁻²,其中50%用于出口,每公顷年产值高达80万~100万美元。美国设施园艺面积约为2.2×10⁴ hm²,其中设施蔬菜生产面积约1.5×16⁴ hm²,番茄年产量可达75 kg·m⁻²,黄瓜年产量达100 kg·m⁻²。

"十三五"期间,我国设施蔬菜生产取得了快速发展,在温室智能化装备研发、工厂化育苗技术、设施蔬菜逆境生物学、优质与安全生产技术研究等方面取得了突破性进展,建立了可控环境下番茄、甜椒、黄瓜、甜瓜全季节绿色防控技术,提出不同蔬菜不同栽培模式的施肥方式,推广了肥水一体化等技术,利用砧木嫁接、丛枝菌根菌、木霉菌减轻设施蔬菜连作障碍,筛选出适宜于设施栽培的蔬菜品种,制定了病虫害分阶段重点防控与诱抗技术规程。每667 m²日光温室平均年产番茄2.067×10⁴ kg,甜椒1.20×10⁴ kg,黄瓜3×10⁴ kg,实现了设施蔬菜优质高产和均衡供应。但与发达国家相比,中国设施基础条件薄弱、环境调控能力差、综合配套技术不完善、专用品种缺乏、劳动生产率低、机械化程度低、温室土地利用率较低,蔬菜质量安全存在隐患等问题仍较突出,单位面积产量仅相当于发达国家的1/2~1/4,流通损耗是发达国家的4~6倍,劳动生产率按人均管理面积计算也仅相当于发达国家的1/5~1/10。因此,研究开发设施蔬菜优质、高产、高效栽培技术仍是当前的主要任务。

(二)我国设施蔬菜未来展望

① 因地制宜,科学制定发展战略,积极引导全国设施蔬菜产业向重点区域聚集,同时强化大中城市保障性蔬菜的基地建设和布局优化。大力发展农业合作社、农业龙头企业等先进生产组织,促进蔬菜成为新型农业经营主体生存发展的主业,提高我国设施蔬菜的产出能力。同时,应充分利用本地区的自然资源发展特色农业,在全国范围内实现产品的多样性。

②加快蔬菜专用、智能、精密的农用传感器研制,大力推进设施环境调控智能化、蔬菜生产机械化、肥水一体化微灌技术。积极转变设施环境调控管理方式,将现有的只偏重保温防寒注重温度管理转变为温度、光照、CO₂同时调控,将重点放在提高设施蔬菜光合效率和增加光合产量上。推进蔬菜采后商品化处理和自动化分级包装流水线、田头预冷、冷链运输、冷藏保鲜装备的研发与示范推广。

③重点培育适合设施栽培的耐低温弱光、抗病、优质的黄瓜、番茄、辣椒、茄子、西甜瓜等专用品种;强力推进标准化生产,大力推广穴盘集约化育苗。

总之,未来我国设施蔬菜生产将以"优质、高产、高效、安全、生态"为目标,全面推进设施蔬菜的产业化和规模化,加快设施蔬菜产业智能化、机械化、专业化建设,开发应用新型覆盖材料和补光装备,加强良种与技术创新,发展集约化育苗产业。同时,推广病虫害绿色防控技术,全面提升设施的抗灾生产性能,发展都市农业,提高专业化、社会化服务水平,实现设施蔬菜的可持续发展,形成适合我国国情的现代设施蔬菜生产技术体系。

二、设施栽培的主要蔬菜种类

因设施投资高,设施栽培的蔬菜主要以栽培效益较高的冬春反季节蔬菜为主。

①瓜类蔬菜。包括黄瓜、西葫芦、西瓜、厚皮甜瓜、苦瓜、早冬瓜等。

②茄果类蔬菜。包括番茄、辣椒、茄子等。

③叶菜类蔬菜。包括莴苣、芹菜、小白菜、菠菜、蕹菜、苋菜、茼蒿、芫荽、荠菜等,既可单作,也可间作套种。

④芽苗菜类。包括主要利用香椿、豌豆、萝卜、苜蓿、花生、荞麦等种子,在遮光条件下发芽培育成黄化嫩苗或在弱光条件下培育成绿色芽菜。

⑤食用菌类。大面积栽培的有双孢蘑菇、香菇、平菇、金针菇、草菇等。

此外,还有甜玉米、菜豆、食荚豌豆、早毛豆等。

三、蔬菜设施栽培的茬口类型和方式

我国地域宽广,各地气候各不相同,形成了各具特色的蔬菜设施栽培茬口类型和方式。

1.东北、蒙新北温带气候区

本区无霜期3~5个月,喜温蔬菜设施栽培的主要茬口类型见表10-1:

表10-1 东北蒙新北温带气候区茬口类型和方式

茬口	播种期 (旬/月)	定植期 (旬/月)	收获期 (旬/月)	备注
日光温室秋冬茬	下/7~上/8	上/9	上/11~上/1	—
日光温室早春茬	中/12~中/1	中/2~上/3	上/4~下/7	利用电热温床育苗,在加温或节能日光温室内定植
塑料大棚春夏秋一大茬	上/2~中/3	上/4~上/5	上/6~早霜后1月	在日光温室或加温温室内采用电热温床育苗,定植后温室夏季顶膜不揭,只去掉四周裙膜。

2.华北暖温带气候区

本区全年无霜期200~240 d,冬季晴日多,主要设施类型是日光温室和塑料拱棚(大棚和中棚),主要茬口有日光温室或现代化温室早春茬、秋冬茬、冬春茬,和塑料拱棚春提前、秋延迟栽培(表10-2)。

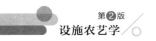

表10-2　华北暖温带气候区茬口类型

茬口	播种期 （旬/月）	定植期 （旬/月）	收获期 （旬/月）	种植的主要蔬菜
早春茬	初冬	1月~上、中/2	3月~中、下/6	黄瓜、番茄、茄子、辣椒、冬瓜、西葫芦及各种速生叶菜
秋冬茬	夏末秋初	中秋	秋末~1月	番茄、黄瓜、辣椒、芹菜等
冬春茬 （长季节栽培）	夏末到中秋	初冬	冬季~第二年夏季	黄瓜、番茄、茄子、辣椒、西葫芦
春提前	中、下/12~中、下/1	中/3	中、下/4始收	黄瓜、番茄、豆类、西瓜、甜瓜
秋延迟	上、中/7~上/8	下/7~下/8	上、中/9~1月	喜温果菜和部分叶菜

3.长江流域亚热带气候区

本区无霜期240~340 d,年降雨量1 000~1 500 mm,且主要集中在夏季。冬季设施栽培以大棚为主,夏季则以遮阳网、防虫网覆盖为主。喜温性果菜设施栽培茬口主要有:

（1）大棚春提前栽培

一般初冬播种育苗,翌年早春(2月中下旬至3月上旬)定植,4月中下旬始收,6月下旬至7月上旬拉秧。栽培的蔬菜主要有黄瓜、甜瓜、西瓜、番茄、辣椒等。

（2）大棚秋延迟栽培

一般在炎热多雨的7~8月采用遮阳网加防雨棚育苗,采收期延迟到12月至翌年1月。后期通过多层覆盖保温措施可使番茄、辣椒等的采收期延迟至元旦前后。

（3）大棚多重覆盖越冬栽培

一般在9月下旬至10月上旬播种育苗,12月上旬定植,翌年2月下旬至3月上旬开始采收,持续到4~5月结束。此茬口仅适于茄果类蔬菜,也叫茄果类蔬菜的特早熟栽培。

（4）遮阳网、防雨棚越夏栽培

此茬口多为喜凉叶菜的越夏栽培茬口。大棚果菜类早熟栽培拉秧后,将大棚裙膜去除以利通风,保留顶膜,上盖黑色遮阳网(遮光率60%以上),进行喜凉叶菜的防雨降温栽培,是南方夏季主要设施栽培类型。

4.华南热带气候区

本区1月月均温在12 ℃以上,全年无霜,生长季节长,同一蔬菜可在一年内栽培多次。喜温的茄果类、豆类和耐热的西瓜、甜瓜,均可在冬季栽培,但夏季高温,多台风暴雨,是蔬菜生产与供应上的淡季。遮阳网、防雨棚和防虫网栽培是这一地区设施栽培的主要类型。

此外,在上述四个蔬菜栽培区域均可利用大型连栋温室所具有的优良环境控制能力,进行果菜一年一大茬生产。一般均于7月下旬至8月上旬播种育苗,8月下旬至9月上旬定植,10月上旬至12月中旬始收,翌年6月底拉秧。对于多数地区而言,此茬茄果类蔬菜采收期正值元旦、春节及早春淡季,蔬菜价格好、效益高,但也要充分考虑不同区域冬季加温和夏季降温的能耗成本,在温室选型、温室结构及作物栽培类型上均应慎重选择,以求得低投入、高产出。

四、番茄设施栽培

（一）番茄的生物学特性

1.番茄的植物学特性

番茄原产南美热带高原原始森林中,为多年生草本植物。番茄根系较强大,分布广而深,盛果期主根深入土壤达1.5 m以上,大多根群在30~50 cm的耕作层中。根的再生能力强,茎节上易生不定根。

图10-1 番茄各部分形态图

番茄茎为半直立性葡匐茎。幼苗时可直立,中后期蔓生需搭架,少数品种为直立茎。茎分枝力强,所以需整枝打杈。根据茎的生长情况分为自封顶类型和无限生长类型。叶分子叶、真叶两种,真叶表面有茸毛,裂痕大,是耐旱性叶。早熟品种叶小,晚熟品种叶大,低温下叶发紫,高温下小叶内卷,叶和茎上均有毛和分泌腺,能分泌特殊气味的汁液。果实形状多种多样,有圆球形、扁圆形、梨形、长圆形等。果实颜色有红色、粉红色、橙红色、黄色、绿色、白色等。种子肾形,千粒重3~3.3 g,寿命4~5年,生产上多用1~2年的新种子(图10-1)。

2.番茄的生长发育周期

（1）发芽期

从种子萌动到第一片真叶显露为番茄的发芽期,该期一般需7~9 d即可完成。

（2）幼苗期

从真叶始出(俗称"吐心")到第一花序结蕾为幼苗期。此期主要为营养生长阶段,但当幼苗分化出5片(自封顶型)到8片(非自封顶型)真叶,其中有2~3片叶充分展开时,生长点就开始花芽原茎的分化。从此以后,形成茎叶的营养生长和形成花芽的生殖生长就周期性地进行。

（3）开花坐果期

从第一花序开花到第一花序果实膨大前期(果实长到核桃般大小)为开花坐果期。该期以营养生长为主,但也是从营养生长为主向生殖生长与营养生长同步发展的转折期。开花坐果期如营养生长过盛,茎、叶徒长,会导致开花推迟,花序萎缩、落花,不坐果或幼果不膨大等;但如果营养生长过弱,则又会引起花序过小,花朵不能正常开放,落花落果。

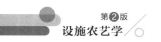

（4）结果期

自第一穗果实膨大到整个番茄植株死亡为结果期。此期秧果同长,营养生长和生殖生长均旺盛进行,但以生殖生长为主。在同一植株上除茎叶的生长外,同时也在进行着开花、坐果、果实的膨大发育、果实的成熟。因此须调控好结果的数目以促进果实的膨大发育。

3.番茄生长发育对环境条件的要求

番茄为喜温果菜,种子发芽的适温为28~30 ℃,当温度低于12 ℃或超过40 ℃时发芽困难;幼苗期白天适温为20~25 ℃,夜间为13~15 ℃,温度过高或过低时,容易造成秧苗长势弱,花芽分化及发育不良,开花结果期易产生畸形花、畸形果和落花落果现象;开花期对温度反应比较敏感,白天适温为20~30 ℃,夜间为15~20 ℃,15 ℃以下低温或35 ℃以上高温,都不利于花器正常发育及开花结果。结果期光合作用最适温度为22~26 ℃,30 ℃以上光合作用明显下降,35 ℃生长停滞,引起落花落果。

番茄为喜光作物,对光照条件反应敏感,光饱和点为70 klx,补偿点为1.5~2 klx。光照充足,光合作用旺盛;光照弱,茎叶细长,叶片变薄,叶色浅,花质变劣,容易造成落花落果。在设施栽培中,一般应保证30 klx以上的光照强度,才能维持其正常的生长和发育。番茄对日照长短要求不严格,但在较长的日照条件下,开花结果良好。

番茄要求较低的空气湿度和较高的土壤湿度,空气相对湿度为50%~65%、土壤相对湿度为65%~85%较为适宜。生长发育阶段不同对土壤湿度的要求有很大的差异,幼苗期要求65%左右,结果初期要求80%,结果盛期要求90%。

番茄对土壤要求不严格,但以土层深厚肥沃、疏松透气、排灌方便的土壤最适宜。为满足植株生长和果实发育过程中对营养元素的需求,土壤中应大量增施有机肥。此外,还需补施微肥,缺少微量元素会引起各种生理病害。

（二）番茄设施栽培技术

1.塑料大棚春早熟栽培关键技术

（1）品种选择

塑料大棚番茄春早熟栽培的品种应具备早熟、丰产和品质优良,及耐低温弱光、对叶霉病和灰霉病等病害抗性强等特点,以有限生长或无限生长的早熟或中早熟品种为佳。常用品种有荷兰百利、东圣华宝、中杂201、中杂108、唐粉108、中杂9号、仙客360等。

（2）培育适龄壮苗

大棚春番茄的播种时间一般在12月底或1月初。育苗时期处于冬季,因此可用加温温室或日光温室内电热温床加小棚、加草苫育苗,长江以南可以采用大棚内温床或冷床方式育苗。可采用营养钵育苗或播种床育苗。

若采用播种床育苗,则可在温室内平整苗床后,铺设3 cm营养土,浇透水,并搭建小拱棚。待水渗下后播种,每平方米播种10~15 g,然后覆盖1 cm厚营养土,为防治苗期猝倒病及立枯病,可用50%多菌灵粉剂或福美霜粉剂掺于盖土中,每平方米覆土用药8~10 g,亦可用500倍药液喷施于土表。播种后扣上小拱棚,保持白天25~28 ℃,夜间15~20 ℃,促进出苗整齐。80%种子出苗后,小拱棚开始放风,适当降温、降湿、增加光照,促进根系发育,以防徒长。待幼苗2~3片真叶时可将幼苗分苗到营养钵中,在播种水充足情况下,分苗前不需要浇水。

分苗后为促进根系发育,加快缓苗,要适当提高温度,以昼温25~28 ℃,夜温15~17 ℃为宜,缓苗后白天控制在23~25 ℃,夜间15 ℃左右,地温保持20 ℃左右,秧苗较大时为防徒长,可将育苗钵间距移大,增加光照面积。定植前番茄苗龄一般60~70 d,此时番茄株高20~25 cm,7~9片真叶,茎粗0.6~0.7 cm,茎上下一致,节间较短。定植前7 d可进行低温炼苗。

（3）适期早定植

为提高大棚内地温,应在覆膜前亩施优质腐熟有机农家肥5 000~8 000 kg、磷酸二铵50 kg及过磷酸钙100 kg,深翻细耙后做成宽1 m的高畦,覆膜后定植。中熟品种按株距33 cm、行距50 cm,亩栽4000株定植;自封顶及早熟品种按株距25 cm,行距50 cm,亩栽5000株定植。定植时间各地应根据棚内气温和地温来确定,一般棚外最低温稳定在4 ℃以上,棚内地表10 cm地温稳定在10 ℃以上时为适宜定植期,定植时间以晴天上午为宜。

（4）定植后管理

①温湿度管理

番茄早春定植后处于低温季节,应注意防寒保温,促进缓苗。一般定植后3~4 d不通风换气,有条件时还可用草苫围在大棚周围晚间保温。为提高地温,缓苗期白天最高温度可控制在30 ℃左右,以利发根。缓苗后随外界气温升高,逐渐加大通风口,延长通风时间,控制温度白天20~25 ℃,夜间12~15 ℃,地温15~20 ℃,空气湿度45%~65%为宜。开始通风时通过大棚上部放风,之后则随外界气温上升加大放风以降低棚温,外界最低温15 ℃以上时,可昼夜通风,外界最低温22 ℃以上时,可逐渐拆去棚膜换上防虫网以防害虫侵入,高温夏季中午还可覆盖遮阳网降温。

番茄果实膨大期以四段变温管理最利于光合作用和同化物运输、累积。即上午控制在25~28 ℃促进光合,中午加强通风,维持在20~25 ℃之间,前半夜15~20 ℃以利于光合产物运输,后半夜至清晨日出前,保持气温12~15 ℃以减少呼吸消耗,促进干物质积累,利于果实膨大。

②肥水管理

番茄属深根系植物,为促进定植后的发根,除浇灌定植水和缓苗水外,一般不再灌水。灌溉最好采用滴灌以控制水量和降低空气湿度,防止地温过度下降,亦可用膜下沟灌进行灌水。为促缓苗,每亩可灌缓苗水3~5 m³,随水冲施5 kg尿素;待番茄第一穗果坐住,果实膨大至核桃大小时,每亩可追施三元复合肥15 kg、消毒干鸡粪45 kg,然后可进行第二次浇水,每亩灌水10~15 m³。追肥可以采用畦上撒施。以后每周灌水1次,每次5~7 m³,每月追肥2次,分别施用硫酸钾8 kg和尿素5 kg,直至采收结束前1个月停止。番茄采收期,还可结合叶面喷施0.2% KH_2PO_4 或 $CaCl_2$ 进行根外追肥,以利于果实着色和防止脐腐病的发生。

③植株调整

番茄整枝是对番茄生长出的枝杈、生长点进行有选择的保留、摘心或去除,常用整枝方法有四种（图10-2）。一是单干整枝,这是设施栽培番茄最常采用的整枝法,保留主枝,其他枝杈一律打掉。此法的优点是技术简单,能够保持番茄的整齐和长势,适于短期密植栽培或长季节栽培,可使用吊绳或插架支撑。二是一干半整枝,也称改良单干整枝。是指在第1穗果下面留1个侧枝,在侧枝上留1穗果,果前留2片叶,然后掐尖摘心,主枝沿用单干整枝的方法。三是双干整枝,选留第一花序下的第一侧枝作为第二主干结果枝,由于这个侧枝生长发育快,很快就可与原来的主干平行生长,故称双干。双干整枝适用于生长势强、种子价格昂贵的中晚熟品种。双干整枝法的优点是可增加结果数和产量,节省种子及育苗费用,缺点是熟期推迟,早期产量和总产量偏低,故生产上应用较少。四是换头整枝。当番茄第1或第2穗花开花后,保留花下主侧枝,对主枝留两穗花后将生长点掐掉,将主侧枝当作主枝导引,在其上第3穗花开花后,保留第3穗花下枝,主枝留两穗果后生长点掐掉,其余侧枝一律除掉,花下枝作为主枝,以后管理以此类推。此法可有效降低番茄植株高度,适于稀植和长季节栽培,但田间管理技术要求高,应用较少。

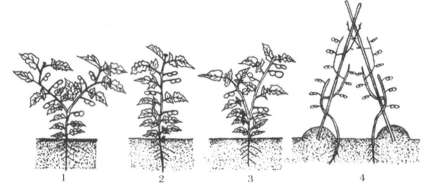

图10-2　番茄整枝方法

1.双干整枝;2.单干整枝;3.一干半整枝;4.换头整枝

番茄是连续开花连续坐果的植物,为保证高产优质,须对其疏花疏果,一般需要疏掉过大及过小花果。番茄侧枝萌发力强,往往几个侧枝同时生长,为促进根系生长和发棵,最初打杈可推迟至杈长3~5 cm进行,以后的小杈则应在1~2 cm长时及时抹去。

春大棚中后期高温、高湿和弱光的小气候特点常易引起茎叶繁旺,侧枝大量发生的病秧现象,造成果小、结果不良、成熟晚和品质差。所以要及时吊秧或插架、绑蔓和整枝打杈,以协调生长控制徒长。

春大棚多采用早熟密植栽培,因此一般采取单干整枝,留3~4穗果后摘心。在结果中后期,植株底部的叶子因叶龄较大加之上部遮光可能变黄老化,下部通风不良还可能发生病害,为此可在番茄果实将熟时,将果穗下部老、黄、病叶摘除,以利透风透光并预防病害发生。

④花、果管理

设施番茄因无昆虫授粉,导致落花落果;由于授粉不良而产生畸形果。因此,除采用熊蜂授粉和电动授粉器授粉外,还可采用防落素(对氯苯氧乙酸)或2,4-D点花、蘸花或喷花。使用2,4-D坐果率较高,但它对番茄的嫩芽及嫩叶有药害,只能用于浸花或点花。2,4-D在番茄上的使用浓度范围为10~20 mg/L,严冬用18~20 mg/L,早春用14~16 mg/L,以后随着温度升高降为10~12 mg/L,浓度过低保花效果不明显,浓度过高易导致僵果和畸形果。

（5）采收与催熟

大棚春番茄的采收期随气候、光照和品种的不同而不同，从开花到转色期，早熟种需40~50 d，中晚熟种需50~60 d。番茄果实的适宜转色温度为20~25 ℃，温度过高或过低均转色缓慢。

2.日光温室冬春茬番茄栽培关键技术

番茄冬春茬栽培可使番茄在春节前后上市，具有良好的经济效益。

（1）品种选择

番茄冬春茬栽培可选用耐低温弱光、抗逆性强的有限生长或无限生长的早熟或中早熟品种。常用品种有荷兰八号、金冠8号、绿亨108、世纪粉冠、红粉丽人、辽粉805等抗性较强的大果番茄品种。

（2）培育壮苗

冬春茬番茄在10月初播种，可采用穴盘、营养钵育苗或播种床育苗。穴盘、营养钵育苗除采用无土基质育苗外，还可用营养土育苗，营养土的配方为2/3的肥沃田土和1/3的腐熟马粪，每方营养土另加入消毒干鸡粪10 kg及磷酸二铵和K_2SO_4各1 kg，混匀后可用于穴盘及营养钵育苗。冬春茬番茄定植前苗龄一般60 d左右，此时番茄株高20~25 cm，7~9片真叶，茎上下一致，茎粗0.6~0.7 cm。

（3）定植

定植前应进行整地施肥，一般亩施优质腐熟有机农家肥5~8 m³，可沟施于定植栽培畦下，然后施入三元复合肥80 kg及消毒干鸡粪300 kg，深翻细耙后，做成宽行80 cm，窄行50 cm的垄。每垄定植一行，定植株距0.33~0.45 m，定植时间以11月下旬至12月初为宜。定植前畦面覆盖地膜以保温保湿，定植时把地膜割十字口，向四面揭开，开穴栽苗，浇足定植水，水渗下后封埯，再把地膜封严，苗埯上表面略低于畦面或相同均可。

（4）定植后管理

定植后应注意增光保温，促进缓苗。缓苗期温度管理同塑料大棚春早熟栽培。冬春茬番茄为提高产量，延长采收期，一般采取单干整枝，所有侧枝均应及时打去。无限生长品种留8穗果摘心。

缓苗后为促进秧苗植株生长，可轻浇一次水，最好采用滴灌以控制水量和降低空气湿度，防止地温过度下降，亦可用膜下沟灌进行灌水。一般灌水时每667 m²随水冲施5 kg尿素；待番茄第1穗果坐住后，可进行第2次浇水，浇水前每667 m²可追施三元复合肥15 kg，以后每月追肥两次，分别施用硫酸钾8 kg和尿素5 kg，直至采收结束前1个月停止。采收中后期，还可叶面喷施0.2% KH_2PO_4或$CaCl_2$，以利于果实着色和防止脐腐病的发生。

番茄第1穗果可在1月底开始采收，可连续采收到4月底。

3.日光温室番茄越冬长季节栽培

我国目前传统的一年两茬制（春提前与秋延后）产量较低，而且费工费种，也使市场供应集中而价格波动，不利于增产增收。温室番茄越冬长季节规范化栽培技术使番茄采收期延长到8个月，可采收18穗果以上，具体栽培技术要点及相关配套技术如下。

（1）品种选择

日光温室越冬长季节栽培应选择生长势强、抗性强、高抗病毒病的大果中晚熟番茄品种。国内粉果番茄以金棚 11 号、粉琪(TY288)、冀番 135 和合作 908 为综合性状好的高产品种。国外红果品种以迪芬尼、卡依罗(CAIRO)、保罗塔和荷兰卡鲁索表现较好。其他品种如中杂 108、TY298、金棚 1 号、中杂 201、瑰丽 100、仙客 8 号等亦可用于越冬长季节栽培。

（2）培育壮苗

越冬长季节栽培的播期以 6 月下旬到 7 月初比较适宜。育苗可在塑料大棚或中棚内进行，上面覆盖防虫网，顶部覆盖塑料薄膜以防雨水，底边四周通风。育苗基质由草炭与蛭石按 2:1 配制后，另添加 1% 的干鸡粪和 0.1% 复合肥混匀即可，基质装盘后浇透水，然后点出 0.5 cm 深的小穴，将催芽的种子播于穴内，再覆盖基质。幼苗期一般不追肥，也不浇水。因高温或空气干燥可于晴天上午适量喷水。从两片真叶至定植前应保持表土见干见湿为宜，过干时可喷水，缺肥时可根外追肥。苗龄 20 天即可定植。

（3）整地施肥

采用测土配方施肥技术。整地前，先对土壤肥力水平进行测定，然后根据目标产量估算施肥量。先挖沟分层施入有机肥，每亩沟施腐熟有机肥 10 m³ 及过磷酸钙 120 kg，最后铺施干鸡粪 500 kg 及 K₂SO₄ 75 kg、磷酸二铵 40 kg，用旋耕机混匀后作成宽 1.3 m、高 10 cm、长 6~7 m 的畦，铺滴灌带后覆银灰–黑色地膜。

（4）适时定植

一般应在苗龄 25~30 d 即 7 月下旬定植，亩定植 2 500~3 000 株，即平均行距 0.70 m，株距 0.32~0.35 m。

（5）定植后管理

①开花坐果期管理

番茄定植时灌足定植水，5 d 后每亩灌缓苗水 3 m³，以后维持土壤相对含水量在 65% 左右，直到第一穗果膨大到直径 3 cm，第二穗果开始膨大时再追肥灌水。

番茄开花坐果期还可每隔 20 d 用 0.3% 磷酸二氢钾或叶面微肥喷施 1 次。此外，可采用燃烧法、CO_2 钢瓶法、化学反应生成法或有机物质降解（图 10-3）等方法增施二氧化碳，晴天日出 1 h 后增施 700~1 000 μmol·mol⁻¹ 二氧化碳可使番茄生长旺盛，叶片浓绿，开花坐果率提高，平均单果重增加。

图 10-3 利用有机秸秆增施二氧化碳

②结果期管理

结果期要保持田间持水量在80%~90%,注意小水勤浇,保证土壤水分均衡供应,防止忽干忽湿引起裂果。

结果期需增施钾肥、微肥和CO_2气肥。当番茄第一穗果长至核桃大,每亩可膜下追施三元复合肥15 kg,第三穗开花时第二次追肥,每亩可随灌水追施硫酸钾及尿素各8 kg,以后根据植株生长情况追肥。一般秋冬季每30 d(约每3穗果)追肥1次,4月份后每15 d追肥1次,共追肥10次,折合每亩共追施复合肥120 kg、K_2SO_4 100 kg、磷酸二铵100 kg。秋冬季追肥通过膜下挖穴埋入土中完成,春季随气温、地温升高与灌水量增多,利用施肥罐随水追施尿素、硫酸钾。每次灌水20 m³/667m²。此外,在坐果后每两周叶面喷施0.3%KH_2PO_4或尿素、硝酸钙及微量元素等叶面肥。每周晴天上午利用稀硫酸与碳酸氢铵反应增施1次CO_2气肥,以补充CO_2的不足。

番茄长季节栽培的特点是一年一大茬,生长期长且连续采收,采用单干整枝方式植株茎蔓较长,连续采收9个月的番茄植株可生长至8~10 m长。因此,对植株的调整除了打杈、摘叶、疏花疏果外还要及时落秧以保证植株上部有生长空间。畦向循环落秧法比较适合长距离大面积的单干整枝放秧(图10-4)。番茄长季节栽培采用吊绳吊秧的,吊绳可以固定在畦上端的铁丝上,另一端绑在番茄植株基部。当番茄需要落蔓时,将底部绳子松开,将植株沿畦向落下,然后将番茄植株绑在左侧另一根绳上,依此逐一放下所有植株。节能日光温室一般每个月采收2~3穗果放秧1次,每次放秧0.5~1.0 m,放秧前先采收底部成熟果穗,同时打掉底部老叶,然后对上部植株进行整枝、打杈后重新拴在绳上即可。也可采用铁丝做成双钩将吊绳绕于其上,钩在顶端铁丝上,当番茄生长至顶端铁丝时,将上部吊绳逐步下放,基部的秧放于地上铁丝支架上,待底部果实成熟采摘后再放于地下,以防烂果。

图10-4 番茄长季节栽培落秧技术

a.定植后番茄生长结果情况;b.S钩吊秧技术;c.落秧情况

4.日光温室番茄有机化土壤栽培技术

土壤有机化栽培技术是以农业有机废弃物及牛粪、猪粪、鸡粪等腐熟有机肥和洁净土壤为主要成分,以绿肥、骨粉、草木灰等为辅助成分,按一定比例配制的栽培基质,置于与土壤隔开的栽培槽中,进行植物生产的技术。其基本原理是通过将作物秸秆、树叶及畜禽粪便等经生物菌肥、秸秆汽化及沼气化等方式进行无害化处理后,根据蔬菜根系的需求和营养特点,添加生物菌肥、保水保肥剂等产品,研发出适合蔬菜生长的精确量化栽培系统。

（1）有机化土壤栽培体系的构建与配制

图10-5　番茄有机土壤栽培

土壤有机化栽培系统的构建步骤如图10-5所示。

①原料处理。首先将玉米秸、麦秸、稻草秸等秸秆粉碎腐熟，具体方法是：在夏季先把各种秸秆等用粉碎机粉碎，然后撒一层碎秸秆，再撒一层秸秆生物腐熟剂使基质堆垛。堆垛后，浇透水再盖上塑料布保温保湿，腐熟7~10 d以后，上下翻倒一次，经过15~20 d，秸秆成深褐色即可。农家肥需要单独腐熟和处理，其方法很简单，即把畜禽粪便或人粪尿等与适量洁净土按1:3混合堆肥，堆放后定期翻动腐熟，晾干备用。

②栽培槽。生产上可用地下挖沟然后铺上废旧棚膜或采用砖槽里面铺上防渗漏的旧塑料棚膜或地膜。

③有机土壤基质配制。栽培基质土由三种主要原料配成：其中腐熟秸秆体积占50%左右，腐熟有机肥体积占25%左右，其余为粒度居中的有机废弃物及少量的添加剂如保水剂、生物菌肥等，将它们按比例混合均匀即可装入栽培槽。

④膜下灌溉系统安装及基质定植前消毒处理。采用滴灌系统，可选用国产低成本的回水管式薄壁滴灌系统，具有防堵性好、使用成本低等优点，平均每亩仅需投资300元。

（2）番茄有机化土壤栽培技术特点

有机化土壤栽培基质中的有机物质会因种植年限增加而降解损耗，其成分也随之发生变化，通过适当补充秸秆等有机物后，可迅速恢复良好的栽培性能。有机化土壤栽培的番茄可溶性固形物含量比普通土壤栽培提高20%以上，维生素C和还原糖的含量均显著提高，硝酸盐含量降低50%以上。

第二节

果树设施栽培技术

一、果树设施栽培概况

20世纪70年代以后,随着果树栽培集约化的发展,小冠整形和矮密栽培的推广,促进了果树设施栽培的迅猛发展。与此相适应,世界各国陆续开展了果树设施栽培理论和技术的研究,经过50多年的发展,目前果树设施栽培的理论与技术已成为果树栽培学的一个重要分支,并已形成促成、延后、避雨等栽培技术体系及相应模式。

果树设施栽培可以根据果树生长发育的需要,调节光照、温度、湿度和二氧化碳等环境条件,人为调控果树成熟期,提早或延迟采收期,可使一些果树四季结果,周年供应,显著提高果树栽培的经济效益。同时果树设施栽培提高了抵御自然灾害的能力,防止果树花期的晚霜危害和幼果发育期间的低温冻害,还可以减少病虫鸟等的危害。

(一)国内外果树设施栽培概况

20世纪70年代以来,日本、韩国、意大利、荷兰、加拿大、比利时、罗马尼亚、美国、澳大利亚和新西兰等国果树设施栽培发展较多。目前全世界果树设施栽培面积仅为果树栽培总面积的3%~5%,主要的设施类型有单栋塑料温室、连栋塑料温室、平棚、倾斜棚、栽培网架和防鸟网等多种形式,设施管理大都采用自动或半自动的方式进行,栽培技术已达较高水准。

我国果树设施栽培始于20世纪80年代,起初主要以草莓的促成栽培为主。进入90年代以后,设施栽培的种类逐渐增多,种植规模也逐渐扩大。据统计,截至2018年,我国果树设施栽培达12.7万公顷,年产量420万吨。栽培模式主要有促成早熟栽培、避雨保护栽培、延迟晚熟栽培和简易保护栽培四种。栽培的种类以草莓为最多,约占总面积的60%;其次是葡萄,约占20%;桃和油桃约占15%;其他约占5%。设施栽培的单位面积经济效益一般比露地栽培提高2~10倍。

(二)我国果树设施栽培存在的问题

1.熟期调控无实质性突破

不同的果树有不同的休眠特性,受技术等因素的限制,我国在植物休眠领域研究还不深入,不能掌握植物的休眠活动机制,无法给设施果树栽培生产提供科学合理的依据。另外,由于缺乏超低需冷量的专用品种,限制了对熟期调控技术的应用,阻碍了设施栽培技术的充分发挥。

2.树种、品种结构不合理

适宜设施栽培的专用品种较少,适应性和抗病性较差。草莓生产比重过大,导致草莓生产总量过大,效益下降,樱桃、李、杏等果品生产总量过小,不能满足市场需求。因此,选育需冷量低、早熟、自花结实能力强、花粉量大及矮化紧凑型设施专用品种十分紧迫。

3. 设施环境调控技术落后,工程化技术体系薄弱

我国栽培果树的设施多由蔬菜大棚和塑料薄膜日光温室改造而成,结构简陋,环境调控功能差,缺乏适合果树生长的特定的棚型结构。此外,大棚结构对自然灾害的防御能力较差,果树设施栽培生产中环境调控技术还相对落后,缺乏智能化设备。因此,开发适合国情、先进实用的果树设施类型已势在必行。

4. 生产技术和管理水平有待完善

除草莓外,大多树种缺少成熟、完整的综合管理技术体系。许多地方果树设施栽培成功与失败并存,个别地方失败率较高。主要是因为生产者对果树设施栽培的需冷量、花粉育性、适宜授粉组合、自花结实力、果实发育等特性缺乏全面系统了解,管理措施带有较大的盲目性。

5.果品商品化处理和产业化经营滞后

现阶段我国设施栽培果品生产总量较少,缺少生产技术和产品质量标准化,大部分产品无品牌,不能实现产、供、销一条龙的经营模式。

二、葡萄促成栽培

葡萄是世界果品生产中栽培面积最大、产量最高的水果之一。葡萄设施栽培远在300年前的西欧就开始进行,到了19世纪末20世纪初,比利时、荷兰等国家盛行利用玻璃温室栽培葡萄。

我国葡萄的设施栽培起步较晚,辽宁省果树研究所1979年利用地热加温的玻璃温室、不加温塑料薄膜温室和塑料大棚等保护设施,使巨峰葡萄提早25~60 d成熟上市。20世纪90年代以后,我国江浙地区欧亚葡萄的避雨设施栽培蓬勃兴起,扩大了葡萄设施栽培的区域,丰富了设施生产的技术模式。

葡萄通过设施栽培,不仅能使其浆果提早或延迟成熟上市,而且还能获得优质、高产、稳产的栽培效果。在设施条件下,浆果成熟采收后树体的营养累积生长期较长,营养的累积也较多。因而,下一年萌芽及萌芽后新梢初期生育阶段的营养供应较充足,花器分化较充分,坐果率较高。同时,设施栽培还能显著降低病虫害的发生率,使果实新鲜、优质、无污染。

(一)葡萄促成栽培的类型

促成栽培是以果实提早上市为目的的一种栽培方式。根据催芽开始时期的早晚,又可分为早促成栽培型、标准促成栽培型和一般促成栽培型。

1.早促成栽培型

早促成栽培型是指在葡萄还没有解除休眠或休眠趋于结束的早些时候即开始升温催芽。主要以高效节能日光温室、加温日光温室等为保护设施,白天靠太阳辐射热能给温室加温,夜间加盖草帘、棉被等覆盖物保温。在利用这种保护设施进行葡萄保护地栽培时,元旦前后升温催芽,2月上中旬萌芽,3月中下旬开花,中、早熟品种果实可在5月下旬到6月中旬成熟上市,比露地栽培提早60~90 d。

2. 标准促成栽培型

标准促成栽培型是指在葡萄休眠结束后才开始升温催芽,主要以节能日光温室为保护设施,在葡萄休眠完全解除后的2月上中旬升温催芽,只靠太阳辐射热能给温室加温,夜间保温覆盖最少用两层草帘,或一层草帘加一层牛皮纸被。葡萄可于3月下旬到4月初萌芽,4月中下旬进入花期,中、早熟品种果实可在7月中下旬成熟上市,比露地提早45 d左右。这种栽培型果实成熟时期正值外界高温季节,昼夜温差小,不利于果实积累糖分,着色不好,巨峰品种表现得尤其明显。

3. 一般促成栽培型

一般促成栽培型是指葡萄休眠结束后的晚些时候进行升温催芽,主要以塑料大棚为保护设施,由于这种保护设施在夜间无保温覆盖,棚内早春气温回升较慢,人工升温催芽的开始期应选择在3月上中旬,于3月底到4月上旬进入萌芽期,5月上旬前后开花,中、早熟品种的果实可在8月上中旬成熟上市。如棚内增设小拱棚、地膜覆盖、保温幕等保温设施,开始升温的时期还可提早15 d左右,果实可提早成熟。

(二)品种选择

设施内种植葡萄,宜选择早熟性状好、有较好的成花能力、坐果率高、品质优良、耐弱光、耐潮湿、低温需求量低(一般800~1400 h)、生理休眠期短的品种。适于促成栽培的主要品种如表10-3。

表10-3 葡萄促成栽培的主要适用品种

种类	品种	单粒重/g	穗重/g	果粒颜色	品质	果实发育期/d	需冷量
欧亚种	京早晶	3.0	420	黄绿色	上	60	—
	凤凰51号	8.0	450~500	紫玫瑰红	上	62	—
	乍娜	10.0	500	粉红色	上	65	1300
	郑州早红	5.0	390	紫红	上	65	—
	京玉	6.5	680	绿黄色	上	70	850★
	早红无核	3.0	300	粉红色	上	90	1600★
	京秀	6.3	500	玫瑰红	上	110	1100
	里扎马特	10.0	850	红色	上	110	1700
	森田尼无核	4.2	510	黄白色	上	110	1300★

（续表）

种类	品种	单粒重/g	穗重/g	果粒颜色	品质	果实发育期/d	需冷量
欧美杂交种	京亚	9.0	400	紫黑色	中上	103	1100
	京优	10.0	510	紫红色	中上	118	1100
	金星无核	4.1	350	紫黑色	中上	115	—
	藤稔	12.0	450	紫黑色	中上	120	1800
欧美杂交种	巨峰	10.0	400	紫黑色	中上	130	1600
	先锋	12.0	400	紫黑色	中上	135	1400

注：*需冷量数据单位为小时(h)，其余数据单位为冷温单位(c.u)。

（三）栽植、架式与整形修剪

1. 栽植与扣膜

葡萄设施栽培的栽植制度有一年一栽制和两年以上的多年一栽制。一年一栽制的行向以南北为宜，可采用株行距为 0.5 m × 1.5 m 的单行栽植，或大行 2~2.5 m、小行 0.5~0.6 m、株距 0.4~0.5 m 的大小行定植。多年一栽制的多采用东西行向，行距 6 m，株距 0.6~0.8 m，可在室内栽培床南北两侧各栽一行。

设施栽培葡萄采用的苗木要按标准严格挑选，一般茎部保留 2~3 个饱满芽，根系保留 20 cm 左右，不足 20 cm 的也要剪个新茬，修剪完根系后，在清水中浸泡 12~24 h。一年一栽制的，我国北方 5 月下旬定植，多年一栽制的则在 4 月中旬至 5 月上旬定植。

设施扣膜应在地温升至 12~13 ℃时，北方约在 2 月下旬至 3 月上旬进行。扣膜前为促进萌芽整齐一致，常用石灰氮浸出液（200 g 溶于 1 L 水中，充分搅拌，静置 2 h，取其上清液）加适量黏着剂，于 12 月处理结果母枝或扣棚树上喷布，或扣棚升温后每隔 1 周喷 50 mg·kg⁻¹ 赤霉素 + 0.2% 尿素。

2. 架式选择

设施内的环境特点易造成植株徒长，加上受设施高度的限制，促进旺长的篱架栽培是不适宜的，而应采用棚架，以便控制树势。但在一年一栽制中，必须加大栽植密度，宜采用篱架栽培，在两年以上的多年更新栽培制中，采用棚架栽培。

（1）棚架。日光温室栽培葡萄常采用这种架式。棚架的设立要与日光温室采光屋面平行，间距 60 cm 左右。首先在温室东西两边安装两根铁管，然后在铁管上每隔 50 cm 的横向拉一道 8~10 号铁丝，两端固定在铁管上，最南端的一道铁丝距温室前缘至少要留出 1 m 的距离。每道铁丝都要用紧线器拉紧。这样就构成了一个与温室的采光屋面相平行、间距为 60 cm 的倾斜式棚架。

（2）双壁篱架。塑料大棚栽培葡萄时常采用这种架式。设立双壁篱架是在塑料大棚内，先沿着栽植方向，每隔 5~8 m 向两侧扩展 40 cm 定点立支柱，支柱地上高为 1.8 m，地下埋入 0.4~0.5 m，两端的支柱因其承受的拉力最大，必须在其内侧设立顶柱或在其外侧埋设基石牵引拉线，以加强边柱的牢固性。支柱立好后再沿着行向往支柱上牵拉 4 道铁丝，第一道铁丝距南面至少 0.6 m，其余等距，葡萄园稀植，即构成了间距为 0.8 m 的双壁篱架。

（3）H形栽培技术。这种栽培技术适用于亩栽 12 株、每株占地面积 50 m² 左右的稀植葡萄园，葡萄树主干高 1.8 m，4 主蔓成 H 形，主蔓间距 2.0~2.5 m，主蔓长 5~7 m，结果母枝间距 20~25 cm，结果母枝留 1 个或 2 个芽，每亩留结果枝 960~1 680 个。这种树形一般 2 年能成形，长势好、肥水足的植株当年就能成形。一般 5~6 米宽的大棚在棚中间定植 1 行葡萄苗。定植株距根据品种特性灵活掌握，最终生长势旺的品种株距为 10~14 m，生长势弱的品种株距为 8 m。H 形栽培通风透光性好、病虫害少、葡萄品质高。

3. 整形与更新修剪

在设施内的高密栽培条件下，为使葡萄迅速丰产，每株只保留一个主蔓。栽植当年培养一个健壮的新梢，及时绑梢使其迅速生长，尽快达到要求的高度。落叶后冬剪，一般剪留成熟部分的 2/3~3/4，副梢一律从基部剪掉。下一年果实采收后，可对树体进行更新修剪。更新方法有以下两种：一是在地上 50~80 cm 处选一新梢做预备枝，当果实采收后从该处回缩，将预备枝培养成下一年的结果母枝；二是在主蔓上每隔 50 cm 左右选留一个预备枝，将其留 3~4 个叶片反复摘心，果实采收后把其他的新梢全部剪掉，培养预备枝做下一年的结果母枝。

（四）生长期管理技术

1. 新梢管理

在新梢管理时，除对温湿度和氮肥用量要严格控制外，对树势弱的植株和品种要及早抹芽和定枝，以节约树体贮藏的养分。对生长势强的品种和植株要适当晚抹芽和晚定枝，以缓和树势。篱架平均 20 cm 左右留一新梢，棚架每平方米架面留 10~16 个新梢。另外，按北高南低倾斜角 10° 在葡萄架下地面铺设银灰色反光膜，可增加葡萄下层叶片的光照强度，促进光合作用，增加光合产物。

2. 温度管理

①升温催芽期。葡萄从升温开始到萌芽，要求超过 10 ℃ 的活动积温为 450~500 ℃。一般加温温室从 1 月中旬左右开始上架升温，不加温日光温室从 2 月中旬左右开始升温，经 30~40 d 葡萄即可萌芽。塑料大棚因无人工加温条件，萌芽期随各地气温的不同而不同。由于春季光照充足，设施内气温上升很快，而地温上升较慢，为防止萌芽过快和气温回寒时受冻，保证花序继续良好分化，升温催芽不能过急，要使温度逐渐上升，温度过高时采取通风降温办法。因此在葡萄上架揭帘升温第一周，设施内白天应保持 20 ℃ 左右，夜间 10~15 ℃，以后逐渐提高，一直到萌芽时白天保持 25~30 ℃，夜间 15 ℃。

②浆果生长期。坐果后为促进幼果迅速生长，可适当提高温度，白天保持 25~28 ℃，夜间 18~20 ℃。此期白天设施外温度较高，内部常出现高温现象，当温度超过 35 ℃ 时要注意放风降温。当外界气温稳定在 20 ℃ 以上时，设施内常出现 40 ℃ 以上的高温，这时应及时揭除裙膜，再逐渐揭除顶幕，使葡萄在露地生长，以改善光照和通风条件，使一茬果良好成熟。

③二次果实与成熟期　当外界气温逐渐下降到 20 ℃ 以下时，要及时扣膜保温。二次果生长肥大期，一般白天宜保持 30 ℃ 左右，夜间保持 15~20 ℃。在浆果着色成熟期，为了增加糖分积累，加大昼夜温差是必要的，可适当降低夜间温度到 7~10 ℃。当浆果已趋成

熟,夜间温室内出现5 ℃以下温度时,要及早盖草帘保温,以避免浆果受低温伤害。如只生产一茬果,应在葡萄落叶后再扣膜,使树体得到充分的抗寒锻炼。

④休眠期。设施内葡萄叶片黄化、脱落,即标志着休眠期的开始,落叶后1周进行冬剪。冬季葡萄需埋土防寒,设施上覆盖的草帘或棉被到翌年催芽前可不再揭开。

3. 土壤水分和空气湿度管理

设施葡萄栽培可根据葡萄生长发育不同时期的需水特点进行灌溉。另外,在设施内温度较高的条件下,湿度过大易发生徒长,应注意及时通风。不同生育期室内空气相对湿度和土壤灌水量如表10-4。

表10-4　葡萄室内土壤灌水量及空气湿度管理

时　期	相对湿度/%	灌水量
扣膜后	>70	15~20 mm,每5 d一次
萌芽后	约60	20 mm,每10 d一次
结果枝20 cm	<60	20 mm,每10 d一次
花期	<60	控制灌水
散穗期	<60	20 mm,每10 d一次
硬核期前后	<60	30 mm,每10 d一次

4. 施肥特点

设施葡萄由于栽植密度大,第二年就大量结果。因此,营养条件要求较高,施肥应以有机肥为主,一般施有机肥3 000~5 000 kg/667 m²,于每年采收后的秋冬时期施入,但应控制氮肥用量。追肥在苗长到30~40 cm高时开始,每隔30~50 d对每株追施复合肥50~100 g。另外,可在温室中葡萄新梢长15 cm时开始,每天日出后1 h到中午利用二氧化碳发生器释放二氧化碳,667 m²温室每天补充800~1 500 g二氧化碳,连续补施30 d,能显著增加果实产量和果实的可溶性固形物含量,并且成熟期一致。

5. 花果管理

①保花保果。在设施栽培中,为提高坐果率,除花前对新梢实行摘心外,花前可喷施0.5%~1.0% B₉。喷布时期最好是在新梢展开6~7片叶时进行,当树势特别旺时,可在第一次喷施之后10~15 d再喷一次。但要注意喷布前后一周时间内,不能喷布波尔多液,以防产生药害。

②调整结果量。设施内栽培的植株容易发生徒长,光合能力差。高温多湿的环境又使植株呼吸激烈,增加了营养消耗,在这种情况下,结果量大,就会出现着色不良,延迟成熟的现象,还能导致树势衰弱,影响下一年产量。为了保证果品质量、维持树势,每667 m²产1 500~2 000 kg比较合适,可通过疏果枝、果穗、掐穗尖等方法进行定枝定果。

③套袋。套袋可减轻病虫为害,减少裂果,防止药剂污染,提高商品价值。套袋要在果穗整形后立即进行,巨峰、藤稔等靠散射光着色的品种宜用纯白色聚乙烯纸袋,红瑞宝等靠直射光着色的品种宜用下部带孔的玻璃纸或无纺布袋。白色品种如无核白鸡心等可采用深色纸袋。

第三节

观赏植物设施栽培技术

花卉产业是现代高效农业的重要组成部分,设施栽培则是花卉产业实现集约化、现代化、智能化的重要手段和路径。

近年来,中国的花卉种植面积和产量均居世界首位,设施花卉在品种创新、技术创新、人才团队和平台建设等方面取得了突破进展。花卉种苗生产集约化程度不断提升,鲜切花产销同步增长,生产布局稳定;盆栽类花卉产品丰富多样,产业集聚性较强;观赏苗木产销保持稳定;食用、药用花卉生产规模稳步增高,价格急速提升。其中,我国鲜切花种植规模位于世界前列,2016年全国鲜切花面积为96.84万亩,种植面积超过1万亩的有16个省(区、市),占全国鲜切花种植总面积的95%。云南是我国鲜切花种植核心区,集中分散于滇中及周边地区。2017年我国鲜切花出口总额1.02亿美元,出口40个国家和地区,其中日本是我国鲜切花最大出口国,其次是缅甸、韩国、泰国、新加坡和澳大利亚。

目前,我国设施花卉栽培也存在花卉种业总体创新性不足、产品品质亟待提高、区域分布不均、出口持续低迷等突出问题。

一、设施栽培花卉的主要种类

1. 切花花卉

切花又称鲜切花,是指从活体植株上切取,用于制作花篮、花束、花环、花圈、瓶插花等花卉装饰的茎、叶、花、果等植物材料。目前,设施栽培的鲜切花种类丰富,除四大传统鲜切花百合、月季、非洲菊、康乃馨外,还有金鱼草、勿忘我等一二年生草花,菊花、洋桔梗、鹤望兰、满天星等宿根花卉,唐菖蒲、郁金香、马蹄莲等球根花卉。

2. 盆栽花卉

盆栽花卉是国际花卉生产的重要组成部分,多为半耐寒和不耐寒性花卉。半耐寒性花卉在北方冬季一般需要在温室中越冬,具有一定的耐寒性,如金盏菊、紫罗兰、桂竹香等。不耐寒性花卉多原产热带及亚热带,生长期间不能忍耐0 ℃以下的低温,这类花卉也叫作温室花卉,如一品红、蝴蝶兰、小苍兰、红掌、球根秋海棠、仙客来、大岩桐、马蹄莲等。

3. 室内花卉

室内花卉以耐阴性较强的观叶植物为主,如橡皮树、龟背竹、苏铁等。如果墙面及家具的颜色是深色的,则宜放置淡色的盆花,并配以浅色的花盆。为了有效清除室内的污染物,可摆放一些有特殊功效的花木:吊兰、非洲菊主要吸收甲醛、苯和尼古丁,红颧花吸收二甲苯、甲苯和氨,龙血树(巴西铁类)、雏菊、万年青可清除三氯乙烯,耳蕨、长春藤、铁树、菊花能分解甲醛、二甲苯和甲苯等有害物质。

4. 花坛花卉

花坛花卉多数为一二年生草本花卉,作为园林花坛花卉,如三色堇、旱金莲、矮牵牛、

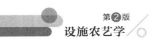
五色苋、银边翠、万寿菊、金盏菊、雏菊、凤仙花、鸡冠花、羽衣甘蓝等。许多多年生宿根和球根花卉也可进行一年生栽培用于布置花坛,如四季秋海棠、地被菊、芍药、一品红、美人蕉、大丽花、郁金香、风信子等。

二、蝴蝶兰设施栽培

蝴蝶兰系兰科蝴蝶兰属多年生附生类单茎草本植物,原产于亚洲热带及东南亚岛屿、新几内亚、澳大利亚北部等地区,多附生于 3~5 m 高的树干或树枝上,亦有附生于阳光照不到的岩石及河流两岸的多雾潮湿地区。蝴蝶兰喜高温、潮湿、微酸的环境,根系发达,茎肥厚而短;叶片宽厚平坦,长 20~35 cm、常绿;花茎长 50~100 cm,有分枝,通常开花 10~15 朵,花期长,1 个花穗可开放 2~4 周,1 枝花可开放几个月,花系有白花花系、白花红舌系、粉红花系、绒红花系、黄花花系、条纹花系和斑点花系等。

(一)适用设施

蝴蝶兰对环境的要求比较严格,对栽培设施要求较高,因此蝴蝶兰盆花规模化生产最好选用配套有自动通风系统、内外遮阳系统、降温系统、冬季加温装置以及用于喷药、喷肥、浇水的喷洒装置及滚动苗床等设施的连栋温室。

(二)栽培方式及环境控制

1. 栽培方式

蝴蝶兰既可盆栽,也可吊养。盆栽可用瓷盆、塑料盆,而吊养则可用木块、树段等。成株时可用水苔、珍珠岩、蛭石、泥炭土、木炭等加以混合使用。上盆种植时,盆底要用较粗大的基质铺垫,用量可达基质总量的 50% 左右。吊盆栽培时,不宜选择过于坚硬的材料,使用时间过长基质腐烂需要及时更换。

目前蝴蝶兰设施栽培所用基质可分为两大类:单一基质和复合基质。国外已经开发了水苔、泥炭、椰糠、树皮、锯木屑等单一有机基质,不但可以大幅度降低栽培成本,还减少了对环境的污染。由于单一基质具有某些局限性,如椰糠基质的含盐量过高,树皮基质易松散。因此,综合考虑各种基质的不同特性,探索具有不同理化特性的基质配合使用,已成为当前研究的重点之一。

2. 环境控制

①温度。蝴蝶兰适宜栽培温度为白天 25~28 ℃,夜间 18~20 ℃,幼苗夜间应提高到 23 ℃左右。在这样的温度环境中,蝴蝶兰几乎全年都可处于生长状态,尤其是幼苗生长迅速,从试管中移出的幼苗一年半即可开花。蝴蝶兰对低温十分敏感,长时间处于平均温度 15 ℃时则停止生长,在 15 ℃以下,蝴蝶兰根部停止吸收水分,造成植株的生理性缺水,老叶变黄脱落或叶片上出现坏死性黑斑,而后脱落,甚至全株叶片脱光,植株死亡。蝴蝶兰开花后可放置在温度稍低的地方,但室温不宜低于 15 ℃,否则花瓣上容易产生锈样斑点。夏季应注意通风降温,32 ℃以上的高温会使其进入休眠状态,影响花芽分化。

②光照。蝴蝶兰是兰花中较耐阴的种类。一般情况下,蝴蝶兰夏季需光照20%~30%,春、秋季节需光照40%~50%,冬季需光照70%~80%。蝴蝶兰不同苗龄对光照强度的需求也不同。刚出瓶的小苗柔弱,光线最好能控制在10 klx以下,并保持良好的通风条件,中大苗的日照可提高到15 klx左右,成株的最强日照(尤其在冬季)可提高到20 klx。

③湿度。高温多湿、通风不良、施用氮肥过量时,蝴蝶兰容易发生软腐病等病害。最适宜的相对湿度为60%~80%。

(三)栽培技术

1. 品种选择

根据市场需求和栽培地区的气候条件和生态环境等条件,蝴蝶兰宜选择品质优良、抗病能力强及市场商品性好的品种。目前,蝴蝶兰的栽培品种较多,有V31、火鸟、红太阳、红天鹅、巨宝玫瑰、红龙等国内市场流行的大红花品种,有V3和雪中红等白花品种,有昌新皇后和富乐夕阳等黄花品种,还有黄色、白色、斑点、条纹等国外畅销的中花型杂交品种。

2. 繁殖方式

蝴蝶兰除在原产地少量繁殖采用分株法外,均采用组培快繁。蝴蝶兰组培快繁可以采用叶片和茎尖为外植体。以叶片为外植体进行繁殖时,切取花梗刚生出1~3枚小叶的幼苗的嫩叶作为外植体。茎尖培养时,选取5~6枚叶片的健壮幼苗,灭菌后剥取带有2~4枚叶原基的生长点作为外植体。以叶片和茎尖作为外植体均是通过外植体产生愈伤组织、愈伤组织分化成原球茎、球茎增殖分化和幼苗生长四个步骤形成无菌幼苗。

3. 栽培管理

(1)种植前的准备

蝴蝶兰的根系为肉质气生根,栽培基质需具备透水、透气、耐腐烂、消毒容易、操作方便等特点,生产中常常采用优质水苔栽培。种植前先将水苔在烈日下暴晒两天,再用自来水充分浸洗,然后捞起去掉硬枝及杂草后甩干,以手握紧无水滴滴下为度。

(2)种植

蝴蝶兰组培苗种植最适时期为5~6月份。种植时将水苔抖松,先垫少量水苔于根系底下,再用水苔将小苗根部及单轴茎包住,谨防折断根系,注意不要包住顶心,也不要将根系基部全部露出。选用直径5.0 cm的透明软塑料盆,将小苗定植于盆的正中央。种植后水苔应低于盆沿约1.0 cm,以用手轻提叶片而苗不会脱落为宜。

(3)小苗管理

小苗抗病能力较差,种植后应立即喷洒1000倍百菌清防病。刚出瓶的小苗前7 d内不可浇水,仅在中午相对湿度低时向地面喷水或向叶面喷雾,温室内相对湿度控制在65%~85%,光照强度控制在2 klx左右,白天温度不宜超过30 ℃,夜温以20~22 ℃为佳,根据天气情况及时使用遮阳网。7天以后可用清水浇半透,光照强度可提高至5 klx。当在水苔间可见幼嫩的根尖及伸长的根系时,应适当加强肥水管理。小苗可用4000倍的速效肥(20-20-20)喷施叶面,一般3~4 d喷1次,应在晴天上午浇水,浇水量以水苔均匀湿润为宜,切忌大水浇灌。

（4）中苗管理

经过 2~3 个月的管理，穴盘中的苗叶片互相重叠遮挡时，可先移植至直径 5.0 cm 软盘中，再经 2~3 个月后，软盆中的小苗长至叶间距 12~16 cm，叶片肥厚坚挺，叶片间互相重叠遮挡，根系饱满，有些盘旋于盆底并有部分已长出盆外时，要将苗转入直径 8.3 cm 软盆中。

换盆后立即喷洒 1 000 倍百菌清防病，光照强度控制在 15 klx 左右，白天温度不超过 28 ℃，夜温不低于 20 ℃，空气湿度为 65%~85%，每天需向叶面喷水或在空气中喷雾以维持湿度。待盆中水苔较干时，可用 2 000 倍的速效肥浇一次。换盆 25~30 天后，小苗已有新根长出，部分新根已达盆沿，此时可正常管理。一般冬春季节及阴雨天气每 10~15 d 用 3 000~4 000 倍的速效肥浇一次，夏秋季节及晴朗天气每 7~10 d 用 3 000~4 000 倍的速效肥浇一次透水。浇水或浇肥后，应及时巡园，发现有漏浇或浇水不均匀的苗株要单株补水。

（5）大苗栽培

当中苗长至两叶距 20~22 cm，叶片开始互相遮挡，盆中根系已达盆底并在盆底盘旋 1~2 周时，应将中苗转移至直径为 11.7 cm 的软盆中。

换盆时，将中苗从 8.3 cm 软盆中轻轻取出，用已消毒的剪刀剪去腐烂的根系和叶片，在其外围再包裹一层水苔，松紧度适中，以根系不外露、不损伤为准，放置于 11.7 cm 的软盆中。换盆时需对植株进行适当分级，将株体大小基本一致的放在一起，以利于日后的管理。中苗叶片较长、较嫩，换盆时应小心轻放，以免叶片受损。

换盆后应立即喷洒杀菌剂、杀虫剂，以预防病虫害。换盆后一周内不能浇水施肥，每天只需进行叶面喷水或喷雾，以维持相对湿度在 65%~85%。换盆初期，光照强度控制在 12 klx 左右，正常生长时控制在 18k~20 klx，白天温度应控制在 25~30 ℃，夜间 20~22 ℃，保持 6~7 ℃ 的温差，以利于养分的积累。若温度低于 20 ℃ 会刺激花芽分化，提前开花，影响其商品性。一周之后待水苔较干时，用 4 000 倍的速效肥液浇一次半水。换盆 20 d 左右，大苗已有新根长出，并有部分新根已达盆边，开始浇速效肥，一般稀释 2 000 倍，间隔时间为 7~10 d。株型不够健壮的可用叶面肥喷施叶面，促进生长。

（6）花期调控

①催花管理

自然条件下，蝴蝶兰花芽萌发一般始于 11 月，盛花期为 4 月初，为实现蝴蝶兰在元旦、春节等节日上市，需通过催花处理调节花期。大苗叶距达 28 cm，生长健壮且球茎大而饱满时，可换至 16.7 cm 盆中进行催花。蝴蝶兰的花芽分化必须经过低温春化阶段，此期间昼温降至 25 ℃，夜温降至 15~18 ℃，昼夜温差 10 ℃ 左右时较为理想；光照强度为 30 klx，光照强，对开花有利，但需控制在不灼伤叶片的前提下；湿度可控制在 70%~90%。花芽分化及花梗发育需要较多的养分，特别是磷、钾元素。可使用 2 000 倍的速效肥浇施 2~3 次，同时叶面喷施 1000 倍的 KH_2PO_4 溶倍液，以利于蝴蝶兰花芽分化，提早开花。

②开花期的管理

蝴蝶兰的开花需低温促成,管理上要格外精细。从开第一朵花起应适当减少施肥量,当水苔微干时,可用4 000倍的速效肥液(15-20-25)浇灌,保持基质湿润。光照强度控制在12k~20 klx之间,温度18~30 ℃,空气湿度70%~85%。开花期防治病虫害时,应尽量避免肥液、药液喷溅到花朵上而降低花朵的质量。当花梗芽长至35 cm左右时,用60~70 cm包塑铁丝竖直插在花枝旁,并用扎线1~2节轻轻固定花梗芽较硬部分,使花枝竖直向上生长。待花枝长至50 cm,第一朵花开放时,将铁丝从第一朵花或侧枝下约4 cm处向前弯曲,末端微向下伸展,并用2~3节扎线将花枝固定在铁丝上,使花朵有较好的向光性。

4. 盆花上市和切花采收保鲜

由于蝴蝶兰花期长,从花开始显色时即可上市,至盛花期观赏价值更高,但不利于长途运输。切花在花序上最后一朵花蕾半开时采收,花梗基部斜切,采后立即在烫水中浸沾30 s,然后按品种、品质分级包装,并用含水的塑料管套住保鲜。将切花浸入200 mg/L柠檬酸 + 25 mg/L 硝酸银 + 20 g/L 蔗糖的保鲜剂中,在7~10 ℃温度下可储存10~14 d。

▸▸▸▸
第四节
粮食作物设施栽培技术

目前,粮食作物的设施栽培主要是利用塑料拱棚、温室等栽培设施,对水稻、玉米进行工厂化育苗,提供优质种苗;对马铃薯进行脱毒种薯繁育,提供优质种薯。

一、水稻工厂化育秧技术

水稻是我国主要粮食作物之一,具有悠久的栽培历史。水稻的主要产品稻米是重要的粮食;米糠是家畜的饲料和医药原料;谷壳是重要的工业原料;稻草是家畜的饲料和造纸工业的原料,也是重要的有机肥原料和食用菌生产原料。水稻工厂化育秧技术是以精量播种技术为基础,采用温室或大棚集中培育秧苗的一种大规模育秧方式。采用水稻工厂化育秧技术培育出的秧苗均匀、健壮、整齐,可为机械化栽插提供标准化秧苗;有利于实现商品化育秧,提高了劳动效率和水稻综合生产能力,是实现水稻全程机械化的关键环节。

(一)水稻品种选择

中国水稻种植区域主要划分为长江中下游稻区、华南稻区、西南稻区、北方稻区。水稻品种选择必须根据茬口、品种特性,因地制宜选择适合当地稻区大面积推广的水稻品种。

(二)水稻工厂化育秧设施、设备

1.设施选择及要求

玻璃温室或钢架结构塑料大棚等农艺设施是水稻工厂化育秧的重要基础设施,空间大、采光好、增温快、保温强,可防御春寒,培育壮秧。水稻工厂化育秧设施要求具有加温系统、降温系统、补光系统、灌溉施肥系统、幕帘系统等环境调节控制设备。设施内育苗架采用人字梯型不锈钢结构,左右各四个育苗台,每个育苗台长300~600 cm,宽30 cm,上下错位间距30 cm,距地20 cm。育苗架间留置120~140 cm的作业通道(图10-6)。育秧工厂的大小根据所承担的插秧面积来确定,每1000 m²育秧面积可为1.67~1.87 hm²大田提供秧苗。为了提高机械设备的利用率,工厂设施面积一般应确定在5000 m²以上。

图10-6　水稻工厂化育苗架

此外,近几年来研发应用的多功能旋转育秧机(图10-7),可在1000 m²的育秧温室安放4组,每组为20列,每列多功能旋转育秧机可摆放秧盘(30 cm×60 cm×3 cm)480个。同时,在温室内安放催芽设备、秧盘覆土机等。每1000 m²温室一次培育的秧苗可供7.6 hm²稻田所需,是目前传统育秧温室效率的4倍之多。

图10-7　立体旋转式育苗架

2.设备选择及要求

(1)播种机械

包括营养土配制混合机、育秧盘播种联合作业机、种子清洗机械、脱芒机、催芽设备、种子消毒设备、机械传送系统、秧苗生长控制系统和自动喷灌系统等设备。其中育秧盘播种联合作业机为水稻工厂化育秧的主要设备,由机架、自动送盘机构、秧盘输送带、覆土装置、播种装置、淋水装置、传动装置和控制台等构成(图10-8)。

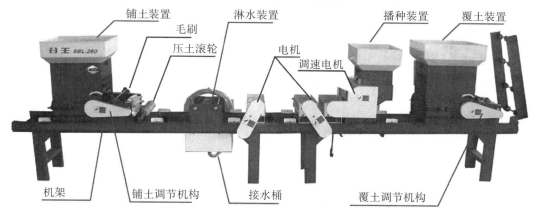

图10-8　全自动水稻育秧播种流水线

（2）秧盘

水稻育苗应该选择硬质塑料秧盘，外径长60 cm，宽30 cm；内径长58 cm，宽28 cm，深3.0 cm。秧盘四周整齐，不变形，并具有一定的硬度和韧性，保证耐用。

（三）营养土的配制及要求

1.营养土选择

水稻育秧的营养土要求具有较大的孔隙度，合理的三相比；化学性质稳定，对秧苗无毒害。目前配制营养土常用的基质主要有泥炭、蛭石、珍珠岩、炭化稻壳、炉渣、菇渣等。

2.营养土配制

采用多种基质配制的营养土育苗可以实现优势互补，提高育苗效果。目前，国内水稻工厂化育苗采用草炭和蛭石的复合基质，一般比例为2∶1或3∶1，同时根据其中的养分含量和作物的需求添加一定量的有机肥和化肥或复合肥，不仅对出苗有促进作用，而且有利于培育壮苗。

（四）种子处理

1.种子要求

选择优质、高产、抗病性好、分蘖力强、秧龄弹性大、抗倒伏、抗寒性强、生育期合适、适于机插的水稻品种。要求种子发芽势在85%以上，发芽率在95%以上，水分小于14.5%，其他各项指标都符合国家一级良种的标准。

2.晒种、选种

利用晴天，对水稻种子进行晒种2~3 d，同时进行选种处理，去除种芒、枝梗、空秕粒、病虫害粒、杂草种子、杂物，便于播种后出苗快且均匀整齐一致。

3.浸种消毒

水稻种子稻壳吸水慢，在催芽前要浸种，使其充分吸水。为降低水稻稻瘟病菌危害，

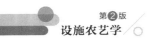

采用多菌灵 0.3% 溶液浸种 24~36 h,要求药液淹没种子,浸种后可直接催芽。

4. 催芽

消毒后的水稻种子,加温至 30~32 ℃高温催芽破胸,20~30 h 破胸后把温度降至 25 ℃左右,防止高温烧种。芽长 1~2 mm 时催芽结束。

5. 晾芽

催好芽的种子在室内常温下晾芽,可以抑制芽长,提高抗寒性。同时也可蒸发芽种表面多余水分,保证机械播种均匀一致。

(五)播种

1. 播期

播期的确定依据水稻种植区插秧的时期和育秧的秧龄而定。如插秧时期计划在 4 月 20 日,秧龄需要 30 天,则播种计划在 3 月 15 日~3 月 20 日。如机插秧规模较大一定要根据插秧进度分期播种,但批次不宜太多,播种期尽量集中。

2. 播种量

每盘播干籽 100~120 g。千粒重小于 24 g 的播 100 g,25 g 的品种播 110 g,大于 26 g 的播 120 g。

3. 播种方法

水稻采用机械自动化流水线播种,一次作业就完成了装土、浇水、消毒、播种、覆土过程。播种前进行设备调试,可预先试播种几盘,检查播种密度、深度和覆土情况,并进行调试。作业中勤检查,保证符合播种要求。装土厚度保持在 2~2.5 cm,上平面低于硬盘面 2~4 mm。每盘浇水 0.75 kg 左右,浇水量要根据床土湿度确定,浇水后盘底稍有渗水。播种要均匀,一般每平方厘米播 2.3~2.5 粒种子,不漏播、不堆积。覆土要盖严种子,厚度一般 0.3~0.5 cm,严禁露种和过厚。

(六)苗期管理

1. 温度

水稻工厂化育秧,苗期温度管理是关键。一叶一心至三叶期,设施内温度要控制在 20~30 ℃;三叶期以后,温度控制在 20~25 ℃;种子发根期,温度不超过 32 ℃。

2. 水分

播种后浇水(最好采用微喷)要透,盘底稍有水渗出,但盘土不要有积水,以后整苗期要严格控制水分。但当出现早晚叶尖不吐水、午间新展叶片卷曲、床土表面发白情况时,要立即补水。

3. 施肥

水稻工厂化育秧育苗期应施肥 2~3 次,分别在一叶一心、两叶一心和插秧前 3~5 天追施一次肥。每次每盘追施尿素 2 g,兑水 0.5 kg,采用喷灌设备喷施,施肥后用清水冲洗,防止烧苗。

4.病、虫、草害防治

水稻工厂化育秧主要病害有青枯病和立枯病,播种前浸种消毒可以有效预防这两种病害。同时,要科学肥水管理,严格控制温度,防止秧苗徒长,培育壮苗,增强对病害的免疫能力。秧苗长到 1.5 叶时,可用 3% 的甲霜恶霉灵水剂 500 g 兑水 200 倍,喷洒苗床来预防青枯病和立枯病。

对于地下害虫防治,可在摆盘前每平方米用 2.5% 敌杀死 2 mL,兑水 6 kg 喷洒苗床,防治地下害虫;插秧前一天用 40% 乐果乳油兑水 800 倍喷雾防治潜叶蝇。

草害的防除可在秧苗长到两片叶时,每 667 m² 用 100 mL 的 10% 氰氟草酯乳油兑水 15 kg,均匀喷洒在秧苗上,防除秧盘杂草。

二、马铃薯水培雾培技术

马铃薯是一种多用途的粮食作物。马铃薯多年种植会感染病毒退化减产,平均减产 30%~50%。目前解决马铃薯退化的主要技术是通过茎尖脱毒繁苗,然后繁育原原种薯,并进一步繁育原种加以利用。马铃薯种薯的繁育主要采用无土栽培方式,包括基质栽培、无基质栽培,其中无基质栽培分为水培和雾培两种方式。两种无基质栽培方式均是利用马铃薯根系直接与营养液接触,通过营养液的不断循环流动供给养分、水分和新鲜的氧气,改善植株的生长环境,解决马铃薯根系养分不足和根系缺氧造成的植株营养生长不良、根系坏死的问题,同时具有避免土传病害、提高薯苗的繁育能力、实现自动化控制、降低劳动强度和生产成本等优点,发展前景广阔。

(一)品种选择

马铃薯水培、雾培的品种选择必须根据品种特性,选择适合当地大面积推广的马铃薯品种。

(二)栽培设施设备

马铃薯水培、雾培设施主要包含育苗盘、栽培床、定植板、贮液池和营养液循环系统(图 10-9)。

1. 水培设施设备

①育苗盘。也称穴盘,一般由聚苯乙烯、聚氯乙烯和聚丙烯等材料制成。规格为 540 mm × 280 mm,105 孔。主要用于前期马铃薯组培苗水培假植生根,培育壮苗。

②栽培床。马铃薯水培栽培床深度在 10~15 cm,宽度 120 cm,长度 500 cm,过长会造成营养液滞留,循环能力下降。床底要保持平滑,有一定坡度,且坡度可调,能保证营养液快速流动,生根期调到水平,根系发达后调 1:100 的坡度。栽培床要保证不渗漏,部件材料要求防腐蚀,易清洗,热稳定性好,不易变形。

③定植板。采用聚氨酯高强度材料(厚度 2 cm,宽度 60 cm,长度 118 cm)。依据马铃薯生长发育形态特征,定植板应该具有支撑和固定作用;遮光性好,与栽培槽嵌合性好,减小缝隙漏光;有一定的强度,不易破碎和断裂;定植、管理和采收操作方便等特点。

④滤网。在定植板下方10 cm处设置过滤网,大小与定植板一致,孔径为直径0.5 cm,利于马铃薯根系通过而块茎不能通过。

⑤贮液池。大型贮液池一般建在地下,依据种植面积大小确定贮液池容积,一般依据每株苗600 mL计算。

⑥供液系统。供液系统需要的组件及循环流动方向为营养液池→变频水泵→过滤器→紫外消毒器→主管道→苗床供液组件系统→回流池→普通水泵→过滤器→紫外消毒器→营养液池。

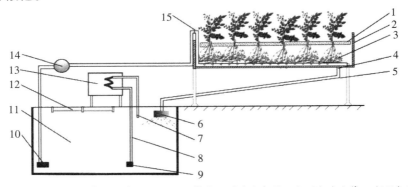

1.定植板;2.栽培槽;3.供液管道;4.渗液孔;5.回流管道;6.过滤除杂器;7.恒温机出水管;8.恒温机进水管;9.恒温机水泵;10.供液水泵;11.贮液池;12.紫外杀菌灯;13.恒温机;14.高压过滤器;15.限流逆止阀

图10-9　马铃薯水培、雾培设施示意图

2.雾培设施设备

①栽培床。马铃薯雾培栽培床深度在60~80 cm,宽度为120 cm,长度可依据设施而定。床底平滑,坡度为1:100,保证营养液快速回流。栽培床铺设黑白双面膜,保证不漏液,其他零部件材料要求防腐蚀,易清洗,床体材料要求热稳定性好,不易变形。

②定植板、滤网、贮液池、供液系统同水培装置。

(三)水培育苗

1.水培育苗准备

马铃薯的水培和雾培栽培,均采用经过病毒检测后的组培苗进行种薯生产,定植前均需对组培苗进行扩大繁殖和培育壮苗。首先取出组培间的组培苗揭掉瓶盖在室温下炼苗适应3 d;然后对组培苗采用水培技术进行复壮。复壮的步骤为:将组培苗倒出组培瓶,沿培养基表面剪下苗,在清水中洗净苗上的培养基;将苗基部置于20 mg·L⁻¹的IBA生根剂中浸泡20 min后寄栽于注入2~3 cm清水的平铺于栽培床内的育苗盘孔穴中,每穴植2~3株。待寄栽组培苗生长10~15 d,上部叶片展开,茎干粗壮后,可将上部5 cm长的顶端剪下继续水培寄栽。母苗基部发出侧芽长至8~10 cm后,可继续剪切寄栽,如此扩繁2~3次,可成倍扩大繁殖系数,又可培育出壮苗。

2.水培育苗管理

寄栽前3 d使用清水培养,防止切口产生盐霜,减缓基部生根,3 d后再换上生长用

1/2MS 或 1/2 霍格兰特营养液。空气湿度 80%~90%,温度 22~25 ℃,光照时间 12~14 h,光照强度 300~400 μmol·m⁻²·s⁻¹,促进根、茎尖和侧芽生长。

(四)定植管理

1. 定植

待水培寄栽苗根系 3~5 根,长度 2~3 cm,株高 7~10 cm 时即可进行移栽定植。定植前将下部叶片全部剪去,将 1 cm 厚的泡沫定植圈套在植株上,在圈下方留 2~3 个叶节。包好定植圈后将根系在水中蘸一下使根系顺为一缕,然后将苗垂直放入定植孔中,塞紧定植圈将植株固定于栽培板上。定植好后检查每株的根系,保证所有根系在栽培板下自然下垂。水培栽培密度以 10 cm × 10 cm 至 10 cm × 15 cm 为宜,定植后及时移入栽培床中进行培育。

2. 温湿度管理

营养生长期营养液温度控制在 20~22 ℃,环境温度 15~24 ℃;匍匐茎形成旺期后降低营养液温度至 16~18 ℃,环境温度 15~22 ℃。经常对温室进行通风换气,使温室内湿度在 85% 以下。

3. 光照管理

马铃薯是喜光作物,充足的光照条件可促进植株生长和块茎形成,在秋冬季应补光,使光照强度达 5 k~10 klx,日照长度在 10~12 h。

4. 营养液管理

(1)营养液配方

①大量元素配方。营养液是决定水培、雾培微型薯产量的关键因素,近年针对优化水培、雾培营养液进行了大量的研究,研发出了一些结薯效果好、配制方便和经济实惠的营养液配方。大量元素用量见表 10-5。

表 10-5　几种马铃薯营养液配方大量元素成分比较

大量元素化合物	大量元素浓度/mg·L⁻¹					
	MS	西南大学营养期配方	西南大学结薯期配方	山东农大王素梅配方	霍格兰特	吉林大学乔建磊配方
KNO₃	1900	1795	1389	606	506	808
NH₄NO₃	1650	1268	1650	560	80	320
KH₂PO₄	170	170	170	544	136	816
MgSO₄·7H₂O	370	370	370	756	493	493
CaCl₂	440	—	—	—	—	—
Ca(NO₃)₂·4H₂O	—	492	440	492	705	1180
K₂SO₄	—	—	—	1740	—	—

②微量元素和铁盐配方。马铃薯水培、雾培扦插育苗和微型薯生产的微量元素和铁

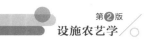

盐配方保持一致,多用组培的常规配方(表10-6)。

表10-6 营养液微量元素和铁盐配方

微量元素	浓度/mg·L^{-1}	铁盐	浓度/mg·L^{-1}
KI	0.830	Na$_2$·EDTA	37.25
H$_3$BO$_3$	6.200	FeSO$_4$·7H$_2$O	27.85
MnSO$_4$·4H$_2$O	22.300	—	—
ZnSO$_4$·7H$_2$O	8.600	—	—
Na$_2$MoO$_4$·2H$_2$O	0.250	—	—
CuSO$_4$·5H$_2$O	0.025	—	—
CoCl$_2$·6H$_2$O	0.025	—	—

(2)营养液pH值

马铃薯喜微酸性,最适pH值为5.5~6.5。营养液配制完成后用稀KOH或HNO$_3$溶液将pH值调至5.5~6.5,可保证马铃薯水培、雾培植株正常生长。若出现过酸或过碱的情况,加水稀释营养液并调节pH值至规定范围,或直接彻底更换营养液。

(3)营养液温度

马铃薯水培、雾培育苗期和植株营养生长期应控制营养液温度在20~22 ℃,促进扦插苗和栽培苗根系生长,培育壮苗;匍匐茎形成旺期后降低营养液温度至16~18 ℃,诱导块茎形成和膨大。

(4)营养液浓度管理

马铃薯水培、雾培最适的营养液电导率EC值为2.8~3.5 mS·cm^{-1}。栽培期间应不间断监测营养液电导率EC值的变化,超过最适范围要及时加水稀释。若要保持营养液体积不变(贮液池中安装液体深度限位开关),随着植株对矿质元素的吸收,营养液EC值会随之下降,因此,除每天及时补充消耗的水和营养成分外,建议生产中15天彻底更换一次营养液。

(5)营养液供给管理

马铃薯水培营养液的供给采用潮汐式循环供液。

育苗期栽培床液体深度在2~3 cm,使组培苗基部充分与水或营养液接触,并利用供液系统供液2~3 min,暂停5 min。

水培定植后,栽培床营养液深度在1~2 cm;栽培苗根系发达以后供液时间缩短为1~2 min,延长暂停时间为7~10 min;结薯期以后暂停时间为4~5 min,并调高栽培槽入水一端的高度,使槽底面与水平面呈1~2°夹角,以加速营养液流动,减少营养液滞留量,降低结薯区域湿度。

雾培定植后栽培床营养液供液2~3 min,暂停7~10 min;结薯期以后暂停时间为4~5 min,以降低结薯期湿度。

(6)营养液消毒管理

营养液易滋生藻类生物,贮液池和栽培槽应全方位遮光,抑制藻类生物生长。营养液的常用消毒方法有高温热处理、紫外线照射、臭氧处理、超声波处理和药剂防治。高温热处理是利用高压消毒设备,对使用过的营养液进行90 ℃以上加压灭菌10~20 min消毒处理,冷却后重复使用。紫外线照射处理是利用营养液循环系统中的紫外线杀菌灯全程开启灭菌。药剂处理是在新营养液中加入0.1%~0.2%的多菌灵,以及百菌清、链霉素、青冈霉素等可溶性粉剂,配合使用0.2 mg·L⁻¹的IBA和2,4–D等生根剂,可有效杀灭病菌并促进根系生长。

(五)采收管理

1. 分期采收

为了减少2 g以上的标准微型薯继续耗费营养和影响其他小薯生长,生产中要求进行分批采摘,即每隔15天左右采摘一批。为减少地下部分曝光时间,每次采摘时要求操作轻巧,避免损坏匍匐茎和根系。将大块茎摘下后又可使小块茎继续生长,调节了"库"和"源"的平衡,防止植株早衰,延长马铃薯植株生长周期,并提高微型薯产量。

2. 微型薯收获后处理

原种微型薯收获后,先用清水洗净表面,并清理掉须根,将微型薯浸入500倍的多菌灵液中浸泡1 min后,取出微型薯强制通风,快速晾干。置于低温低湿且通风的环境中用散射光进行照射,促进大皮孔收缩及伤口愈合,防止皮孔感染,使微型薯表皮变绿且光滑有韧性,即具备了良好的贮藏性能。

复习思考题

一、名词解释

1.有机化土壤栽培　2.早促成栽培型　3.标准促成栽培型　4.一般促成栽培型

二、简答题

1.简述我国设施蔬菜生产现状、存在的问题及未来研究展望。

2.简述番茄生长发育对环境条件的要求。

3.试述日光温室番茄长季节栽培中吊蔓与落蔓技术要点。

4.试述日光温室冬春茬番茄主要生育期水肥管理技术要点。

5.试述日光温室番茄有机化土壤栽培技术要点。

6.简述我国果树设施栽培存在的问题及发展趋势。

7.试述葡萄设施栽培的技术要点。

8.设施栽培花卉主要有哪些种类?

9.简述蝴蝶兰设施栽培的环境调控技术。

10.简述水稻工厂化育秧的技术要点。

11.简述马铃薯采用水培、雾培生产微型脱毒薯的技术要点。

主要参考文献

1.喻景权.蔬菜生长发育与品质调控理论与实践[M].北京:科学出版社,2014.

2.陈双臣.温室番茄生产的理论基础与关键技术[M].北京:中国农业出版社,2016.

3.谢小玉.设施农艺学[M].重庆:西南师范大学出版社,2010.

4.喻景权,王秀峰.蔬菜栽培学总论[M].3版.北京:中国农业出版社,2014.

5.王艳芳,杨夕同,雷喜红,等.连栋温室番茄工厂化生产植株精细化管理技术[J].中国蔬菜,2019(1):85-89.

6.张晶,孔繁涛,吴建寨,等.我国蔬菜市场2018年运行分析与2019年展望及对策[J].中国蔬菜,2019(1):7-12.

7.李斯更,王娟娟.我国蔬菜产业发展现状及对策措施[J].中国蔬菜,2018(6):1-4.

8.程堂仁,王佳,张启翔.中国设施花卉产业形势分析与创新发展[J].农业工程技术,2018,38(13):21-27.

9.裴巧艳,石福敏.玫瑰香葡萄设施促成栽培技术[J].北方园艺,2014(9):59-60.

10.杜君,符真珠,孟月娥,等.蝴蝶兰智能温室优质高效栽培技术[J].江西农业学报,2015,27(4):57-61.

11.张大宝.水稻工厂化育秧技术[J].现代农业科技,2015(6):28-29.

12.王季春.脱毒马铃薯雾培结薯的优势机理研究[D].西南农业大学,2005.

第十一章
设施作物病虫害及其防治

学习目标:了解我国设施作物病害发生态势与常见的设施作物病虫害及其诊断,掌握设施内主要病虫害的发生规律与防治方法。

重点难点:设施作物病害发生的原因;设施病害的分类及田间诊断;设施病虫害综合防治措施。

▶▶▶▶ 第一节

设施作物病虫害

一、我国设施内病虫害发生态势

1.土传病害逐年加重

由于设施自身的特点,轮作倒茬困难,导致土壤中病原菌积累和根部病害积年流行。设施自根栽培作物的毁灭性病害枯萎病近年来发展较快,黄瓜、番茄、草莓的根结线虫病在我国呈上升趋势,疫病、根腐病、枯萎病已成为设施辣椒生产中发生最严重的病害。

2.气传性病害有加重的趋势

气传性病害是指植物病原通过气流传播,从而完成初侵染和再侵染的病害。瓜类霜霉病、白粉病,番茄晚疫病,西瓜叶枯病,芹菜斑枯病、叶斑病都是常发性气传流行性病毒,近年来,在设施中都有加重的趋势。

3.多种病害、虫害混合发生态势呈上升趋势

栽培设施中空气湿度大,病害发生频繁、种类增多。一是低温高湿病害及高温高湿病害相结合的病害,包括灰霉病及菌核病在冬春茬蔬菜栽培中危害最为严重。此外,设施秋冬茬番茄叶霉病、早疫病又常常与灰霉病混合发生,每年的病害发生率逐渐上升。二是病毒病常与刺吸式口器的蚜虫、叶蝉和烟粉虱等混合发生。因为温室中的病毒病大多由刺吸式口器的昆虫携带和传播,所以这类昆虫在温室防虫不严的情况下,进入温室就带入病毒病,致使病毒病和虫害同时发生。

4.偶发性病害逐渐上升为重要病害

近年来,之前发病率相对较低的芹菜枯萎病发生面积也不断扩大。黄瓜红粉病、番茄白粉病及茄子绒菌斑病、细菌性斑点病等均发展为设施栽培严重病害。

5.细菌性病害呈上升态势

设施栽培细菌病害种类多,角斑病、斑点病(圆斑病)、缘枯病、萎蔫病等都对黄瓜造成了严重损失。番茄溃疡病、细菌性斑疹病,辣椒疮痂病,生菜软腐病等亦给生产带来了严重的经济损失。青枯病是南方棚室茄果类蔬菜的重要病害,近几年有向北发展的趋势。

6.生理病害普遍发生

设施内植物生理性病害逐年增加,其原因主要表现在两个方面。一是低温、寡照,特别是地温低。由于地温相对较低,农作物的发根量相对较少,造成扎根浅及根系老化,根系活性降低,导致各种生理性病害的发生,严重时还会烂根、死根,导致作物死亡而诱发病害,如蔬菜苗期的沤根病。二是错误的管理方法,恶化了设施栽培的生态环境。在温室栽培中,部分管理人员采用传统的大田管理手段,采用速效化学肥料追肥,很少进行土壤中耕松土,导致土壤板结及土壤溶液浓度变大。作物在恶劣土壤环境中成长,会严重抑制作物根系生理活性与正常的呼吸作用,导致养分吸收能力差,必然诱发多种缺素症等病害,直接影响蔬菜产品的产量和质量,如黄瓜化瓜、畸形瓜和苦味瓜,番茄脐腐病,蔬菜低温冷害等,常造成设施生产严重损失。

二、设施内病虫害重发的主要原因

设施栽培在半封闭的环境下进行,既有利于植物周年生产和供应,也为病虫害的发生流行提供了良好的条件。随着设施栽培的迅速发展,病虫害种类显著增加,危害程度明显加重。造成设施病虫害重发的主要原因如下。

(一)客观因素

1.轮作倒茬困难

设施内由于连续多年种植黄瓜、番茄等少数经济价值较高的蔬菜,使温室内土传病害发生严重,最突出的是黄瓜和西瓜的枯萎病,从温室内开始有零星病株到全棚发病,只需4~5年时间。茄子黄萎病、葫芦疫病发生危害也逐年加重,均与温室栽培不易轮作有关。

2.湿度大,高湿持续时间长

温室内封闭的小气候,容易形成高温高湿的生态环境,尤其一些管理粗放的温室内高湿持续时间较长,有利于病菌再侵染,导致喜湿病害如黄瓜霜霉病、番茄灰霉病发生尤为严重。

3.昼夜温差大,易结露

经测定,11月份、翌年2月下旬和3月份,白天温室内30 ℃的温度持续5 h左右,夜间16 ℃以下的温度持续4~6 h,夜间植株叶面结露4~5 h,非常容易遭到黄瓜霜霉病的侵染,这也是霜霉病重发的主要原因。

4. 温室为病虫提供了发生和越冬场所

露地栽培条件下,黄瓜霜霉病、白粉虱、美洲斑潜蝇在室外不能越冬,但在温室栽培条件下,不仅能在温室发生危害,而且为大田提供了大量病菌和虫源,因而形成周年循环为害、蔓延重发。

(二)外界因素

1. 生产者缺乏病虫害综防基础知识,防治效果差

近年来设施栽培大面积发展,尽管技术部门在宣传培训等方面做了大量工作,但因许多生产者科技意识所限,接受能力差异较大,广大菜农仍沿用大田方法防治温室病虫害,方法单一,效果差,易造成病虫害重发。

2. 农药万能观念影响,农产品污染加重

设施内病虫害一旦发生,生产者为了尽快控制危害,减少损失,采用加大施药量和增加施药次数来提高防治效果,造成见虫就喷药,见病就防治。此外,部分农药生产厂家、经销商和技术人员大力宣传农药的特效性、广谱性,易误导用户形成农药万能观念。这些不注意防治方法,乱用、滥用药,既起不到应有的效果,又易引起病虫产生抗药性,而且严重污染了产品,影响了消费者身体健康。

3. 生物、生态控制技术滞后,综合防治技术走样

生物、生态防治技术是经济实用的病虫害综合防治基本技术。而在温室病虫害防治中,常常忽略此项技术,偏重化学药剂筛选研究,不注重病虫发生与生态环境研究,病虫害防治依赖于化学药剂,造成综合防治技术走样,防效差。

三、设施作物病害的田间症状

感病植物在病原物或不良环境条件干扰下,其生理、组织结构和形态上所发生的病变特征称为植物病害症状。由于病原物的种类不同,对植物的影响也各不相同。因此,发病部位、症状、病症表现也千差万别,病状主要包括变色、斑点、腐烂、萎蔫、畸形五种。

1. 变色

即植物受害后局部或全株失去正常的绿色(图11-1,a),有均匀变色与不均匀变色两种。均匀变色包括褪绿、黄化、红叶,是由于叶绿素形成受到抑制造成的。不均匀变色大多表现黄绿相间,主要由病毒、类菌原体侵染而产生或由弱光及缺乏某种元素造成,如辣椒花叶病毒病。

2. 斑点

也称坏死,是指植物的细胞和组织受到破坏而死亡,绝大多数由真菌与细菌引起。病斑在不同的器官上表现不同(图11-1,b)。叶上表现为叶斑,环斑,如真菌炭疽病、灰霉病、轮纹斑病;有的坏死斑脱落而成为穿孔,如角斑病,叶枯病。在果实、枝条上一般表现为疮痂、蔓枯、溃疡,如疮痂病、蔓枯病等;茎上发病在近地面处坏死,如猝倒病或立枯病。

3. 腐烂

植物的组织细胞受病原物的破坏和分解导致腐烂。多由坏死发展而来,分为三种:干腐、湿腐、软腐。干腐和湿腐由真菌引起,软腐由细菌引起。腐烂组织流出的水分及其他物质及时蒸发消失而形成干腐,如马铃薯干腐病;腐烂速度快,组织水分不能及时蒸发形成湿腐,如绵腐病。软腐是植物内部腐烂,组织崩溃,如大白菜软腐病(图11-1,c)。

4. 萎蔫

萎蔫是因根茎维管束被破坏而使输导作用受阻,植物产生凋萎,如枯萎病、青枯病等(图11-1,d)。高温也可造成生理性萎蔫。

5. 畸形

植物受病原物侵染后细胞数目大量增多,生长过度或生长发育受抑制都可引起畸形。在枝条上表现为丛枝,叶片上表现为皱缩、卷叶、扭曲等,如病毒病;根部畸形表现为根瘤、根肿等,如黄瓜线虫病,白菜根肿病等。畸形绝大多数是由病毒、线虫造成的,少数是由细菌、真菌或生产管理引起的(图11-1,e、f)。

图11-1 设施园艺植物病害的田间症状

a. 变色;b. 斑点;c. 腐烂;d. 萎蔫;e~f. 畸形

四、设施病害的分类及田间诊断

了解病害的分类是进行田间科学诊断的基础。植物病害分为两大类,一类是非传染性病害,也称生理性病害;另一类为传染性病害,由病原物引起。根据病原物不同,传染性病害分为真菌病害、细菌病害、病毒病害、线虫以及寄生性种子植物引起的病害。

1. 真菌病害

绝大多数病害由真菌引起,蔬菜上一般由真菌引起的病害有1000种左右,常见有200多种,占蔬菜病害的80%。真菌病害往往有一种或多种病状,症状多数明显,如变色、斑点、霉层、黑点、坏死、腐烂、萎蔫等。辨别真菌危害有两大特征:一是有不同形状的病斑,如圆形、椭圆形、多角形、不定形等;二是病斑上有不同颜色的霉(粉)状物:如白粉病、灰霉病、锈病等(图11-2)。

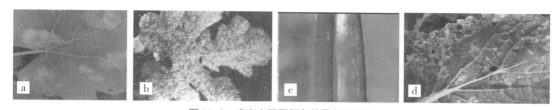

图11-2 病斑上不同颜色的霉(粉)状物

a.黑色霉状物(葡萄霜霉病);b.白色霉状物(西葫芦白粉病);

c.红色霉状物(大葱锈病);d.黑色霉状物(大白菜黑斑病)

2.细菌病害

蔬菜上由细菌引起的病害有100多种,常见的有30种左右,占蔬菜的10%,种类不多,但危害很大,因为细菌繁殖速度非常快,不易控制,往往造成毁灭性的损失。

辨别细菌性病害有四大特征:一是病斑无霉状物,且只在叶片上,透明,很薄,易破裂;二是腐烂的茎或根有臭味,如大白菜软腐病;三是溃疡果实表面有小突起,如番茄溃疡病;四是根尖端维管束变褐色,如番茄青枯病。细菌性腐烂有腥臭味,且病部常有黄色菌脓,而真菌性腐烂则没有,这是两种病害的主要区别。

细菌性萎蔫往往造成青枯,而真菌性萎蔫多伴有叶片黄化特征,如,番茄青枯病是细菌引起的,黄瓜枯萎病是真菌引起的(图11-3)。

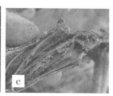

图11-3 番茄青枯病与黄瓜枯萎病

a~b:番茄青枯病;c~d:黄瓜枯萎病

3.病毒病害

由病毒引起的病害有50种左右,常见的有10多种,病毒病是仅次于真菌病害的一种重要病害。特点是种类较少,危害极大,防治最难,常造成毁灭性危害,如番茄黄化曲叶病毒。

病毒病害的主要症状是变色、畸形。变色是病毒病最常见的症状,分为黄化和花叶,常见的有茄果类花叶病毒病、条斑病毒病;畸形有叶面皱缩,蕨叶、缩叶、卷叶、矮化等,现在温室常见的属这一类,如瓜类、茄果类蕨叶病毒病(图11-4)。

病毒病与生理性病害的共同特点是只有病状(植物本身所表现的反常状态),没有病征,这是与其他侵染性病害的一个主要区别特征。

图11-4　病毒病症状

a.番茄蕨叶病毒病;b.番茄卷叶病毒病;c.甜椒花叶病毒病;d.甜椒病毒病坏死型条斑

4.生理性病害

由于管理不当和不良环境影响使植物生长不正常,表现出来的症状称为生理性病害,不具有侵染性。温室内生理性病害发生较重,大多表现为复合症状,不易诊断。这类病害明显特点是一般在田间大面积同时发生,不侵染。而病原引起的病害最初只是点发生,以后逐渐蔓延扩展。设施植物生理性病害常见的有低温障碍、高温障碍、缺素症、激素中毒、肥害及药害等所造成的生理性障碍(图11-5)。

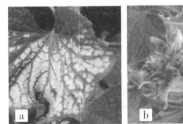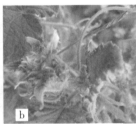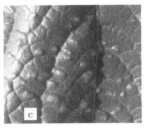

图11-5　设施内几种常见生理性障碍症状

a.高温引起的黄瓜叶烧病;b.低温引起的黄瓜花打顶;c.低温引起的黄瓜泡泡病

▶▶▶▶
第二节
主要设施作物病虫害的发生与防治

一、设施内常见病虫害的发生及其防治

(一)设施主要传染性病害的发生与防治

设施传染性病害主要包括真菌、细菌及病毒等诱发的病害。

1.病毒病

病毒病是设施夏秋季栽培时常发生的病害,由害虫口器传播。主要有三种类型:花叶型、蕨叶型和条斑型,分别由不同的病毒所引起,尚无有效治疗药剂,故应以预防为主。

（1）症状及病原

花叶型：叶片上出现黄绿相间或深浅相间的现象，病株矮化，主要由烟草花叶病毒（TMV）侵染后产生。蕨叶型：植株不同程度矮化、由上部叶片开始全部或部分变成线状，中、下部叶片向上微卷，主要由黄瓜花叶病毒（CMV）引起。条斑型：可发生在叶、茎、果上，病斑形状因发生部位不同而异，在叶片上为茶褐色的斑点，在茎蔓上为黑褐色斑块，变色部分仅处于表层，系烟草花叶病毒及黄瓜花叶病毒与其他病毒复合侵染引起，在高温和强光照下易于发生（图11-4；图11-6）。

（2）发病条件和传播途径

病毒病常见于越夏栽培和夏秋季育苗。TMV可通过种子带毒或烟草作为初侵染源，CMV主要由蚜虫从杂草传播，因此应针对病毒源，采取措施预防（图11-6,f、g）。

（3）防治措施

选用抗病毒品种；实行无病毒种子生产，播种前对种子用10% Na_3PO_4或0.1% $KMnO_4$消毒处理；注意栽培管理，小水勤浇，防止高温干旱；田间操作时注意对手及工具清洗消毒；早期防蚜，使用50%抗蚜威可湿性粉3 000倍液与20%病毒A可湿性粉剂500倍液交替喷洒进行防治。

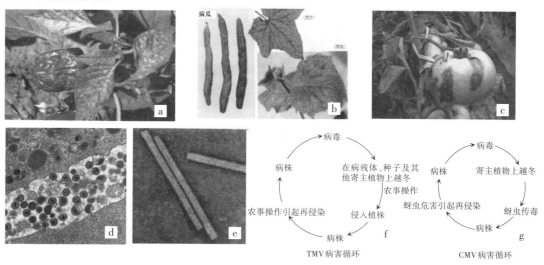

图11-6　设施内病毒病症状、病原及侵染循环

a.甜椒花叶病毒病；b.黄瓜绿斑花叶病毒病；c.番茄病毒病病果；d.CMV；e.TMV；f~g.病害循环

2.根结线虫病

（1）症状及病原

该病主要发生在根部的侧根或须根上，病部产生肥肿畸形瘤状结，结中有很小的乳白色线虫（图11-7）。病株矮小、生育不良、结果少，病原为南方根结线虫，属植物寄生线虫。

（2）发病条件和传播途径

该虫多在土壤表层5~30 cm生存，常以2龄幼虫在土壤中或以卵随病株残根一起越冬。在条件适宜时，越冬卵孵化为幼虫，继续发育并侵入寄主根部，刺激根部细胞增生而形成根结或瘤。线虫发育至4龄交尾产卵，卵在根结里孵化，发育至2龄后离开卵壳进入土中越冬或再侵染。病原可在育苗土中或育苗温室传播至幼苗,形成病苗,然后随病苗、病土及灌溉水进行传播蔓延。因此,应针对病原,从育苗开始采取措施预防。

(3)防治措施

合理轮作,可与石刁柏两年轮作,并选用无线虫病的基质或苗土育苗;在定植时,穴施10%粒满库或米乐尔颗粒剂,每亩5 kg;亦可用氰化钙穴施后浇透水,定植后再喷施爱福丁600倍液进行防治。

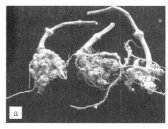

图11-7 根结线虫病发病症状

a.番茄根结线虫病;b.甜椒根结线虫病;c.芹菜根结线虫病

3.猝倒病

(1)症状及病原

该病俗称掐脖子病,多发生在秋冬季或早春育苗时,常见症状有烂种、死苗和猝倒三种,其中猝倒是幼苗出土后,茎基部发生水渍状暗斑,继而绕茎扩展,逐渐萎缩呈细线状,使幼苗倒地枯死(图11-8,a、b)。苗床湿度大时,在病苗附近床面上常密生白色棉絮状菌丝。其病原为瓜果腐霉菌,属鞭毛菌亚门真菌。

(2)发病条件和传播途径

病菌以卵孢子随病残体在土壤中越冬,在土壤温度低于15 ℃、高湿且光照不足的连阴天时,利于病害发生蔓延。病菌以游动孢子借灌溉水从茎基部传播到幼苗上发病。当幼苗皮层木栓化后,真叶长出,则逐渐进入抗病阶段。

(3)防治措施

采用无土基质育苗,播种前用种子重量0.4%的50%福美霜可湿性粉剂,或65%代森锌可湿性粉剂拌种,防止出苗前后受土壤菌源侵染发病;改善温室光温条件,加强苗床管理,避免低温高湿条件出现,苗期不要在阴雨天浇水;苗期适当喷施0.1% KH_2PO_4提高幼苗抗病力;如未进行床土消毒,出苗后可在床面喷洒70%代森锰锌可湿性粉剂500倍液或75%百菌清可湿性粉剂600倍液,每7天1次,视病情连续防治1~2次。

图11-8 猝倒病和立枯病发病症状

a.辣椒苗猝倒病;b.黄瓜苗猝倒病;c.甜椒苗立枯病

4. 立枯病

（1）症状及病原

该病多发生在秋冬季或早春育苗时，刚出土幼苗发病，病苗茎基变褐，后病苗茎基部出现长圆形或椭圆形病斑，病部收缩细缢、明显凹陷，地上部白天萎蔫，夜间恢复，病斑横向扩展绕茎一周时，幼苗逐渐枯死（图11-8，c）。病部具有同心轮纹和淡褐色蛛丝状霉，是它与猝倒病的重要区别特征。定植后大苗或果实膨大期的植株亦可感病，称为茎基腐病。它们的病原均为立枯丝核菌，属半知菌亚门真菌。

（2）发病条件和传播途径

立枯丝核菌不产生孢子，主要以菌丝体传播和繁殖。菌丝体或菌核在土壤中越冬，且可在土中腐生2~3年，菌丝能直接侵入寄主，亦可通过水流、农具传播。立枯病发生的适温为17~28 ℃，高湿、通风不良和幼苗徒长偏弱时，利于此病的发生与蔓延。

（3）防治措施

改善温室光温条件，加强苗床管理，避免高温高湿条件出现。苗期适当喷施0.1% KH_2PO_4，增强植株抗病力；播种前用种子重量0.2%的50%拌种霜粉剂拌种，亦可用40%五氯硝基苯与福美霜1:1混合，按每平方米苗床8 g掺于覆土中防止出苗前后受土壤菌源侵染而发病。如未进行床土消毒，则在出苗后或发病初期向苗床喷洒72.2%普力克800倍液与50%福美霜可湿性粉剂800倍液，每7天1次，连续防治1~2次。

5. 早疫病

（1）症状及病原

该病又称轮纹病，以叶片和茎叶分枝最易发病。叶片初呈针尖大的暗绿色水浸状小斑点，后不断扩展为轮纹斑，边缘深褐色，上有较明显的浅绿色或黄色同心轮纹；茎部染病，多在分枝处产生褐色至深褐色不规则圆形或椭圆形病斑；叶柄受害，可产生黑色或深褐色轮纹斑；青果染病，常在萼片附近形成椭圆形病斑（图11-9，a、b）。病原系茄链格孢，属半知菌亚门真菌。

（2）发病条件和传播途径

早疫病以菌丝或分生孢子在病残体或种子上越冬，高温高湿利于发病，特别是棚膜滴水易于发病，分生孢子还可借水滴、空气等传播，连阴天易蔓延流行。日均温21 ℃左右，空气相对湿度大于70%的时数大于49 h时，该病就有可能发生和流行。菌丝或分生孢子可从植株表面气孔、皮孔或表皮直接侵入，形成初侵染，经2~3天潜育后出现病斑，以后病斑产出分生孢子，可通过气流、水滴进行再侵染。

（3）防治措施

重点抓生态防治，注意加强环境温湿度监控，在设施栽培的高温高湿期，特别是灌水后，应加大通风，降低温湿度以缩短适于病害发生的时间，减缓病害发生和蔓延速度。

图 11-9　早疫病和晚疫病田间症状

a.番茄早疫病(轮纹);b.番茄早疫病果实;c.番茄晚疫病茎上病斑;d.番茄晚疫病果实

若设施内温湿度适于病害发生,可采用喷粉尘法每亩喷撒 5% 百菌清粉尘剂 1 kg,亦可使用 45% 百菌清烟雾剂或 10% 速可灵烟雾剂,每亩施用 200~250 g 熏蒸棚室预防病害发生;发病前或初发病时,可以喷施 50% 扑海因可湿性粉剂 1000~1500 倍液或 65% 代森锌可湿性粉剂 500 倍液,或 58% 甲霜锰锌可湿性粉剂 500 倍液交替喷施,每 7 天 1 次,视病情连续防治 3~4 次。若茎部发病,除叶片喷施外,还可将 50% 扑海因可湿性粉剂配成 200 倍液,涂抹病部来抑制病害发展。

6. 晚疫病

(1)症状及病原

该病主要危害叶片、茎部和青果。最初发病从叶片开始,然后向茎、果扩展,接近叶柄处呈黑褐色,病斑初为暗绿色水浸状,渐变为深褐色;茎秆上病斑为黑褐色,稍凹陷,边缘不清晰;果实发病可使青果产生油浸状暗绿色病斑,后成暗褐色至棕褐色,边缘明显,云纹不规则,湿度大时其上可长少量白霉(图 11~9,c、d)。病原为致病疫霉,属鞭毛菌亚门真菌。

(2)发病条件和传播途径

晚疫病菌的厚垣孢子可在落入土中的病残体上越冬,借气流或棚膜水滴传播到植株上,从气孔或表皮直接侵入,在棚室形成中心病株。白天气温 24 ℃ 以上,夜间 10 ℃ 以上,相对湿度高于 85% 以上且持续时间长易于发病。晚疫病菌相对湿度高于 85%,孢囊梗从气孔中伸出,相对湿度高于 95%,孢子囊形成。中心病株的病菌营养菌丝在寄主细胞间扩展潜育 3~4 天后,病部长出菌丝和孢子囊,经水气、空气传播再侵染、蔓延,从而导致病害的迅速扩展。

(3)防治措施

重点抓生态防治,高温高湿期,应加大通风,降低湿度,预防病害发生,延缓病害蔓延;若温室温湿度适于病害发生,可采用喷粉尘法每亩喷撒 5% 百菌清粉尘剂 1 kg,亦可使用 45% 百菌清烟雾剂薰蒸,每亩施用 200~250 g,每 7~9 d 1 次以预防病害发生;若发现病株,则应除去病叶或病果,拔除病株,然后采用药剂防治。初发病时,可以交替喷施 72.7% 普力克水剂 800 倍液或 50% 甲霜铜可湿性粉剂 600 倍液,或 64% 杀毒矾可湿性粉剂 500 倍液,每 7~10 d 1 次,视病情连续防治 5~6 次。若茎部发病,除叶片喷施外,还可将 64% 杀毒矾可湿性粉剂配成 200 倍液,搅匀后涂抹病部来抑制病害扩展。

7. 灰霉病

(1)症状及病原

该病可危害花、果实、叶片及茎。果实染病多因残留的柱头或花瓣被侵染而诱发顶端发病,然后向果面及果柄扩展,致使果皮呈灰白色、软腐,病部长出大量灰绿色霉层,即为病原菌的子实体,同一穗果上的果实常由于相互感染而使整穗果实发病。叶片染病始自叶尖,然后呈"V"字形向内扩展,初为浅褐色至黑褐色水浸状斑,然后表面干枯生有灰霉,致叶片枯死(图11-10)。病原是灰葡萄孢菌,属半知菌亚门真菌。

(2)发病条件和传播途径

灰葡萄孢菌主要以菌核在土壤中或以菌丝及分生孢子在病残体上越冬越夏,低温高湿利于发病,特别是棚膜滴水可使菌核萌发,产生菌丝体和分生孢子梗及分生孢子。分生孢子成熟后脱落,借棚顶水滴、气流及农事操作进行传播,萌发时产生芽管,从伤口或枯死组织如残留花瓣中侵入危害。果实膨大期浇水后病果剧增,此后病部产生的分生孢子可借气流传播进行再侵染。温度20~25 ℃,相对湿度持续90%以上易发病。

图11-10　灰霉病田间症状

a.黄瓜灰霉病果实;b.番茄灰霉病叶片;c.番茄灰霉病果实

(3)防治措施

重点抓生态防治,注意加强通风管理和加大温差变温管理,控制和降低环境湿度,上午封棚升温,下午通风降温降湿,夜间加强保温增温,减少叶面结露以缩短适于病害发生的时间,降低病害发生的可能性。若温室温湿度适于病害发生,为不增加空气湿度,可每亩喷撒5%百菌清粉尘剂或65%甲霉灵粉尘1 kg,亦可使用45%百菌清烟雾剂或10%速可灵烟雾剂,每亩施用200~250 g薰蒸棚室,预防病害发生。初发病时,应及时摘除病叶、病果,然后用50%速克灵可湿性粉剂2000倍液或50%扑海因可湿性粉剂1500倍液或50%利得可湿性粉剂800倍液喷果,每7天1次,视病情交替喷药防治3~4次,以防灰霉病菌产生抗药性。注意关键期用药防治,定植前可对秧苗使用50%速克灵可湿性粉剂1500倍液喷淋幼苗防病;开花时,可在防落素稀释液中加入0.1%的速克灵可湿性粉剂蘸花防病;第三次是果实核桃大小时摘除果实残留花瓣,然后喷药防护后再施肥灌水。

8. 叶霉病

(1)症状及病原

该病主要发生在蔬菜叶片上。当叶片衰老时,更容易发生此病,叶片染病后其叶背出现不规则或椭圆形淡黄色褪绿斑,大小如黄豆粒,然后霉层变为灰褐色或黑褐色绒状,即病菌分生孢子梗和分生孢子。病斑进一步发展,叶片正面也可长出黑霉,叶片由下向上逐渐卷曲,植株呈黄褐色干枯(图11-11,a、b)。病原是褐孢霉,亦称黄枝孢菌,属半知菌亚门真菌。

(2)发病条件和传播途径

褐孢霉以菌丝体和菌丝块在病残体内或分生孢子附着在种子上越冬。如遇适宜条件可产生分生孢子,后者借气流传播,由叶片、萼片、花梗等部位侵入,进入子房可潜伏在种皮内。病菌发病最适温度为20~25 ℃,最低发育温度为9 ℃,相对湿度高于90%,利于病菌繁殖,发病重。设施通风不良,光照弱,植株生长过于繁茂,叶霉病扩展迅速。相对湿度低于80%,不利于分生孢子形成和病斑扩展。

（3）防治措施

选用抗病品种,如番茄,国内品种如中杂201、中杂108、唐粉108、仙客360等均抗叶霉病。种子播前用温汤浸种30 min后再催芽播种,可防种源病害。采用生态防治法,加强棚内温湿度管理,适时通风和适量灌水,加大温差变温管理,从而降低病害发生的可能性。温室温湿度利于发病时,为不增加空气湿度,可采用喷粉尘法每亩喷撒5%百菌清粉尘剂或10%敌托粉尘剂1 kg,亦可使用45%百菌清烟雾剂每亩施用250~300 g,晚上薰蒸棚室一夜预防病害,每8~10 d 1次,连续交替使用3~4次。初发病时,先及时打掉底部病老叶,然后喷施70%甲基硫菌灵可湿性粉剂800~1000倍液或50%硫黄悬浮剂300倍液,或75%百菌清可湿性粉剂600~800倍液,每7~10 d 1次,视病情交替连续喷药防治3~4次。定植前,还可用硫磺粉熏蒸大棚或温室进行消毒,防止病害发生。

图11-11 番茄叶霉病和白粉病田间症状

a.黄瓜灰霉病果实;b.番茄灰霉病叶片;c.番茄白粉病叶片

9.白粉病

（1）症状及病原

该病可危害叶片、叶柄、果实及茎。最初在叶面呈褪绿小点,扩大后呈不规则粉斑,上面长有白色絮状物,即菌丝和分生孢子梗及分生孢子。初始霉层较稀疏,渐稠密后呈毡状,病斑扩大连片可覆满整个叶面(图11-11,c)。病原为鞑靼内丝白粉菌,属子囊菌亚门真菌。

（2）发病条件和传播途径

病菌以菌丝体在病株活体上越冬。子囊孢子和分生孢子主要以气流传播,萌发产生出芽管直接侵入寄主体内。田间相对湿度大,温度在16~24 ℃,此病易流行。密度过大,光照不足,氮肥过多时及徒长苗易发病。

（3）防治措施

选用耐病品种,选择通风良好,土质疏松、肥沃,排灌方便的地块种植。适当配合使用磷钾肥,防止脱肥早衰,增强植株抗病性。阴天不浇水,晴天多放风,降低温室或大棚的相对湿度,防止温度过高而出现闷热。在白粉病发病前期或未发病时,主要用保护剂防止病害侵染发病。白粉病发生后,可用30%醚菌酯SC 1000倍液或50%醚菌酯DF2 500

倍液喷雾。拉秧后清除病残组织等。

10. 细菌性角斑病

（1）症状及病原

该病主要危害叶片和瓜条。叶片受害，初为水渍状浅绿色后变淡褐色，因受叶脉限制呈多角形。后期病斑呈灰白色，易穿孔。湿度大时，病斑上产生白色粘液。茎及瓜条上的病斑初呈水渍状，近圆形，后呈淡灰色，病斑中部常产生裂纹，潮湿时产生菌脓。果实后期腐烂，有臭味。其病原菌为丁香假单胞杆菌黄瓜角斑病致病变种，常危害黄瓜、西瓜、豆角、棉花、甜柿等（图11-12）。

（2）发病条件和传播途径

一般低温、高湿、重茬的温室、大棚发病重。该病病原菌在种子或随病株残体在土壤中越冬，翌春由雨水或灌溉水溅到茎、叶上发病。菌脓通过雨水、昆虫、农事操作等途径传播。发病适宜温度为18~25 ℃，相对湿度为75%以上。在降雨多、湿度大、地势低洼、管理不当、连作、通风不良时发病严重。磷、钾肥不足时发病也重。黄河以北地区，大棚、温室黄瓜4~5月为发病盛期。

a.叶子正面　　　　　　　　　　　b.叶子背面

图11-12　黄瓜细菌性角斑病田间症状

（3）防治措施

①选用适合温室大棚栽培的抗病品种。如黄瓜品种中农13号、龙杂黄5号等对细菌性角斑病的抗性较强。

②种子消毒。选无病瓜留种，并进行种子消毒。可用55 ℃温水浸种15 min，或冰醋酸100倍液浸种30 min，或40%福尔马林150倍液浸种1.5 h，或100万单位的农用链霉素500倍液浸种2 h，用清水洗净药液后再催芽播种。也可将干燥的种子放入70 ℃温箱中干热灭菌72 h。

③清洁土壤。用无病菌土壤育苗，与非瓜类蔬菜实行两年以上轮作。生长期及收获后清除病残组织，带到田外深埋。

④加强管理。注意避免形成高温高湿条件。

⑤药剂防治。发现病叶要及时摘除，而后喷洒30%琥胶肥酸铜可湿性粉剂500倍液，或60%琥胶肥酸铜和乙磷铝的复配剂（DTM）可湿性粉剂500倍液，或14%络氨铜水剂300倍液，或50%甲霜铜（瑞毒铜）可湿性粉剂600倍液，或2%春雷霉素水剂400~750倍液，或77%可杀得可湿性微粒剂400倍液，或40%细菌灵1片并加水2.5升，或70%百菌通500~600倍液，或72%农用链霉素可溶性粉剂3 000倍液，或新植霉素4 000倍液。琥胶肥

酸铜具内吸性,是广谱性保护剂,对黄瓜细菌性角斑病、辣椒疮痂病等细菌性病害有特效。对霜霉病、白粉病、炭疽病、腐霉菌、疫霉菌等病菌治疗效果好。但应注意,瓜苗对该药较敏感,施药浓度不宜过大。

(二)设施主要虫害的发生与防治

1. 蚜虫

(1)危害特点及发生规律

蚜虫又称腻虫,属同翅目蚜科有害昆虫,具有危害性的蚜虫主要是棉蚜和桃蚜。蚜虫以成虫及若虫在叶背和嫩茎上用口器刺入组织,吸吮作物汁液而危害作物。幼叶及生长点被害后,叶片卷缩变形,褪绿变黄,老叶提前枯落,影响植株正常生长发育。此外,蚜虫可吸吮病毒而成为病毒的载体,在吸吮植物汁液的同时,把所带的病毒传给其他作物,造成病毒病的大范围蔓延,所造成的危害远大于虫害本身。蚜虫分为有翅蚜和无翅蚜,都以孤雌胎生方式繁殖,一般4月底露地迁飞于春栽园艺作物上,6~7月虫口密度最大,秋季迁进温室大棚为害,干旱有利于蚜虫生活(图11-13,a)。

图11-13 设施内主要虫害

a.蚜虫;b.白粉虱;c.白粉虱为害叶片;d.甜菜夜蛾;e.甜菜夜蛾成虫

(2)防治措施

设施秋冬茬栽培及育苗时可在棚室风口处安装防虫网,使用银灰-黑双面地膜覆盖畦并悬挂银灰色塑料膜避蚜;棚室内秋冬季若有蚜虫,为避免增大湿度,可选用22%敌敌畏烟雾剂,每亩500 g,分散成4~5堆,于傍晚将棚密闭后熏烟一晚上,灭蚜效果在90%以上;也可选用2.5%敌杀死或天王星或功夫乳油3000倍液,亦可选50%抗蚜威可湿性粉剂2 000~3 000倍液叶片喷施防治。

2. 白粉虱

(1)危害特点及发生规律

白粉虱又名小白蛾,属同翅目粉虱科有害昆虫。成虫和若虫群居叶背,用口器刺入组织吸食汁液而危害作物。除使叶片褪绿变黄外,还分泌出大量蜜露,污染叶片、果实,在其表面形成黑色污斑,导致煤污病,造成减产和降低果实品质。白粉虱繁殖力强,增长迅速,生长最适温为18~21 ℃。白粉虱不能在露地越冬,一般在秋季迁进温室大棚,至第二年春季迁飞到露地(图11–13,b、c)。

(2)防治措施

秋冬茬栽培特别是育苗温室应在棚室风口处设置尼龙纱防虫网,并注意清除杂草,控制外来虫源,培育无虫苗;棚室内应避免多种蔬菜混栽,除结合整枝、打杈及摘除带虫卵的底部老叶外,还应张挂粘虫黄板诱杀少量成虫;若白粉虱虫口密度较大,可选用22%敌敌畏烟雾剂,每亩500 g,分散成4~5堆,于傍晚将棚密闭后熏烟一晚上,对成虫杀灭效果在80%以上;熏烟后次日清晨日出前选用25%扑虱灵可湿性粉剂1500倍液,或2.5%敌杀死或天王星或功夫乳油3000倍液叶片全株喷施可杀灭若虫及残留成虫,防效显著。当白粉虱密度达0.5~1头/株时,可通过释放丽蚜小蜂3~5头/株进行防治,寄生率可达75%以上,控制效果良好。

(三)设施内主要生理性病害的发生与防治

1. 畸形果

(1)症状及病因

设施园艺植物栽培时可能出现畸形果,如椭圆形果、大脐果、突指果、尖顶果等(图11–14,a、b)。其原因是幼苗期花芽分化发育时可能出现过低温、光照不足、肥水不当和生长激素使用不当,致使花器不能充分发育或水氮等养分过多使花芽过度分化均可形成多心皮畸形花,进而发育出桃形、瘤形或指形等畸形果。而苗期低温、干旱等使幼苗处在抑制生长条件下,花器易木栓化,后转入适宜条件下,木栓化组织不能适应内部组织的迅速生长,则可形成裂果、疤果或籽外露果实。此外使用生长调节剂浓度过高也容易形成桃形果。由于秋冬季低温弱光经常出现且经常使用激素坐果,所以畸形果多出现在冬春季节。

(2)防治措施

①选用果实周正的品种,经常疏花疏果,将畸形花果及时摘除;②育苗期间苗床温度不宜过低,应设法改善苗床的光温状况,不在地温和气温偏低时过早定植;③加强肥水管理、采用配方施肥避免偏施氮肥,防止植株徒长;④合理使用生长调节剂喷花保果,也可用熊蜂授粉取代激素喷花来降低畸果率。

2. 脐腐病

(1)症状及病因

该病又名蒂腐病、顶腐病、黑膏病。多发生在果实膨大期的幼果上,初在幼果的脐部出现水浸状斑,逐渐扩大,至果实顶部凹陷、变褐、变硬。严重时病斑可扩大到半个果面左右,果实停止膨大并提早着色红熟。后期湿度大时腐生霉菌寄于其上,可产生黑色的霉状物(图11–14,c、d)。其主要诱因是土壤水分突然变化,忽干忽湿加上土壤缺钙而引起植株缺钙,亦可能由土壤中镁、钾离子的浓度过高而抑制植株对钙离子的吸收所致。脐腐果多出现在春末夏初。

（2）防治措施

①整地施基肥时可使用生石灰和过磷酸钙进行土壤改良；②采用滴灌系统有助于保持土壤水分稳定，减少钙质淋失；③选用果皮光滑、中果型、厚果皮的抗病品种；④加强肥水管理，注意结果期的水分均衡供应，采用配方施肥。除增施磷钾肥外，还可每10~15 d对果实喷洒1%氯化钙或1%过磷酸钙等钙肥进行根外追肥，连喷两次。

3. 日灼病

（1）症状及病因

该病又名日烧病、日伤病，主要危害果实，可使果实向阳面出现大块褪绿变白的病斑，似透明的薄纸状，后变成黄褐色的斑块，有的出现皱纹、干缩变硬而凹陷，果肉变成褐色块状（图11-14，e）。若日灼部位受到霉菌感染时会长出黑霉。它的产生主要是处于转色期的果实，受到强烈阳光的照射，致使向阳果面温度过高而被灼伤。

（2）防治措施

①增施有机肥，及时灌水，增强土壤的保水供水能力，降低植物体温；②在绑蔓时应把果实隐蔽在叶片下表，减弱阳光的直射；③适度打杈，保证植株叶片繁茂，顶部打杈摘心时可以留2~3片叶，以利遮盖果实，减少日灼。

4. 裂果

（1）症状及病因

该病是一种常见生理性病害，主要因环境剧烈变化，如高温、烈日、干旱，特别是果实成熟前土壤水分突然变化而使果肉与果皮组织的生长速度不同步，造成膨压增大，而使果皮开裂所致（图11-14，f、g）。根据裂纹分布和形状可分为以果蒂为中心呈环状浅裂的环状裂果、以果蒂为中心向果肩部延伸的放射状裂果和在果顶花痕部不规则浅裂的条状裂果。

（2）防治措施

①选用抗裂、果皮较厚且较韧的品种。如国外耐贮厚皮红果或小型果番茄品种如美国大红、R-144、R-139、宝发008及卡鲁索等；②在果实着色期合理灌水，最好使用滴灌，采用小水勤浇，减少大水沟灌导致土壤忽干忽湿引起的裂果；③采用深沟高畦栽培，增施有机肥，以改良土壤结构，提高土壤的保水保肥能力；④对于春季延后栽培，最好不揭大棚顶膜，如果非揭不可，则必须在大雨前及时采收；⑤在维持较为稳定的土壤含水量的基础上，果实进入膨大期后，用0.3%~0.4%的波尔多液喷洒植株，对防止裂果有明显的效果。

图11-14 设施内主要生理性病害

a.黄瓜畸形瓜；b.番茄尖头果；c.番茄脐腐病；d.西瓜脐腐病；e.甜椒日灼病；f~g.番茄裂果；h.筋腐果；i.番茄空洞果；j.豌豆芽枯病；k.番茄着色不良；l.番茄生理性卷叶

5.筋腐果

（1）症状

筋腐果也称条腐果，是一种棚室冬季栽培常见的生理性病害。筋腐病可分为褐变型筋腐病和白变型筋腐病。褐变筋腐病主要是果实的表面局部变褐，果肉僵硬，果皮内维管束变褐坏死。白变型筋腐病多发生于果皮部组织中，病部有蜡样的光泽，质硬且着色不良（图11-14,h）。此病果多发生在背光面，特别是下部花穗。

（2）发生条件

低温弱光，土壤水分过大，土壤氧气供应不足，施肥量过大，特别是氨态氮施用过多，钾肥不足或钾的吸收受阻时，施用未经充分腐熟的农家肥，密植，小苗定植，强摘心等都可能诱发筋腐病。

（3）防治措施

①选用耐低温弱光、抗筋腐病或不易发生筋腐病的品种；②施用腐熟的有机肥，合理施用复合肥和铵态氮肥，避免偏施氮肥；③实行高垄或高畦栽培，提高地温，在果实着色期合理灌水，最好使用滴灌系统，防止土壤地温下降。

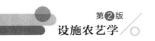

6. 空洞果

（1）症状及病因

空洞果是指果皮与果肉胶状物之间具有空洞的果实，常见症状为果实表皮有深的凹陷，果实呈棱角状。切开果实可见胎座发育不良，胎座组织生长不充实，果皮与胎座分离而有空腔，果肉不饱满，果皮隔壁很薄看不见种子（图11-14,i）。它主要是因高温或低温使花粉活力不稳定，受精不良，种子形成少，致使胎座组织发育跟不上果皮发育而产生；此外，种子形成少，缺少大量果胶物充实果腔，也可引起果实空洞；植物生长调节剂处理过早或浓度过大，也会影响种子形成而诱发空洞果；氮肥施用过多，致使果实生长过快也是空洞果形成的重要原因。

（2）防治措施

①选用心室多、果腔多或不易发生空洞果的品种；②用植物生长调节素处理时，要随温度变化合理调整使用浓度，并正确掌握使用时期，避免重复蘸花；③温室使用振动器或蜂辅助授粉，促进花果受精和种子的发育；④肥料应合理配施，防止偏施氮肥。此外，注意适时摘心，防止摘心过早而使养分分配变化出现空洞果。

7. 落花落果

（1）症状及病因

此症状表现为有的一穗果只能留住少量花果，其他花果脱落的现象。病因有：①营养生长过盛。植株生长过旺，生殖生长受到抑制。②高温或低温影响花芽分化。花芽分化期遇到高温或低温，出现花序败育及果实坐不住或不能完成正常授粉而出现落花落果。

（2）防治措施

可采用防落素、茄果灵、坐果灵、早瓜灵等植物生长调节剂喷花、点花或蘸花防止落花落果。还可通过协调营养生长与生殖生长达到防止落花落果的目的。这种协调措施主要有培养壮苗、及时定植、适时整枝、防止徒长、通风透光、防治病虫害、及时采收和追肥等。当然，在实际操作中，使用生长调节剂与栽培措施的协调工作是配合进行的，而不是只采用其中的一种措施。

二、设施病虫害综合防治措施

温室病虫害防治提倡以"预防为主，综合防治"为指导方针，根据温室病虫害发生特点，做好综合防治措施（图11-15）。

1. 做好检疫工作

植物检疫属于控制预防检疫性病虫害的重要措施之一。要强化种子与产品的调运检疫工作，杜绝或者防范危险性病虫害的蔓延。同时，不盲目引入具有病虫的植物种子。

2. 农业防治

温室管理的好坏，直接关系到病虫害的发生和蔓延，因此在制定和实施栽培管理措施时，要充分考虑到病虫害与各方面的相互关系，创造一个有利于作物生长发育，而不利于病虫繁衍的环境条件,以达到预防和减轻病虫危害的目的。具体到生产实践中应协调运用好以下栽培管理措施。

①选用抗(耐)病虫的品种。不同品种对病虫害的抵抗和忍耐能力不同,因地制宜的选用抗(耐)病虫的品种,是防治病虫害最经济有效的方法。

②平衡施肥。要施用充分腐熟的有机肥,注重氮磷钾肥配比应用,避免偏施氮肥。温室作物生长的中后期要注意增施磷钾肥及其他微肥,增强蔬菜的抗病能力。

③科学浇水。大力推广滴灌和膜下暗灌技术,降低土壤和空气湿度。

④合理密植。根据作物的种类和品种,确定合理的种植密度,防止栽植过密,影响通风透光。

⑤实行深耕细作和轮作。种植前深翻土壤30 cm以上,可直接影响在土中越冬的害虫和病原物。轮作可减少土壤中病原和地下害虫的积累,对防治病虫害具有明显的效果。

⑥推广地膜覆盖技术。地膜覆盖不仅可以提高地温,促进根系发育,而且可有效地降低棚室内空气湿度,减轻病害发生。

⑦注意棚室清洁。在棚室作物生长期及时拔除病株,摘除病叶及老叶,及时清除枯枝烂叶、根茬及杂草等,可有效地减少生长期及下茬作物病虫害的侵染来源。

⑧严格控制温湿度。根据季节和作物生育期的不同,结合病害发生情况,及时通风排湿,严格控制温室内的温湿度,使之有利于作物的生长而不利于病虫的繁衍。

⑨增强光照。棚室作物生长期间,要经常清扫棚膜上的灰尘,保持棚膜清洁;同时要早揭晚盖不透明覆盖材料,延长光照时间,减轻病害发生。

⑩嫁接育苗。嫁接技术的运用能有效防治瓜类、茄果类作物的枯萎病、黄萎病等土传病害。嫁接过程中,一定要避免通过嫁接工具传播病害。

3.物理防治

(1)夏季高温闷棚

夏季温室作物拉秧后,选择晴天盖上棚膜,密闭闷棚7~10天,使室内温度提高至60 ℃以上,杀死土表及墙体上的病菌孢子及虫卵,减轻作物生长期的侵染及危害。在高温闷棚时,如按每立方米温室空间,用硫黄粉2.4 g、锯末4.5 g、敌敌畏烟熏剂1 g的均匀混合物,暗火点燃、密闭烟熏,效果更好,但熏后注意放风2~3天,再整地定植。

(2)温汤浸种

温汤浸种可有效杀灭种子上的病菌,以种子量2~3倍的冷水预浸1 h,再放入50~55 ℃的恒温水中浸种20~30 min,并注意不断搅拌,然后用室温水冷却催芽或播种。

(3)推广应用防虫网、遮阳网

一般选用20~25目的防虫网实行全封闭覆盖,基本上能免除如菜青虫、小菜蛾、棉铃虫、黄曲跳甲、蚜虫、美洲斑潜蝇和夜蛾科等多种害虫为害。夏季高温可根据作物特性选择遮阳网降温。

(4)利用害虫的趋性

利用害虫对颜色、气味、光等方面的趋性杀虫。最简单可行的是利用蚜虫、温室白粉虱、斑潜蝇等害虫的趋黄习性,在棚内挂插黄板进行诱杀,可有效降低田间的虫口密度;

也可在田间铺设或悬挂银灰色膜驱避蚜虫;还可用蓝色捕虫板防治棕榈蓟马。

(5)棚内淹水杀菌洗盐

大棚、温室连续多年种植蔬菜,会造成土壤盐渍化。夏菜换茬期间,在棚内作畦淹水20 d左右,可杀灭病原菌和减轻土壤盐渍化,有条件的地方水旱轮作效果更好。

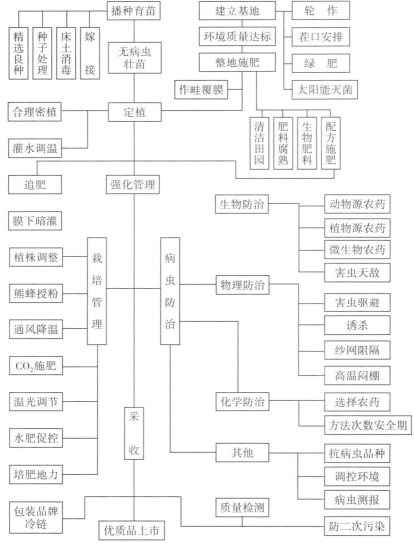

图11-15 设施植物无公害栽培技术体系

4.生物防治措施

(1)保护或利用害虫天敌

设施栽培处于封闭或半封闭环境中,为以虫治虫的防治方式提供了良好条件。现阶段,常用寄生性天敌丽蚜小蜂预防设施内白粉虱的危害,利用赤眼蜂防治菜青虫与棉铃虫等。捕食性天敌主要有瓢虫、草蛉及猎蝽等,主要用于防治蚜虫及叶蝉。

（2）大力推广生物农药

应用微生物源、植物源等生物制剂进行病虫害防治，例如，利用苏云金杆菌（Bt）和白僵菌防治蔬菜害虫，利用阿维菌素防治小菜蛾与斑潜蝇，利用武夷菌素防治瓜类白粉病及番茄叶霉病等。

5. 化学防治措施

（1）科学选择农药

禁止使用剧毒或高残留农药，大力推广应用低毒无残留农药，生产无公害园艺产品。现阶段虫螨克乳油、阿维菌素及多杀霉素等低残留农药已经被广泛应用到设施果蔬生产中，并取得了良好的效果。

（2）遵循科学化的农药使用原则

要做到对病虫害的准确识别，对症下药，适量化用药，交替用药。当多种病虫同时发生时，可进行混合用药。例如，Bt制剂与有机磷等农药混合使用，不仅能够降低化学农药的实际用量，而且还能在一定程度上扩大杀虫种类，特别是与一些击倒力相对较强的农药进行混用，有助于提升Bt制剂的前期防效，延长其持效期。

但是，要注意药物的混配禁忌，混用时不应让有效成分发生化学变化，降低农药药效。多数杀菌剂和杀虫剂是不能添加叶面肥的，因为叶面肥中的金属元素往往与农药发生反应，混加后出现浑浊、沉淀、变清、不溶解，轻则农药失效，重则作物受害。

（3）改正施药方式

要根据天气变化灵活选用农药剂型和施药方法。阴雨天可采用烟雾剂或粉尘剂防治，以降低棚室内湿度。若需采用喷雾方法，可采用低容量或超低容量的专业化喷雾技术喷洒药物，减少用药量及施药次数，使农药残留降到最低以延缓病虫害的抗药性，最大限度地节省成本，扩大灭杀害虫病菌的范围。

复习思考题

一、名词解释

1. 生理性病害 2. 传染性病害 3. 病原性病害 4. 化学防治 5. 生物防治
6. 物理防治

二、简答题

1. 简述我国设施内病虫害重发的原因。
2. 设施内病害的田间症状有几种？各有何特点？
3. 简述设施内病虫害综合防治措施。
4. 简述设施内常见病原性病害及其防治方法。

5. 简述设施内主要虫害及其防治方法。

6. 简述设施内生理性病害及其防治方法。

主要参考文献

1. 李怀方. 园艺植物病理学[M]. 2版. 北京:中国农业大学出版社,2009.

2. 喻景权. 蔬菜生长发育与品质调控理论与实践[M]. 北京:科学出版社,2014.

3. 陈双臣. 温室番茄生产的理论基础与关键技术[M]. 北京:中国农业出版社,2016.

4. 谢小玉. 设施农艺学[M]. 重庆:西南师范大学出版社,2010.

5. 喻景权,王秀峰. 蔬菜栽培学总论[M]. 3版. 北京:中国农业出版社,2014.

6. 李天来. 设施蔬菜栽培学[M]. 北京:中国农业出版社,2011.

7. 黄云,徐志宏. 园艺植物保护学实验实习指导[M]. 北京:中国农业出版社,2015.

8. 张友军,吴青君,王少丽,等. 我国蔬菜重要害虫研究现状与展望[J]. 植物保护,2013,39(5):38-45.

9. 雷仲仁,吴圣勇,王海鸿. 我国蔬菜害虫生物防治研究进展[J]. 植物保护,2016,42(1):1-6,25.

10. 谭海文,吴永琼,秦莉,等. 我国番茄侵染性病害种类变迁及其发生概况[J]. 中国蔬菜,2019(1):80-84.